河南省"十四五"普通高等教育规划教材

普通高等学校"十四五"规划机械类专业精品教材

U0193646

工程测试与信号处埋

（第四版）

主　编　陈兴洲　颜丙生　蔡共宣　林富生
副主编　陈　玉　李学忠　邱　超　陈　晨

华中科技大学出版社

中国·武汉

内 容 提 要

本书主要内容分为五个部分。第一部分为第1章,主要介绍信号的概念、信号的描述方法、信号的组成及信号分析的基础知识。该部分内容是信号测试的基础。第二部分为第2～4章,主要介绍测试系统的基本特性,组成测试系统的传感器、信号调理电路和显示记录仪器的基本概念和原理。该部分内容是本书的主要内容,和实际联系较为紧密,设有必要的教学实验,以使学生通过学习对所学知识融会贯通。第三部分为第5章,主要介绍相关分析及其应用、功率谱分析及其应用,以及数字信号处理的基本概念。该部分体现了测试信号处理的相关内容。第四部分为第6章,主要介绍工程测试的典型应用,包括振动测试、位移测试、应变和力的测试、温度的测试、流体参量的测试、噪声的测试和图像检测等。该部分内容是教学内容必要的补充,是从理论过渡到实践的重要部分。该部分内容较多,可以适应不同专业的需求。第五部分为第7章,主要介绍虚拟测试系统,重点介绍虚拟仪器和 LabVIEW 及其组成的测试系统。

本书可作为高等学校机械类各专业的教材,也可供专科、成人高校各相关专业选用,还可供从事测试工作的工程技术人员参考。

图书在版编目(CIP)数据

工程测试与信号处理/陈兴洲等主编. —4 版. —武汉:华中科技大学出版社,2023.3
ISBN 978-7-5680-9254-8

Ⅰ. ①工… Ⅱ. ①陈… Ⅲ. ①工程测试-信息处理-高等学校-教材 Ⅳ. ①TB22

中国国家版本馆 CIP 数据核字(2023)第 045106 号

工程测试与信号处理(第四版)　　　　　　　陈兴洲　颜丙生　蔡共宣　林富生　主编
Gongcheng Ceshi yu Xinhao Chuli(Di-si Ban)

策划编辑:俞道凯　张少奇
责任编辑:吴　晗
封面设计:原色设计
责任监印:周治超
出版发行:华中科技大学出版社(中国·武汉)　　　电话:(027)81321913
　　　　　武汉市东湖新技术开发区华工科技园　　　邮编:430223
录　排:华中科技大学惠友文印中心
印　刷:武汉市籍缘印刷厂
开　本:787mm×1092mm　1/16
印　张:18.5
字　数:486 千字
版　次:2023 年 3 月第 4 版第 1 次印刷
定　价:55.80 元

第四版前言

为了配合河南省"十四五"普通高等教育规划教材建设,适应新时代"新工科"人才培养对教材的新要求,教材编写组在保持第三版基本风格和特色不变及基本内容的完整性和一致性的基础上对原教材进行了修订。本次修订主要对局部内容做了修改和增删优化,以便更好地满足机械工程类机械设计制造及其自动化、智能制造等专业的教学需要。

本版次主要对以下部分内容进行了修订:

(1) 对第三版中各章节局部文字不当之处进行了更正。

(2) 对第3章做部分修改,增加"数字式传感器"一节内容,并对其他节进行了部分修改。

(3) 在第6章中对振动测试传感器与第3章部分重复的内容进行了删减优化,根据需要增加"图像检测"一节内容。

参加本次修订工作的有:河南工业大学蔡共宣(绪论、第2章),武汉纺织大学林富生(第1章、第5章),河南工业大学陈兴洲(第4章,第3.8节),武汉轻工大学李学忠(第3章3.1节至3.7节、3.9节和3.10节),河南工业大学颜丙生(第6章),安徽工程大学陈玉(第7章),河南工业大学邱超、陈晨参与教材部分图表的绘制整理。本书由陈兴洲、颜丙生、蔡共宣、林富生担任主编,全书由陈兴洲统稿。

本书在修订过程中得到了许多同志的关心和帮助,在此谨表谢意。

本书配有教学课件和教学大纲的电子资源,可扫描书末的二维码查阅。

由于作者水平有限,不足之处敬请读者批评指正。

编者
2023 年 1 月

第三版前言

为了配合河南省"十二五"普通高等教育规划教材建设及适应新时期不断发展的需求,我们在保持第二版风格和特色及基本内容的完整性和一致性的基础上对原教材进行了修订。此次修订对局部内容做了修改和增删,以便更好地适应教学需求。

此次修订主要对以下一些内容做了修改:

(1) 对局部文字不当之处做了更正。

(2) 对第 4 章中的内容做了较大的修改,增加了一节新的内容。

(3) 在第 6 章中增加了部分应用实例。

参加本次修订工作的有:河南工业大学蔡共宣(绪论、第 2 章)、武汉纺织大学林富生(第 1 章、第 5 章)、武汉工业学院唐善华(第 3 章)、河南工业大学陈兴洲(第 4 章)、河南工业大学颜丙生(第 6 章)、安徽工程大学陈玉(第 7 章)以及王海涛、韩文等。本书由蔡共宣、林富生、陈兴洲担任主编,全书由蔡共宣统稿。

本书在修订过程中得到了许多同志的关心和帮助,在此谨表谢意。

由于作者水平有限,不足之处敬请读者批评指正。

编　者
2017 年 4 月

第二版前言

本书系根据 2005 年机械类精品教材建设与立体化开发研讨会的精神,秉承"百年大计,人才为本;人才大计,教育为本;教育大计,教师为本;教师大计,教学为本;教学大计,教材为本"的理念,在充分总结与研讨了教学改革经验及教材体系建设的基础上而编写的适合于高等学校机械类各专业使用的教材。本书第一版自 2006 年出版至今已有 5 年。经过 5 年的使用,旧版本在某些内容上已不能适应当今发展的需要。为了适应新时期不断发展的需要,也为了保持原书的风格和基本内容的完整性与一致性,此次再版仅对局部内容做了修订和增删。

此次再版主要对以下一些内容做了较大的修订:

(1) 对第一版中出现的文字错误和不适之处做了更正。

(2) 更换了第 4 章中的部分内容,增加了三小节新的内容。

(3) 增加了一章"虚拟测试系统"。

本书修订后仍然保持并继承了原书的风格和特色。

参加本次修订工作的有:河南工业大学蔡共宣(绪论、第 2 章)、武汉纺织大学林富生(第 1 章、第 5 章)、武汉工业学院唐善华(第 3 章)、河南工业大学陈兴洲(第 4 章)、郑州航空工业管理学院马鹏阁(第 6 章)、安徽工程大学陈玉(第 7 章),以及王海涛、韩文、杨永明等。本书由蔡共宣、林富生担任主编。

本书在修订过程中得到了许多同志的关心和帮助,在此谨表谢意。

由于作者水平有限,书中不足之处敬请读者批评指正。

编　者
2011 年 5 月

第一版前言

自 20 世纪 80 年代以来,各高校相继开设了"工程测试"方面的课程。20 多年的教学实践让我们深感有一本合适的教材是非常重要的。

本书系根据 2005 年机械类精品教材建设与立体化开发研讨会的精神,秉承"百年大计,人才为本;人才大计,教育为本;教育大计,教师为本;教师大计,教学为本;教学大计,教材为本"的理念,在充分总结与研讨了教学改革经验及教材体系建设的基础上而编写的适合于高等学校机械类各专业使用的教材。

本书力求在以下几个方面突出其特色。

(1) 注重应用性,强调实践性。以基本概念、基本原理、基本方法为主线,以培养学生的综合能力为重心,以必要的基础理论为支撑,来形成教材的总体框架。

(2) 在测试系统的特性分析上,对静、动态特性进行了必要的理论分析,而重点则放在基本概念和物理意义的理解上。

(3) 在信号描述及分析处理上,力争做到将抽象的概念具体化、形象化,以期达到易于理解和掌握的目的。

(4) 从工程应用的角度出发,力争做到以实际案例引出每一章,开门见山,直入主题。

(5) 突出重点,强调难点。在每一章之后增加了重点、难点和知识拓展小栏目,使学生学习起来具有针对性,避免了盲目性,而且对必要的知识进行了适当的拓展。

本书由蔡共宣、林富生主编,参加编写工作的有:河南工业大学蔡共宣,武汉科技学院林富生,武汉工业学院唐善华,河南工业大学陈兴洲,郑州航空工业管理学院马鹏阁,景德镇陶瓷学院韩文,湖北工业大学王海涛等,全书由蔡共宣、林富生统稿。

本书在编写过程中,参阅了以往其他版本的同类教材和文献资料,并得到了许多同志的关心和帮助,在此谨表谢意。

由于作者水平有限,书中不足之处敬请读者批评指正。

编 者

2006 年 6 月

目　录

绪 论

1. 测试技术的任务和重要性

测试是科学的基础,从某种意义上讲,没有测试就没有科学。测试技术是科学研究工作者感官、思维的延展和深化。测试是指采用专门的技术手段和仪器设备,设计合理的实验方法并进行必要的数据处理,从而找到被测量的量值和性质的过程。由此可知,测试技术包含测量和试验两方面的含义,是指具有试验性质的测量或测量与试验的综合。

测试的基本任务是获取有用的信息,是人们认识客观事物并掌握其客观规律的一种科学方法。广义来讲,测试属于信息科学的范畴。信息总是蕴含在某些物理量中,并依靠物理量来传递的,这些物理量就是信号。因此,信号是信息的载体,而信息蕴含于信号之中。例如,单自由度质量-弹簧系统的动态特性可以通过质量块的位移-时间关系来描述,质量块位移的时间历程就是信号,它包含该系统的固有频率和阻尼比等特征参数,这些特征参数就是所需要的信息。分析采集到的这些信息,就掌握了这一系统的动态特性。

一般情况下,被测信号中包含大量的信息,不同的测试目的,需要的信息是不同的。信号中包含有用信息和无用信息。无用信息通常被称为噪声。各种电磁测量线路和测试装置在不同的环境下工作,不可避免地会受到噪声的干扰。噪声对被测信号所产生的影响,最终将以误差的形式表现出来,导致测试的精确度降低,甚至难以进行正常的测试工作。因此,如何在有噪声背景的情况下提取有用的信息,便成为测试工作者首先要解决的问题。

测试技术在工程技术领域中已被广泛应用,现代机械设备的动态分析设计、过程检测控制、产品的质量检验、设备现代化管理、生产工况监测和故障诊断等,都离不开测试技术。特别是近代工程技术广泛应用的自动控制技术已越来越多地运用测试技术,测试装置已成为控制系统的重要组成部分。比如在我国"嫦娥探月工程"中,测控系统就是核心系统之一,其中探月一号卫星就安装了包括CCD立体相机和干涉成像光谱仪、激光高度计、微波探测仪、γ/X射线谱仪和空间环境探测系统等五种科学探测有效载荷设备。日常生活用具如汽车、家用电器等的使用也离不开测试技术。

总之,测试技术已广泛应用于工农业生产、科学研究、内外贸易、国防建设、交通运输、医疗卫生、环境保护和人民生活的各个方面,成为国民经济发展和社会进步的一项必不可少的重要基础技术。

2. 测试系统的组成

如前所述,测试的主要任务是从被测信号中获取所需的特征信息。按物理性质的不同可将信号分为电信号和非电信号。为便于拾取、转换、放大、传输、分析处理和显示记录等,一般都需要将非电信号转换为电信号。

测试过程一般包含被测信号的拾取、转换、放大、传输、处理、分析等环节。有时为了能够从被测对象中提取所需要的信息,需要采用适当的方式对被测对象进行激励,使其特征信息能够表现出来,以便于信号的检测。

测试系统一般由一个或若干个功能元件组成。广义来说,一个测试系统应具有如下功能,即将被测对象置于预定状态下,并对被测对象输出的特征信息进行拾取、转换、放大、分析处理、显示记录等。一个测试系统一般由试验装置、传感器、信号调理电路、信号分析处理装置和显示记录仪器等组成，如图 0-1 所示。

图 0-1　测试系统的基本组成

试验装置的作用是使被测对象处于预期的状态下，并将被测对象的特征参数充分显示出来，以便有效地检测载有这些信息的信号。传感器处于测试系统的输入端，其直接或间接地作用于被测对象，完成对被测物理量的感知、转换和信号的输出。信号调理电路把来自传感器的信号转换成更适合于进一步传输和处理的形式。如将信号幅值放大、将阻抗的变化转换成电压的变化或频率的变化，等等。这时的信号转换更多的是电信号之间的转换。信号分析处理装置接收来自信号调理电路的信号，并进行各种运算、滤波、分析等，最后将结果输出给显示记录仪器。显示记录仪器以观察者易于识别的形式来显示测量结果，或将测量结果储存，供必要时使用。

在组成测试系统时，必须遵循的原则是各环节的输出量与输入量之间应保持一一对应的关系，尽量不失真，且必须尽可能地减小或消除各种干扰。

应当指出，并非所有的测试系统都具备图 0-1 中的所有环节，事实上，许多被测系统的特征参数在系统的某些状态下，已充分地显示出来，因此，就不需要试验装置。

3. 测试技术的发展方向

随着科学技术的不断发展和生产技术水平的不断提高，测试技术也将向着高可靠性、高智能化的方向发展。其发展特征主要表现在如下几个方面。

1）采用新型信息处理方法

新型信息处理技术，如数据融合技术、模糊信息处理技术和神经网络技术等，在现代测试技术中得到了有效的应用，而且其发展方兴未艾。随着新型信息技术的发展，现代测试系统的信息处理方法必将有革命性的改变。

2）集成仪器

仪器与计算机技术的深层次结合，产生了全新的测试仪器的概念和结构，有卡式仪器、VXI 总线仪器直至集成仪器。近年来出现的虚拟仪器也不断丰富着测试的手段。一般来说，将数据采集卡插到计算机的插槽中，利用软件在计算机屏幕上生成虚拟面板，在软件引导下进行数据采集、运算、分析处理，实现仪器功能并完成测试的全过程，这就是所谓的虚拟仪器。在此平台上调用不同的测试软件就可构成不同功能的虚拟仪器，可方便地将多种测试功能集于一体，成为多功能集成仪器。

3）采用高智能化软件。

由于计算机技术在现代测试系统中的地位越来越重要，软件技术已成为现代测试系统的重要组成部分。测试软件不论对大的测试系统还是单台仪器子系统都十分重要，而且是未来发展和竞争的焦点。但是，计算机软件不可能完全取代测试系统的硬件。因此，现代测试技术要求从事测试工作的科技人员不但要具备良好的计算机技术基础，更要深入掌握测试技术的基本理论和方法。

4）网络化

网络技术的普及与发展，为测试技术带来了前所未有的发展空间和机遇。将现代测试系统与网络连接，不但能实现对测试系统的远程操作与控制，而且还可以把测试结果通过网络显示在世界各地的 Web 浏览器中,以实现测试系统资源和数据的共享。

5)通用化与标准化

为了便于获取和传输信息,实现系统更改和升级,现代测试系统的通用化、标准化设计十分重要。目前,接口与总线系统较多,随着智能测试技术的发展,可望制定出全世界通用的几种统一接口与总线系统标准,或者制定出几种相互兼容的接口与总线系统标准,以便于系统的组建、更改、升级和连接。由于采用通用化、标准化设计,现代测试仪器将易于实现分散使用和大范围联网使用。

在现代测试技术中,通用集成仪器平台的构成技术、数据采集、数字信号分析处理软件技术,是决定现代测试仪器系统性能和功能的三大关键技术。以软件化的虚拟仪器为代表的现代测试仪器系统与传统测试仪器相比的最大优点就在于,用户可在集成仪器平台上按自己的要求开发相应的应用软件,构成自己所需要的实用仪器和实用测试系统。特别是当测试仪器系统进一步实现了网络化以后,仪器资源将得到很大的延伸,其性能价格比将获得更大的提高,工程测试领域将出现一个蓬勃发展的新局面。

4. 课程的研究对象和要求

本课程的研究对象是机械工程动态物理量测试中常用的传感器、信号调理电路及显示记录仪器的工作原理,测试系统的基本特性和评价方法,测试信号的分析处理,以及常见物理量的测试方法等。

根据本门学科的对象和任务,对高等学校机械类各有关专业来说,"工程测试与信号处理"是一门主干基础课。通过对本课程的学习,学生应掌握合理地选用测试装置、初步掌握进行动态测试所需的基本知识和技能,为在工程实际中完成测试任务打下必要的基础。

具体而言,学生在学完本门课程后应具备以下知识和技能。

(1)对工程测试工作的概貌和思路有一个比较完整的概念,对工程测试系统及其各个环节有一个比较清楚的认识,并能初步运用于工程中某些参数的测试和产品或结构的动态特性试验。

(2)了解常用传感器、常用信号调理电路和记录仪器的工作原理与性能,并能根据测试工作的具体要求较为合理地选用。

(3)掌握测试系统静、动态特性的评价方法和测试系统实现不失真测试的条件,能正确地运用于测试系统的分析和选择中。

(4)掌握信号的时域和频域的描述方法,建立明确的信号频谱结构的概念,掌握信号频谱分析和相关分析的基本原理和方法,掌握数字信号分析的一些基本概念。

本课程具有很强的实践性。在教与学的过程中,应紧密联系实际,既要注重掌握基本理论,同时,也必须加强对学生动手能力的培养,必须设置教学实验和实践环节,使学生尽可能熟练地掌握有关的测试技术和测试方法,并具有初步处理实际测试工作的能力。

由于本课程综合应用了多学科的原理和技术,是数学、物理学、电工电子学、机械振动工程、自动控制工程等多学科的交叉融合课程,因此,为了学好本课程,要求学生在学习本课程之前,应当具备相关学科特别是电工电子学等课程的基础知识。

第1章 信号描述及分析基础

"华龙一号"核电站为我国具有完全自主知识产权的百万千瓦级三代压水堆核电创新成果。在核能发电厂中,除了应实时监测电网的电压、电流、功率因数进而检测频率、谐波分量等电气量外,还要实时监测发电机组各部位的振动(幅值、速度、加速度)以及各辅助系统的压力、温度、流量、液位等多种非电量,并实时分析处理、判断决策、调节控制,以使系统处于最佳工作状态,保证安全运行。这些测量得到的数据就称为"信号",这些信号中包含着发电厂设备运行的各种信息。

1.1 概 述

信号中包含某些反映被测物理系统或过程的状态和特性等方面的有用信息,它是我们认识客观事物内在规律、研究事物之间相互关系和预测事物未来发展的重要依据。信号通常是时间的函数,信号随时间变化的特性不同,对所用测试装置的要求也就不同,相应的分析和处理的方法也不同,而且测试结果的误差直接与信号的频率结构有关。总之,被测信号的特性对测试工作有着直接而重要的影响,因此,研究测试技术必须从信号入手,通过对信号的描述与分析,了解信号的频率构成,以及时域与频域特性的内在联系。

1.1.1 信号的概念与分类

信号是载有信息的物理变量,是传输信息的载体;信息是事物存在状态或属性的反映。信息蕴含于信号之中,信号中携带着人们所需要的有用信息。对信号进行分析,其目的是通过对信号的数学变换,改变信号的形式,以便于识别、提取信号中有用的信息。因而信号是研究客观事物的依据。例如,回转机械由于动不平衡产生振动,那么,振动信号就反映了该回转机械动不平衡的状态,因此,它就成为研究回转机械动不平衡的依据。

信号有不同的分类方法。对实际信号,可以从不同的角度、不同的特征,以及不同的使用目的等几个方面进行分类。对于机械工程测试信号(或测试数据),通常有以下几种分类方法。

1. 按所传递的信息的物理属性分类

按所传递的信息的物理属性,信号分为机械量(如位移、速度、加速度、力、温度、流量等)、电学量(如电流、电压等)、声学量(如声压、声强等)、光学量等。

2. 按照时间函数取值的连续性和离散性分类

按照时间函数取值的连续性和离散性,信号可分为连续时间信号和离散时间信号。

描述某一信号时,若自变量 t 在某一段时间内连续取值,则称此信号为时间的连续信号,如图 1-1(a)所示。模拟信号属于时间连续信号。描述某一信号时,若自变量 t 只在一些确定的时刻取值,则称此信号为时间的离散信号。图 1-1(b)所示是将连续信号等时距采样后的结果,它就是离散信号。模拟信号经计算机模/数转换(A/D采样)后的数字序列是离散信号,也称数字信号。

3. 按照信号随时间变化的特点分类

按照信号随时间变化的特点,信号可分为确定性信号和非确定性信号两大类(见图 1-2)。

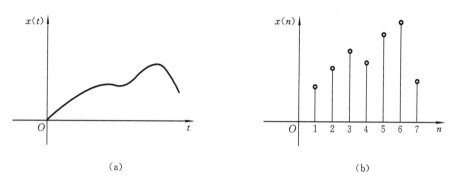

（a）　　　　　　　　　　　　　　　　（b）

图 1-1　时间的连续信号与时间的离散信号

（a）时间的连续信号；（b）时间的离散信号

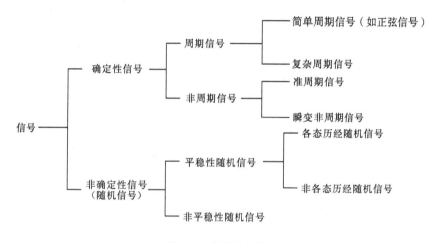

图 1-2　信号的分类

1）确定性信号

能够用明确的数学关系式描述的信号,或者可以用实验的方法以足够的精度重复产生的信号,称为确定性信号。确定性信号又可分为周期信号和非周期信号。

（1）周期信号　周期信号是经过一定时间可以重复出现的信号。简谐（正、余弦）信号和周期性的方波、三角波等非简谐信号都是周期信号（见图 1-3）。在周期信号中,按正弦或余弦规律变化的信号称为谐波信号。谐波信号是最简单、最重要的一类周期信号。

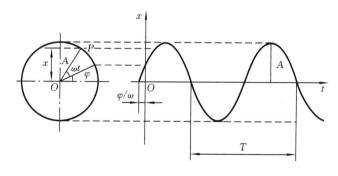

图 1-3　谐波信号示意图

（2）非周期信号　能用确定的数学关系式表达,但取值不具有周期重复性的信号称为非周期信号。指数信号、阶跃信号等都是非周期信号。

非周期信号有准周期信号（有时称为拟周期信号）和瞬变非周期信号两种。准周期信号是由两种以上的周期信号合成的，但各周期信号的频率相互间不是公倍数关系，合成信号不满足周期条件，例如，信号 $x(t)=\sin t+\sin\sqrt{2}t$，就是两个正弦信号的合成信号，其频率比不是有理数，不成谐波关系。这种信号往往出现于通信、振动系统，应用于机械转子振动分析、齿轮噪声分析、语音分析等。

除准周期信号之外的非周期信号，是一些在一定时间内存在或随着时间的增长而衰减至零的信号，称为瞬变非周期信号。例如按指数衰减的振荡信号、各种波形（如矩形、三角形、梯形等）的单个脉冲信号等。

2）非确定性信号

不能用确定的数学关系式来表达的信号称为非确定性信号。非确定性信号又称随机信号，可分为平稳性随机信号和非平稳性随机信号两类。如果描述随机信号特征的那些统计数学参数（如平均值、均方根值、概率密度函数等）都不随时间推移而变化，则这种信号称为平稳性随机信号；反之，如果在不同采样时间内测得的统计数学参数不能看成常数，则这种信号就称为非平稳性随机信号。

在工程测试中，随机信号大量存在，如汽车行驶时的振动信号、环境噪声信号、切削材质不均匀工件时的切削声音信号等，其幅值的大小、最大幅值出现的时间等，均无法由数学公式进行精确描述、计算、预测，实际测量的结果每次也不相同，这种性质称为随机性。这类信号无法用公式表示，也无法预见任一时刻此信号确定的大小，最多只可用统计数学的方法指出在某一时刻此信号取得某一个值的概率。

4. 模拟信号与数字信号

从计算机技术的角度，可以把信号分为模拟信号和数字信号。用连续变量的函数表示的信号称为模拟信号，如图 1-1(a)所示；如果信号变量和幅值都是离散的，则该信号称为数字信号，如图 1-1(b)所示。模拟信号若要用计算机进行分析，必须经模/数转换器（A/D 转换器）变为数字信号。

1.1.2 信号的描述方式

信号作为一定物理现象的表示，它包含着丰富的信息。为了从中提取某种有用信息，需要对信号进行必要的分析和处理。所谓信号分析，就是采取各种物理的或数学的方法提取有用信息的过程。为了实现这个过程，从数学角度讲，需要对原始信号进行各种不同变量域的数学描述，以研究信号的构成或特征参数的估计等。因此，讨论信号的描述，在一定程度上就是讨论与信号分析有关的数学模式及其图像。

通常，用四种变量域来描述信号，即时间域（时域）、幅值域（幅域）、频率域（频域）和时频域，对应的信号分析有时域分析、幅域分析、频域分析和时频分析。值得指出的是，对同一被分析信号，可以根据不同的分析目的，在不同的分析域进行分析，从不同的角度观察和描述信号，提取信号不同的特征参数。从本质上看，信号的各种描述方法仅是从不同的角度去认识同一事物。在不同域的分析中，同一信号的实质并未改变，而且信号的描述可以在不同的分析域之间相互转换，如傅里叶变换可以使信号描述从时域变换到频域，而傅里叶反变换则可以从频域变换到时域。

本节简单介绍信号的时域分析和频域分析。

1. 信号的时域分析

直接观测或记录的信号一般是随时间变化的物理量，即以时间为自变量的信号表达，称为信号的时域描述。时域描述是信号最直接的描述方法，它只能反映信号的幅值随时间变化的特征。信号的时域分析就是求取信号在时域中的特征参数及信号波形在不同时刻的相似性和关联性。

通常，描述信号的时域特征参数有峰值、峰峰值、均值、方差、均方值和均方根值等。时域的相关分析主要有自相关函数和互相关函数。

（1）峰值和峰峰值。峰值是指信号在时间间隔 T 内的最大值，用 x_f 表示，即

$$x_f = \mid x(t) \mid_{\max}$$

峰峰值是信号在时间间隔 T 内的最大值与最小值之差，用 $x_{f\text{-}f}$ 表示，即

$$x_{f\text{-}f} = \mid x(t) \mid_{\max} - \mid x(t) \mid_{\min}$$

它表示信号的动态范围，即信号大小的分布区间。

（2）均值。均值是指信号在时间间隔 T 内的平均值，用 μ_x 表示，即

$$\mu_x = \frac{1}{T} \int_0^T x(t)\,\mathrm{d}t$$

它表示了信号大小的中心位置或常值分量，也称固定分量或直流分量。

（3）方差。信号的方差定义为

$$\sigma_x^2 = \frac{1}{T} \int_0^T \left[x(t) - \mu_x \right]^2 \mathrm{d}t$$

它表示了信号的分散程度或波动程度。为了使其与信号的量纲一致，经常采用均方差或标准差 σ_x。它是方差的正平方根，也表示信号的分散程度。

（4）均方值和均方根值。信号的均方值定义为

$$\varphi_x^2 = \frac{1}{T} \int_0^T x^2(t)\,\mathrm{d}t$$

也称平均功率，它表示了信号的强度。

信号的均方根值 $\varphi_x(x_{\text{rms}})$ 是均方值的正平方根，也称有效值，它表示了信号的平均能量。

可以证明，均方值、方差和均值之间存在下述关系：

$$\varphi_x^2 = \sigma_x^2 + \mu_x^2$$

以下从信号的强度角度来表述周期信号。

周期信号的强度可以用信号的峰值、绝对均值、均方根值和平均功率来表述（见图 1-4）。

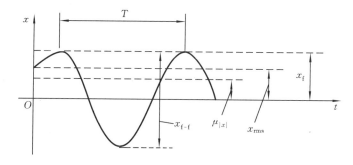

图 1-4　周期信号的强度表示

对信号的峰值和峰峰值应有足够的估计，以便确定测试系统的动态范围。一般希望信号

的峰峰值在测试系统的线性区域内,使所观测(记录)到的信号正比于被测量的幅值。如果进入非线性区域,则信号将发生畸变,结果不但不能正比于被测信号的幅值,而且会增生大量谐波。

如上所述,均值表示了信号大小的中心位置或常值分量,也称固定分量或直流分量。

周期信号全波整流后的均值就是信号的绝对均值 $\mu_{|x|}$,即

$$\mu_{|x|} = \frac{1}{T}\int_0^T |x(t)| \, \mathrm{d}t$$

$\mu_{|x|}$ 也称周期信号的平均绝对值。

有效值是信号的均方根值 x_{rms},即

$$x_{\mathrm{rms}} = \sqrt{\frac{1}{T}\int_0^T x^2(t)\,\mathrm{d}t}$$

有效值的平方-均方值就是信号的平均功率,即

$$P_{\mathrm{as}} = \frac{1}{T}\int_0^T x^2(t)\,\mathrm{d}t$$

它反映信号的功率大小。

表 1-1 列举了几种典型周期信号上述各值之间的数量关系。从表中可见,信号的均值、绝对均值、有效值和峰值之间的关系与波形有关。

表 1-1　几种典型信号的强度

名称	波 形 图	傅里叶级数展开式	x_{f}	μ_x	$\mu_{|x|}$	x_{rms}
正弦波		$x(t) = A\sin\omega_0 t$ $T_0 = \dfrac{2\pi}{\omega_0}$	A	0	$\dfrac{2A}{\pi}$	$\dfrac{A}{\sqrt{2}}$
方波		$x(t) = \dfrac{4A}{\pi}\left(\sin\omega_0 t + \dfrac{1}{3}\sin3\omega_0 t + \dfrac{1}{5}\sin5\omega_0 t + \cdots\right)$	A	0	A	A
三角波		$x(t) = \dfrac{8A}{\pi^2}\left(\sin\omega_0 t - \dfrac{1}{9}\sin3\omega_0 t + \dfrac{1}{25}\sin5\omega_0 t - \cdots\right)$	A	0	$\dfrac{A}{2}$	$\dfrac{A}{\sqrt{3}}$
锯齿波		$x(t) = \dfrac{A}{2} - \dfrac{A}{\pi}\left(\sin\omega_0 t + \dfrac{\sin2\omega_0 t}{2} + \dfrac{\sin3\omega_0 t}{3} + \cdots\right)$	A	$\dfrac{A}{2}$	$\dfrac{A}{2}$	$\dfrac{A}{\sqrt{3}}$
正弦整流		$x(t) = \dfrac{2A}{\pi}\left(1 - \dfrac{2}{3}\cos2\omega_0 t - \dfrac{2}{15}\cos4\omega_0 t - \dfrac{2}{32}\cos6\omega_0 t - \cdots\right)$	A	$\dfrac{2A}{\pi}$	$\dfrac{2A}{\pi}$	$\dfrac{A}{\sqrt{2}}$

信号的峰值 x_f、绝对均值 $\mu_{|x|}$ 和有效值 x_{rms} 可用三值电压表来测量,也可用普通的电工仪表来测量。峰值 x_f 可根据波形折算或用能记忆瞬峰示值的仪表测量,也可以用示波器来测量;均值可用直流电压表测量。因为信号是周期交变的,如果交流频率较高,则交流成分只影响表针的微小晃动,不影响均值读数。当频率低时,表针将产生摆动,影响读数。这时可用一个电容器与电压表并接将交流分量旁路,但应注意这个电容器对被测电路的影响。

（5）自相关函数。

① 相关的概念。在测试信号的分析中,相关是一个非常重要的概念。相关是指两个随机变量之间在统计意义上的线性关系。对于确定性信号来说,两个变量之间可用函数关系来描述,两者一一对应并为确定的数值。两个随机变量之间就不具有这样确定的关系。但是如果这两个变量之间具有某种内在的物理联系,那么,通过大量统计就能发现它们之间还存在着某种虽不精确却具有相应的表征其特性的近似关系。

在第5章中将对相关分析和应用作详细阐述。此处从时域表达角度对相关系数、自相关函数、互相关函数作简单介绍。

② 相关系数。在概率论与数理统计中常用相关系数 ρ_{xy} 来定量说明随机变量 x 与 y 之间的相关程度,其定义式为

$$\rho_{xy} = \frac{E[(x-\mu_x)(y-\mu_y)]}{\sigma_x \sigma_y}$$

式中：E 表示数学期望（即平均值）；μ_x、μ_y 是随机变量 x 和 y 的均值；σ_x、σ_y 是随机变量 x 和 y 的标准差。

若 x 和 y 严格满足线性函数关系

$$y = kx + b$$

则

$$\rho_{xy} = 1 \quad (k > 0)$$

或

$$\rho_{xy} = -1 \quad (k < 0)$$

若 x 和 y 之间完全无关,则 $\rho_{xy} = 0$。

信号 $x(t)$ 的自相关函数定义为

$$R_x(\tau) = \lim_{T \to \infty} \frac{1}{T} \int_0^T x(t)x(t-\tau)\,\mathrm{d}t$$

自相关函数描述了信号一个时刻的取值与相隔 τ 时间的另一个时刻取值的依赖关系,即相似程度。自相关函数是偶函数,它的极大值出现于 $\tau = 0$ 处。周期信号的自相关函数是与原信号周期相同的周期信号。

自相关函数可应用于判断信号的性质和检测混于随机噪声中的周期信号。如果自相关函数呈现周期性,则表明原信号中含有某种周期因素。从自相关图中可以确定该周期因素的频率,从而可以进一步分析其起因。

（6）互相关函数。信号 $x(t)$、$y(t)$ 的互相关函数定义为

$$R_{xy}(\tau) = \lim_{T \to \infty} \frac{1}{T} \int_0^T x(t)y(t-\tau)\,\mathrm{d}t$$

互相关函数是表示两个信号之间依赖关系的相关统计量,即表示了两个信号的相关程度。两个相互独立的信号的互相关函数等于零。它主要应用于检测和识别存在于噪声中的有用信号。在测试技术中,互相关技术也得到了广泛应用。

2. 信号的频域分析

描述信号的自变量若是频率,则称其为信号的频域描述。将时域信号变换至频域加以分析的方法,即以频率作为独立变量建立信号与频率的函数关系,称为频域分析或频谱分析。频域分析的目的是把复杂的时间信号,经傅里叶变换分解为若干单一的谐波分量来研究,以获得信号的频率结构,以及各谐波幅值和相位信息。因此,信号的频域描述能够使人们了解信号的频率成分,以及各成分的幅值和相位大小。

频域分析是工程信号处理应用最广泛的分析方法。在工程测试中,通过频域分析,既可以了解被测信号的频率构成,选择与其相适应的测试仪器或系统;又可以从频率的角度了解和分析测试信号,获得测试信号所包含的更丰富的信息,更好地反映被测物理量的特征。

根据信号的分类,本章将分别介绍周期信号、非周期信号等的频域分析。

1.2 周期信号及其频谱

1.2.1 周期信号概述

周期信号是经过一定时间可以重复出现的信号,它满足条件

$$x(t) = x(t + nT)$$

式中：T 为周期,$n = 0, \pm 1, \pm 2, \cdots$。

谐波信号的一般表达式为

$$x(t) = A\cos(\omega t + \varphi)$$

式中：A 称为谐波信号的幅值；ω 称为谐波信号的圆频率；φ 称为谐波信号的初相位（见图1-3）。

谐波信号的周期和圆频率之间的关系为

$$\omega T = 2\pi \quad \text{或} \quad \omega = \frac{2\pi}{T} \quad \text{或} \quad T = \frac{2\pi}{\omega}$$

周期的倒数称为频率,记为 f,f 的单位为 Hz。即

$$f = \frac{1}{T} = \frac{\omega}{2\pi}$$

1.2.2 傅里叶级数与周期信号的展开

1. 傅里叶级数的三角函数展开式

设一周期信号 $x(t)$,其周期为 T_0,傅里叶级数的三角函数形式为

$$\begin{aligned} x(t) &= a_0 + a_1\cos\omega_0 t + b_1\sin\omega_0 t + a_2\cos2\omega_0 t + b_2\sin2\omega_0 t + \cdots \\ &\quad + a_n\cos n\omega_0 t + b_n\sin n\omega_0 t + \cdots \\ &= a_0 + \sum_{n=1}^{\infty}(a_n\cos n\omega_0 t + b_n\sin n\omega_0 t) \end{aligned} \tag{1-1}$$

式中：ω_0 为圆频率,$\omega_0 = \frac{2\pi}{T_0} = 2\pi f_0$,$f_0$ 为频率（Hz）,T_0 为周期；$n = 1, 2, \cdots$。

利用三角函数的正交性,有

$$\int_{t_0}^{t_0+T_0} \sin n\omega_0 t \, \mathrm{d}t = 0$$

$$\int_{t_0}^{t_0+T_0} \cos n\omega_0 t \, \mathrm{d}t = 0$$

$$\int_{t_0}^{t_0+T_0} \sin n\omega_0 t \cdot \sin m\omega_0 t \, dt = \begin{cases} 0, & m \neq n \\ \dfrac{T_0}{2}, & m = n \end{cases}$$

$$\int_{t_0}^{t_0+T_0} \cos n\omega_0 t \cdot \cos m\omega_0 t \, dt = \begin{cases} 0, & m \neq n \\ \dfrac{T_0}{2}, & m = n \end{cases}$$

$$\int_{t_0}^{t_0+T_0} \sin n\omega_0 t \cdot \cos m\omega_0 t \, dt = 0, \qquad \text{所有 } m, n$$

上述各式中,积分区间是 $[t_0, t_0+T_0]$,也可取为 $[0, T_0]$ 或其他任一周期。m、n 为正整数。由上述正交特性,式(1-1)中的系数可通过如下运算求得。

由 $\qquad\qquad\qquad\qquad \displaystyle\int_{t_0}^{t_0+T_0} x(t) \, dt = \int_{t_0}^{t_0+T_0} a_0 \, dt + 0$

可得 $\qquad\qquad\qquad\qquad a_0 = \dfrac{1}{T} \displaystyle\int_{t_0}^{t_0+T_0} x(t) \, dt$

由 $\qquad\quad \displaystyle\int_{t_0}^{t_0+T_0} x(t) \cos n\omega_0 t \, dt = \int_{t_0}^{t_0+T_0} a_n \cos n\omega_0 t \cdot \cos n\omega_0 t \, dt = \dfrac{a_n T_0}{2}$

可得 $\qquad\qquad\qquad\qquad a_n = \dfrac{2}{T_0} \displaystyle\int_{t_0}^{t_0+T_0} x(t) \cos n\omega_0 t \, dt$

由 $\qquad\quad \displaystyle\int_{0}^{t_0+T_0} x(t) \sin n\omega_0 t \, dt = \int_{t_0}^{t_0+T_0} b_n \sin n\omega_0 t \cdot \sin n\omega_0 t \, dt = \dfrac{b_n T_0}{2}$

可得 $\qquad\qquad\qquad\qquad b_n = \dfrac{2}{T_0} \displaystyle\int_{t_0}^{t_0+T_0} x(t) \sin n\omega_0 t \, dt$

式中:$n = 1, 2, \cdots$。

通常,在信号的分析处理中,把上述系数中的 a_0 称为直流分量;a_n、b_n 分别为余弦和正弦分量的幅值。进一步可将式(1-1)中的同频率正弦、余弦项合并,得到傅里叶级数三角函数形式的另一种表示

$$x(t) = a_0 + \sum_{n=1}^{\infty} A_n \cos(n\omega_0 t + \varphi_n) \tag{1-2}$$

或 $$x(t) = a_0 + \sum_{n=1}^{\infty} A_n \sin(n\omega_0 t + \phi_n) \tag{1-3}$$

比较式(1-1)、式(1-2)与式(1-3)可得

$$\left. \begin{aligned} A_n &= \sqrt{a_n^2 + b_n^2} \\ a_n &= A_n \cos\varphi_n = A_n \sin\phi_n \\ b_n &= -A_n \sin\varphi_n = A_n \cos\phi_n \\ \varphi_n &= \arctan\left(-\frac{b_n}{a_n}\right) \\ \phi_n &= \arctan\left(\frac{a_n}{b_n}\right) \end{aligned} \right\}$$

由式(1-1)、式(1-2)与式(1-3)还可以得出以下几点结论。

(1) 等式左端为一(复杂)信号的时域表示,右端则是简单的正弦信号线性组合。利用傅里叶级数的变换,可以把复杂的问题分解成为简单的问题进行分析处理。

(2) 任意周期信号可以分解为直流分量(a_0)和一系列交变分量(系数为 a_n、b_n 的正弦、余弦分量)的相加,交变分量中的 $a_1, a_2, \cdots, a_n$ 和 $b_1, b_2, \cdots, b_n$ 为信号的幅值,ω_0 为信号的基频,

相应的分量称为基波，其他交变分量则为谐波，谐波的频率必定为基频的整数倍。

（3）直流分量的幅度 a_0 与基波、谐波的幅度 A_n，以及相位 ϕ_n 或 φ_n 的大小取决于信号的时域波形，而且是频率 ω_n 的函数。把这种函数关系绘成线图，即得到所谓的"频谱"。

2. 傅里叶级数的复指数函数展开式

为了运算的方便，常将傅里叶级数写成复指数形式。根据欧拉公式

$$e^{\pm j\omega t} = \cos\omega t \pm j\sin\omega t$$

则

$$\cos\omega t = \frac{1}{2}(e^{-j\omega t} + e^{j\omega t})$$

$$\sin\omega t = j\frac{1}{2}(e^{-j\omega t} - e^{j\omega t})$$

式中：$j = \sqrt{-1}$。

因此，式(1-1)可改写为

$$x(t) = a_0 + \sum_{n=1}^{\infty}\left[\frac{1}{2}(a_n + jb_n)e^{-jn\omega_0 t} + \frac{1}{2}(a_n - jb_n)e^{jn\omega_0 t}\right]$$

令

$$c_n = \frac{1}{2}(a_n - jb_n), \quad n \geqslant 1$$

$$c_{-n} = \frac{1}{2}(a_n + jb_n), \quad n \geqslant 1$$

$$c_0 = a_0$$

则

$$x(t) = c_0 + \sum_{n=1}^{\infty}c_{-n}e^{-jn\omega_0 t} + \sum_{n=1}^{\infty}c_n e^{jn\omega_0 t} \tag{1-4}$$

或

$$x(t) = \sum_{n=-\infty}^{+\infty}c_n e^{jn\omega_0 t} \quad n = 0, \pm 1, \pm 2, \cdots \tag{1-5}$$

式(1-4)或式(1-5)就是复指数形式的傅里叶级数展开式。因此，可得傅里叶级数的复数系数为

$$c_n = \frac{1}{T_0}\int_{-\frac{T_0}{2}}^{\frac{T_0}{2}}x(t)e^{-jn\omega_0 t}dt, \quad n = 0, \pm 1, \pm 2, \cdots$$

c_n 在一般情况下是复数，可以写成

$$c_n = c_{nR} + jc_{nI} = |c_n|e^{j\varphi_n}$$

$$|c_n| = \sqrt{c_{nR}^2 + c_{nI}^2}$$

$$\varphi_n = \arctan\frac{c_{nI}}{c_{nR}}$$

用复数形式展开 $x(t)$，就把频率范围从 $0\sim+\infty$ 扩展到 $-\infty\sim+\infty$，但其谱线仍然是离散的，其中系数 c_n 与 c_{-n} 互为共轭复数。

周期信号展成复指数形式的傅里叶级数还可用向量形式表示，如图 1-5 所示。其横坐标角频率 ω 在 $-\infty\sim+\infty$ 范围内变化，双边幅值 $|c_n|$ 仅为单边幅值的一半，即 $|c_n| = A_n/2$。

例 1-1　试求图 1-6 所示周期方波的复指数形式的傅里叶级数。

$$x(t) = \begin{cases} A, & 0 < t < T/2 \\ -A, & -T/2 < t \leqslant 0 \end{cases}$$

解　由式(1-5)有

$$x(t) = \sum_{n=-\infty}^{+\infty}c_n e^{jn\omega_0 t}$$

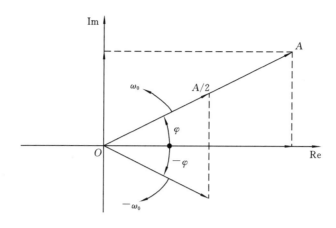

图 1-5 复指数形式的向量表示

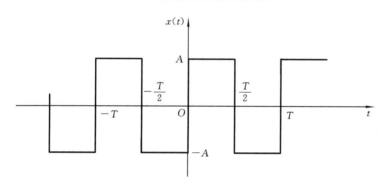

图 1-6 周期方波

而
$$c_n = \frac{1}{T}\int_{-T/2}^{T/2} x(t)\mathrm{e}^{-\mathrm{j}n\omega_0 t}\mathrm{d}t$$

将 $x(t)$ 分为两个半周期,代入上式有

$$c_n = \frac{1}{T}\left[\int_{-T/2}^{0} -A\mathrm{e}^{-\mathrm{j}n\omega_0 t}\mathrm{d}t + \int_{0}^{T/2} A\mathrm{e}^{-\mathrm{j}n\omega_0 t}\mathrm{d}t\right]$$

$$= \frac{A}{T}\left[(1-\mathrm{e}^{\mathrm{j}n\pi})-(\mathrm{e}^{-\mathrm{j}n\pi}-1)\right]\frac{1}{\mathrm{j}n\omega_0}$$

又 $\mathrm{e}^{\pm\mathrm{j}n\pi}=\cos n\pi\pm\mathrm{j}\sin n\pi$,代入得

$$c_n = \frac{A\omega_0}{2\pi}\cdot\frac{1}{\mathrm{j}n\omega_0}\left[2-2(-1)^n\right]$$

$$= \begin{cases} -\mathrm{j}\dfrac{2A}{n\pi}, & n=\pm1,\pm3,\pm5,\cdots \\[2mm] 0, & n=0,\pm2,\pm4,\cdots \end{cases}$$

由于 c_n 是纯虚数,$|c_n|=\dfrac{2A}{n\pi}$,$\varphi_n=\dfrac{\pi}{2}$,所以

$$x(t) = -\mathrm{j}\frac{2A}{\pi}\sum_{k=-\infty}^{\infty}\frac{1}{2k+1}\mathrm{e}^{\mathrm{j}(2k+1)\omega_0 t}, \quad k=0,\pm1,\pm2,\cdots$$

1.2.3 周期信号的频谱

1. 周期信号频谱的物理意义

从数学分析已知,任何周期函数 $f(t)$,其周期是 T,如果它在一个周期内处处连续,或者

只存在有限个间断点，而且在间断点处函数值不跳变到无穷大，即满足狄利克雷(Dirichlet)条件，则此函数可以展开为傅里叶级数。

　　周期信号的频谱如图 1-7 所示。图 1-7(b) 中的 (c,ω) 是信号 $f(t)$ 的幅值频谱，简称为幅谱。每条线代表某一频率分量的幅度值，称其为谱线；连接各谱线的顶点即为谱的包络线，其直观地反映了各分量幅度变化的情况。图 1-7(c) 中的 (ϕ,ω) 是信号 $f(t)$ 的相位频谱，简称为相谱。相谱中的每条谱线表示相应频率分量的相位值；连接其顶点而成的包络线，直观地反映了各分量相位的变化情况。

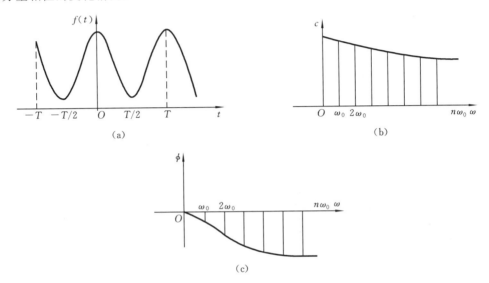

图 1-7　周期信号 $f(t)$ 频谱示意图

　　由频谱图不难看出：周期信号的频谱只会出现在 $0,\omega_0,2\omega_0,\cdots,n\omega_0$ 离散频率上。这种频谱称为离散谱，它是周期信号频谱最主要的特征。上述各分量的谱线为实数，属于实（频）谱。

　　把周期函数 $x(t)$ 展开为傅里叶级数的复指数形式后，可分别以 $|c_n|-\omega$ 和 $\varphi_n-\omega$ 作幅频谱图和相频谱图；也可以分别以 c_n 的实部或虚部与频率的关系作幅频谱图，并分别称为实频谱图和虚频谱图。比较傅里叶级数的两种展开形式可知：复指数函数形式的频谱为双边谱（ω 从 $-\infty$ 到 $+\infty$），三角函数形式的频谱为单边谱（ω 从 0 到 $+\infty$）；两种频谱各谐波幅值在量值上有确定的关系，即 $|c_n|=\dfrac{1}{2}A_n$，$|c_0|=a_0$。双边幅频谱为偶函数，双边相频谱为奇函数。

　　当 n 为负值时，谐波频率 $n\omega_0$ 为负频率。出现"负"的频率似乎不好理解，实际上角速度按其旋转方向可以有正有负，一个向量的实部可以看成两个旋转方向相反的矢量在其实轴上投影之和，而虚部则为其在虚轴上投影之差（见图 1-5）。负频率完全是数学上的表达方式，无任何实际物理意义。

　　当要对频谱进行数学处理时，指数形式显然要比三角函数形式简便得多。可以利用欧拉公式，把三角函数形式的傅里叶级数变换为指数形式的傅里叶级数。

　　图 1-8 所示为例 1-1 中周期方波复数幅值 $|c_n|$ 的频谱。

　　例 1-2　如图 1-9 所示的周期性三角波，在一个周期 $-T/2\leqslant t\leqslant T/2$ 范围内 $f(t)=|t|$。求此信号的频谱。

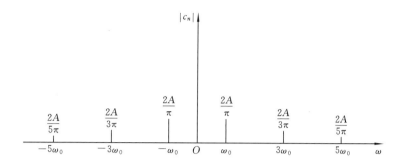

图 1-8　周期方波复数幅值的频谱

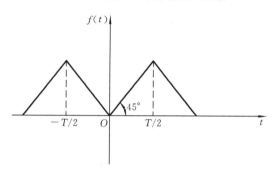

图 1-9　周期性三角波

解
$$a_0 = \frac{1}{T}\int_{-T/2}^{T/2} f(t)\,\mathrm{d}t = \frac{2}{T}\int_0^{T/2} t\,\mathrm{d}t = \frac{T}{4}$$

$$a_n = \frac{2}{T}\int_{-T/2}^{T/2} f(t)\cos n\omega_0 t\,\mathrm{d}t = \frac{4}{T}\int_0^{T/2} t\cos n\omega_0 t\,\mathrm{d}t$$

$$= \frac{T}{n^2\pi^2}\big[(-1)^n - 1\big] = \begin{cases} 0, & n\ \text{为偶数} \\ -\dfrac{2T}{n^2\pi^2}, & n\ \text{为奇数} \end{cases}$$

$$b_n = \frac{2}{T}\int_{-T/2}^{T/2} f(t)\sin n\omega_0 t\,\mathrm{d}t = 0 \qquad (\text{因被积函数为奇函数})$$

则此三角波展开为傅里叶级数是

$$f(t) = \frac{T}{4} - \frac{2T}{\pi^2}\left(\cos\omega_0 t + \frac{1}{9}\cos 3\omega_0 t + \frac{1}{25}\cos 5\omega_0 t + \cdots\right)$$

此三角波的频谱图如图 1-10 所示。

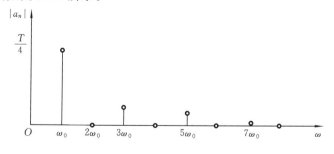

图 1-10　三角波的频谱图

例 1-3　画出余弦、正弦函数的实部、虚部频谱图。

解　根据前面的式子可得

$$\cos\omega_0 t = \frac{1}{2}(\mathrm{e}^{-\mathrm{j}\omega_0 t} + \mathrm{e}^{\mathrm{j}\omega_0 t})$$

$$\sin\omega_0 t = \mathrm{j}\frac{1}{2}(\mathrm{e}^{-\mathrm{j}\omega_0 t} - \mathrm{e}^{\mathrm{j}\omega_0 t})$$

可见,余弦函数只有实频谱图,关于纵轴偶对称。而正弦函数则只有虚频谱图,关于纵轴奇对称。图 1-11 所示是这两个函数的频谱图。

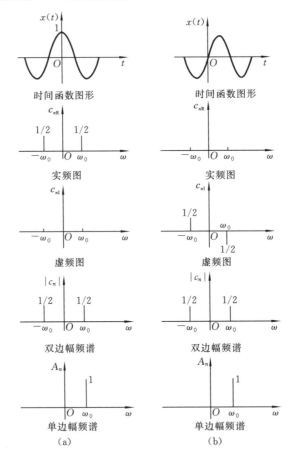

图 1-11　余弦、正弦函数的频谱图
(a) $x(t)=\cos\omega_0 t$;(b) $x(t)=\sin\omega_0 t$

一般周期函数按傅里叶级数的复指数函数形式展开后,其实频谱总是偶对称的,其虚频谱总是奇对称的。

2. 周期信号频谱的特点

从上述可知,周期信号频谱的基本特点如下。

(1) 离散性　周期信号的频谱是由离散的谱线组成的,每一条谱线表示一个余弦分量。

(2) 谐波性　每条谱线只出现在基波频率的整数倍的频率上。

(3) 收敛性　频谱中,各谱线的高度随谐波次数的增大而逐渐减小。当谐波次数无限增大时,谐波分量的振幅趋于无穷小。

常见的周期信号幅值总的趋势是随谐波次数的增加而减小。由于周期信号表现出收敛性,故在实际测量中没有必要取那些次数过高的谐波分量。

1.3　非周期信号及其频谱

1.3.1　非周期信号概述

非周期信号可分为瞬变信号和准周期信号。准周期信号是由一系列正弦信号叠加组成的，但各正弦信号的频率比不是有理数。例如，信号 $x(t)=\sin\omega_0 t+\sin\sqrt{2}\omega_0 t$ 的频率比 $\dfrac{\sqrt{2}\omega_0}{\omega_0}=\sqrt{2}$ 不是有理数。显然准周期信号的频谱是离散的。由于其频谱与周期信号没有本质的不同，因此在频域中不单独进行研究。指数函数、阶跃函数、矩形窗函数等是典型的瞬变信号。不作特别声明，本书在提到非周期信号时一般指瞬变信号。

在工程测量中，严格的周期信号一般较少，而经常遇到的是非周期信号。例如，在各种机械结构性能试验中冲击激励的力信号就是非周期的确定信号，热电偶插入炉膛中所感受到的阶跃信号也是非周期的确定信号。

通常所说的非周期信号是指瞬变非周期信号。常见的这种信号如图 1-12 所示。

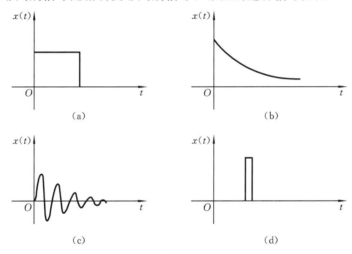

图 1-12　非周期信号

(a) 矩形脉冲信号；(b) 指数衰减信号；(c) 衰减振荡信号；(d) 单一脉冲信号

对于周期信号，可以借助傅里叶级数完成从时域到频域的转换。而非周期信号不具周期性，不能使用傅里叶级数进行频谱分析，因此必须寻找新的数学工具，这就是傅里叶变换。

1.3.2　傅里叶变换

设有一周期信号 $x_T(t)$ 在区间 $\left[-\dfrac{T}{2},\dfrac{T}{2}\right]$ 上等于非周期信号 $x(t)$，区间外按周期延拓。当 $T\rightarrow\infty$ 时，此周期信号就成为非周期信号。

$$\lim_{T\rightarrow\infty}x_T(t)=x(t)$$

由傅里叶级数的复指数形式表达式(1-5)得

$$x_T(t)=\sum_{n=-\infty}^{+\infty}c_n\mathrm{e}^{\mathrm{j}n\omega_0 t}$$

$$= \sum_{n=-\infty}^{+\infty} \left[\frac{1}{T} \int_{-\frac{T}{2}}^{\frac{T}{2}} x(t) e^{-jn\omega_0 t} dt \right] \cdot e^{jn\omega_0 t}$$

当周期趋于无穷大时　　　　　　　　$T \to \infty$

谱线间隔趋于无穷小　　　　　　　　$\omega_0 = \Delta\omega \to d\omega$

离散频率变为连续频率　　　　　　　$n\omega_0 = n\Delta\omega \to \omega$

$$\frac{1}{T} = \frac{\omega_0}{2\pi} \to \frac{1}{2\pi} d\omega$$

求和变为求积分，即

$$\sum_{n=-\infty}^{+\infty} \to \int_{-\infty}^{+\infty}$$

则

$$x(t) = \int_{-\infty}^{+\infty} \left(\frac{1}{2\pi} \int_{-\infty}^{+\infty} x(t) e^{-j\omega t} dt \right) e^{j\omega t} d\omega$$

令

$$X(\omega) = \int_{-\infty}^{+\infty} x(t) e^{-j\omega t} dt \tag{1-6}$$

则

$$x(t) = \frac{1}{2\pi} \int_{-\infty}^{+\infty} X(\omega) e^{j\omega t} d\omega \tag{1-7}$$

若用 $2\pi f$ 取代以上两式中的 ω，则有

$$X(f) = \int_{-\infty}^{+\infty} x(t) e^{-j2\pi ft} dt \tag{1-8}$$

$$x(t) = \int_{-\infty}^{+\infty} X(f) e^{j2\pi ft} df \tag{1-9}$$

式(1-6)和式(1-8)称为非周期信号 $x(t)$ 的傅里叶正变换(FT)，式(1-7)和式(1-9)称为非周期信号 $x(t)$ 的傅里叶反变换(IFT)。两者组成一个傅里叶变换对，简记为

$$x(t) \underset{\text{IFT}}{\overset{\text{FT}}{\Longleftrightarrow}} X(f)$$

1.3.3　非周期信号的频谱

$X(f)$ 一般为复数，它可以表示成复数的模和相角的形式，也可以表示成实部和虚部之和的形式，即

$$X(f) = | X(f) | e^{j\phi(f)}$$
$$= \text{Re}(f) + j\text{Im}(f)$$

式中：$X(f)$ 的模为 $|X(f)| = \sqrt{\text{Re}^2(f) + \text{Im}^2(f)}$；$X(f)$ 的相角 $\phi(f) = \arctan \dfrac{\text{Im}(f)}{\text{Re}(f)}$。

称 $|X(f)|$ 为 $x(t)$ 的幅值谱密度函数，其图形称为 $x(t)$ 的幅值频谱图；称 $\phi(f)$ 为 $x(t)$ 的相位谱，其图形称为 $x(t)$ 的相位频谱图。

由前面的分析可知，周期信号的频谱谱线是离散的，其频率间隔为 $\Delta\omega = \omega_0 = 2\pi/T$。可以把非周期信号看成周期为无穷大的周期信号。当周期 T 趋于无穷大时，其频率间隔 $\Delta\omega$ 趋于无穷小，谱线无限靠近。变量 ω 连续取值以致离散谱线的顶点最后演变成一条连续曲线。因此，非周期信号的频谱是连续谱。

如前所述，周期信号可展开成许多乃至无限项简谐信号之和，其频谱具有离散性且诸简谐分量的频率具有一个公约数——基频。但几个简谐信号的叠加，不一定是周期信号。也就是说，具有离散频谱的信号不一定是周期信号。只有其各简谐成分的频率比是有理数，因而它们

能在某个时间间隔后周而复始,合成后的信号才是周期信号。若各简谐成分的频率比不是有理数,例如,$x(t) = 2\sin\omega_0 t + 5\sin\sqrt{2}\omega_0 t$,诸简谐成分在合成后不可能经过某一时间间隔后重演,其合成信号就不是周期信号。但这种信号有离散频谱,故称为准周期信号。多个独立振源激励某对象产生的振动信号往往是这类信号。

瞬变信号的第一个特点是无周期性,或者说周期为无穷大($T_0 \to \infty$)。因此,同一形状的信号波形不会重复出现。

瞬变信号的第二个特点是其频谱是连续谱。由于把瞬变信号的周期 T_0 视为无限大,则任一相邻的谱线间隔 $\Delta\omega = i\omega_0 - (i-1)\omega_0 = \omega_0 = \dfrac{2\pi}{T_0}$ 就趋于无穷小。这样,频谱图的谱线就紧密相聚而成连续谱了。为了更好地理解这一点,可分析研究周期性矩形波在其周期变大过程中频谱谱线的变化情况。如图 1-13 所示,周期分别为 $T_1 = 4\tau$、$T_2 = 8\tau$、$T_3 = 16\tau$ 和 $T_4 \to \infty$,其中 τ 为矩形脉冲宽度。由图 1-13(a) 至图 1-13(c) 可见,周期越大,谱线间隔就越小,这意味着信号的频率成分越丰富。图 1-13(d) 所示为瞬变信号,是连续谱,它的频率成分遍布在整个频率轴上。因此,用单脉冲信号来激励装置,可以检测该装置对所有频率成分的响应特性。

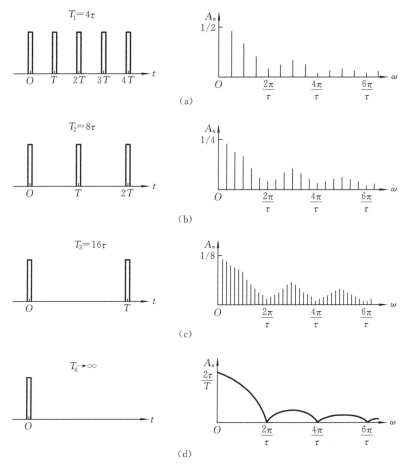

图 1-13 周期与频谱的关系

(a) $T_1 = 4\tau$;(b) $T_2 = 8\tau$;(c) $T_3 = 16\tau$;(d) $T_4 \to \infty$

瞬变信号的第三个特点是其时域函数对时间变量 $t \to \infty$ 是收敛的,即它满足绝对可积条

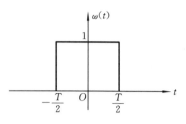

图 1-14 矩形窗函数

件：$\int_0^\infty |x(t)| \mathrm{d}t$ 为有限值。同时，它所携带的能量也是有限的，即 $E = \int_0^\infty x^2(t)\mathrm{d}t$ 为有限值。因此说，瞬变信号是一种能量有限信号。而周期信号不属于能量有限信号，只是功率有限信号。这是两种信号的又一区别。

例 1-4 试求图 1-14 所示矩形窗函数的频谱。

解 该矩形窗函数的时域表达式为

$$\omega(t) = \begin{cases} 1, & |t| \leqslant \dfrac{T}{2} \\ 0, & |t| > \dfrac{T}{2} \end{cases}$$

根据式(1-8)，可得

$$W(f) = \int_{-\infty}^{+\infty} \omega(t)\mathrm{e}^{-\mathrm{j}2\pi ft}\mathrm{d}t = \int_{-\frac{T}{2}}^{\frac{T}{2}} \mathrm{e}^{-\mathrm{j}2\pi ft}\mathrm{d}t$$

$$= -\frac{1}{\mathrm{j}2\pi f}\left[\mathrm{e}^{-\mathrm{j}2\pi f\frac{T}{2}} - \mathrm{e}^{\mathrm{j}2\pi f\frac{T}{2}}\right]$$

利用欧拉公式，有

$$\sin(\pi ft) = -\frac{1}{2\mathrm{j}}\left[\mathrm{e}^{-\mathrm{j}\pi fT} - \mathrm{e}^{\mathrm{j}\pi fT}\right]$$

代入上式得

$$W(f) = \frac{\sin(\pi fT)}{\pi f} = T\frac{\sin(\pi fT)}{\pi fT} = T\mathrm{sinc}(\pi fT)$$

在数学上，定义 $\mathrm{sinc}\theta \triangleq \dfrac{\sin(\theta)}{\theta}$ 为采样函数（见图 1-15）。它是一个特殊的实偶函数，该函数在信号分析中很有用，其数值可以从数学手册上查到。$W(f)$ 函数只有实部，没有虚部。其幅值谱为 $|W(f)| = |T\mathrm{sinc}(\pi fT)|$，相位谱视 $T\mathrm{sinc}(\pi fT)$ 的符号而定，$T\mathrm{sinc}(\pi fT)$ 为正值时相位为零，$T\mathrm{sinc}(\pi fT)$ 为负值时相位为 π。图 1-16 所示为窗函数 $\omega(t)$ 的频谱图。

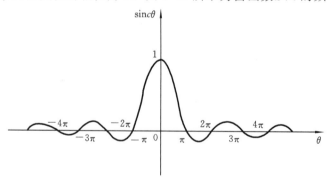

图 1-15 $\mathrm{sinc}\theta$ 的图像

周期信号从时域描述到频域描述采用的是傅里叶级数，非周期信号从时域描述转换到频域描述采用的是傅里叶变换。在这两大类信号之间采用令周期信号的周期 $T\to\infty$，使周期信号演变为非周期信号，进而导出非周期信号的傅里叶变换方法。尽管这些假设不十分严密，但可以定性地了解傅里叶级数与傅里叶变换之间的联系与区别，所得到的非周期信号的频谱具

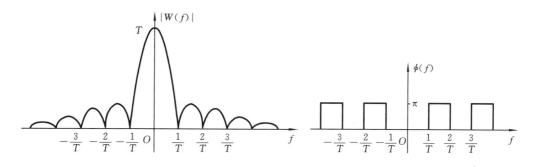

图 1-16 窗函数 $\omega(t)$ 的频谱

有以下特征。

(1) 非周期信号的频谱是连续的。

(2) 因为 $e^{j2n\pi f_0 t} = \cos(2n\pi f_0 t) + j\sin(2n\pi f_0 t)$，这就表明，周期信号可以分解成一系列正弦信号之和的形式，各正弦信号的幅值为 $|c_n|$；又因为幅值、相位均为离散变量 nf_0 的函数，所以其频谱具有离散性。同理，$e^{j2\pi ft} = \cos(2\pi ft) + j\sin(2\pi ft)$ 表明非周期信号也可视为无数个正弦信号之和的形式，但这些正弦信号的频率分布在无穷区间上（因 f 是连续变量），因此非周期信号的频谱是连续的。

(3) 非周期信号幅值频谱的量纲是单位频率宽度上的幅值。在周期信号傅里叶级数展开式中，函数 $e^{j2n\pi f_0 t}$ 的系数（即幅值）是 $|c_n|$，它具有与原信号幅值相同的量纲。对于非周期信号，函数 $e^{j2\pi ft}$ 的系数是 $|X(f)|df$（df 是频带宽），若将其处理成 $\dfrac{|X(f)|df}{df} = |X(f)|$ 的形式，则可以看出 $|X(f)|$ 的物理意义，即 $|X(f)|$ 是非周期信号单位频带上的幅值，具有密度的含义。所以称 $|X(f)|$ 为原信号 $x(t)$ 的频谱密度函数，它的量纲就是信号的幅值与频率之比。

1.3.4 傅里叶变换的主要性质

表 1-2 列出了傅里叶变换的主要性质，这些性质一般从傅里叶变换的基本公式出发，大多容易证明，也容易理解，此处仅就本课程学习中常用的几个主要性质加以证明和解释。

表 1-2　傅里叶变换的主要性质

性 质 名 称	时 域	频 域
奇偶虚实性质	$x(t)$ 为实偶函数	$X(f)$ 为实偶函数
	$x(t)$ 为实奇函数	$X(f)$ 为虚奇函数
	$x(t)$ 为虚偶函数	$X(f)$ 为虚偶函数
	$x(t)$ 为虚奇函数	$X(f)$ 为实奇函数
线性叠加性质	$ax(t) + by(t)$	$aX(f) + bY(f)$
对称性质	$x(t)$	$X(-f)$
尺度改变性质	$x(kt)$	$\dfrac{1}{k}X\left(\dfrac{f}{k}\right)$
时移性质	$x(t \pm t_0)$	$X(f)e^{\pm j2\pi ft_0}$
频移性质	$x(t)e^{\mp j2\pi f_0 t}$	$X(f \pm f_0)$

续表

性质名称	时域	频域
微分性质	$\dfrac{\mathrm{d}^n x(t)}{\mathrm{d}t^n}$	$(\mathrm{j}2\pi f)^n X(f)$
积分性质	$\displaystyle\int_{-\infty}^{t} x(t)\mathrm{d}t$	$\dfrac{1}{\mathrm{j}2\pi f} X(f)$
翻转性质	$x(-t)$	$X(-f)$
共轭性质	$x^*(t)$	$X^*(-f)$
卷积性质	$x(t)*y(t)$	$X(f)Y(f)$
	$x(t)y(t)$	$X(f)*Y(f)$
帕塞瓦尔等式	$\displaystyle\int_{-\infty}^{\infty} x^2(t)\mathrm{d}t = \int_{-\infty}^{\infty} |X(f)|^2 \mathrm{d}f$	

1. 奇偶虚实性质

当 $x(t)$ 为偶函数时，$X(-f)=X(f)$，时域和频域的对称性完全成立，即 $x(t)$ 的频谱为 $X(f)$ 时，波形为 $X(t)$ 的信号，其频谱必为 $x(f)$。如图 1-17 所示，矩形窗函数的频谱为 sinc 函数，而 sinc 函数的频谱为矩形窗函数。应用此性质，可以从已知的傅里叶变换对之间得出相应的变换，而免去许多烦琐的数学推导。

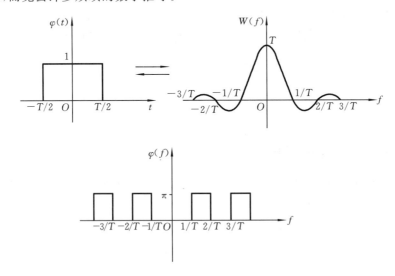

图 1-17　矩形窗函数及其频谱

2. 线性叠加性质

若
$$x(t)\Leftrightarrow X(f)$$
$$y(t)\Leftrightarrow Y(f)$$

则
$$ax(t)+by(t)\Leftrightarrow aX(f)+bY(f)$$

证明：
$$F[ax(t)+by(t)] = \int_{-\infty}^{+\infty} [ax(t)+y(t)]\mathrm{e}^{-\mathrm{j}2\pi ft}\,\mathrm{d}t$$
$$= \int_{-\infty}^{+\infty} ax(t)\mathrm{e}^{-\mathrm{j}2\pi ft}\,\mathrm{d}t + \int_{-\infty}^{+\infty} ay(t)\mathrm{e}^{-\mathrm{j}2\pi ft}\,\mathrm{d}t$$
$$= a\int_{-\infty}^{+\infty} x(t)\mathrm{e}^{-\mathrm{j}2\pi ft}\,\mathrm{d}t + b\int_{-\infty}^{+\infty} y(t)\mathrm{e}^{-\mathrm{j}2\pi ft}\,\mathrm{d}t$$

$$= aX(f) + bY(f)$$

线性叠加性质说明相加信号的频谱等于各个单独信号频谱之和。

3. 时移性质

若 $$x(t) \Leftrightarrow X(f)$$

则

$$x(t \pm t_0) \Leftrightarrow X(f) \mathrm{e}^{\pm \mathrm{j}2\pi f t_0}$$

证明:令 $t \pm t_0 = u$,则 $t = u \mp t_0$,$\mathrm{d}t = \mathrm{d}u$,则

$$F[x(t \pm t_0)] = \int_{-\infty}^{+\infty} x(t \pm t_0) \mathrm{e}^{-\mathrm{j}2\pi f t} \mathrm{d}t$$

$$= \int_{-\infty}^{+\infty} x(u) \mathrm{e}^{-\mathrm{j}2\pi f(u \mp t_0)} \mathrm{d}u$$

$$= \int_{-\infty}^{+\infty} x(u) \mathrm{e}^{-\mathrm{j}2\pi f u} \mathrm{d}u \mathrm{e}^{\pm \mathrm{j}2\pi f t}$$

$$= X(f) \mathrm{e}^{\pm \mathrm{j}2\pi f t_0}$$

因为 $|X(f)\mathrm{e}^{\pm \mathrm{j}2\pi f t_0}| = |X(f)|$,所以,信号时移后,幅值谱不变,相位谱中的相角改变量与频率成正比。

4. 频移性质

若 $$x(t) \Leftrightarrow X(f)$$

则

$$x(t) \mathrm{e}^{\pm \mathrm{j}2\pi f_0 t} \Leftrightarrow X(f \mp f_0)$$

证明:

$$F[x(t)\mathrm{e}^{\pm \mathrm{j}2\pi f_0 t}] = \int_{-\infty}^{+\infty} x(t) \mathrm{e}^{\pm \mathrm{j}2\pi f_0 t} \mathrm{e}^{-\mathrm{j}2\pi f t} \mathrm{d}t$$

$$= \int_{-\infty}^{+\infty} x(t) \mathrm{e}^{-\mathrm{j}2\pi(f \mp f_0)t} \mathrm{d}t$$

$$= X(f \mp f_0)$$

频移性质说明,原信号 $x(t)$ 乘以指数因子 $\mathrm{e}^{\pm \mathrm{j}2\pi f_0 t}$,时域波形发生改变,频域中频谱沿频率轴移动一个 f_0。频移性质在通信、调制、滤波、细化技术中均有重要作用。

5. 时间比例性

若 $$x(t) \Leftrightarrow X(f)$$

则

$$x(kt) \Leftrightarrow \frac{1}{k} X\left(\frac{f}{k}\right) \quad (k > 0) \tag{1-10}$$

证明:

$$\int_{-\infty}^{+\infty} x(kt) \mathrm{e}^{-\mathrm{j}2\pi f t} \mathrm{d}t = \frac{1}{k} \int_{-\infty}^{+\infty} x(kt) \mathrm{e}^{-\mathrm{j}2\pi \frac{f}{k}(kt)} \mathrm{d}(kt) = \frac{1}{k} X\left(\frac{f}{k}\right)$$

当时间尺度压缩($k > 1$)时(见图 1-18(c)),频谱的频带加宽,幅值变小;当时间尺度扩展($k < 1$)时(见图 1-18(a)),其频谱变窄,幅值增大。

6. 对称性质

若 $$x(t) \Leftrightarrow X(f)$$

则 $$X(t) \Leftrightarrow x(-f)$$

证明:

$$x(t) = \int_{-\infty}^{+\infty} X(f) \mathrm{e}^{\mathrm{j}2\pi f t} \mathrm{d}f$$

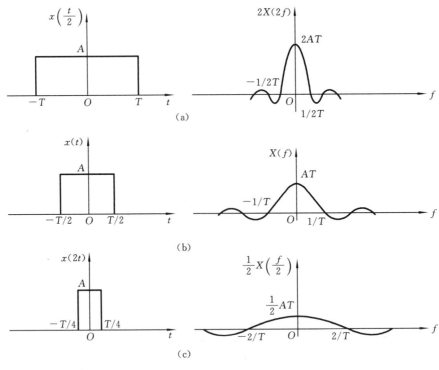

图 1-18 时间尺度改变特性举例

(a) $k=0.5$；(b) $k=1$；(c) $k=2$

以 $-u$ 代替 t，有

$$x(-u) = \int_{-\infty}^{+\infty} X(f) e^{-j2\pi uf} \, df$$

以 t 代替 f，有

$$x(-u) = \int_{-\infty}^{+\infty} X(t) e^{-j2\pi ut} \, dt$$

再以 f 代替 u，有

$$x(-f) = \int_{-\infty}^{+\infty} X(t) e^{-j2\pi ft} \, dt$$

由式(1-10)得

$$X(t) \Leftrightarrow x(-f)$$

对称性质举例如图 1-19 所示。

7. 微分性质

若

$$x(t) \Leftrightarrow X(f)$$

则对时间微分，可得

$$\frac{dx(t)}{dt} \Leftrightarrow (j2\pi f) X(f)$$

该性质也可推广到时域内求 n 阶导数的情况，即

$$\frac{d^n x(t)}{dt^n} \Leftrightarrow (j2\pi f)^n X(f)$$

又将上式对 f 微分，得

$$(-j2\pi t)^n x(t) \Leftrightarrow \frac{d^n X(f)}{df^n}$$

8. 积分性质

若

$$x(t) \Leftrightarrow X(f)$$

则对时间积分，可得

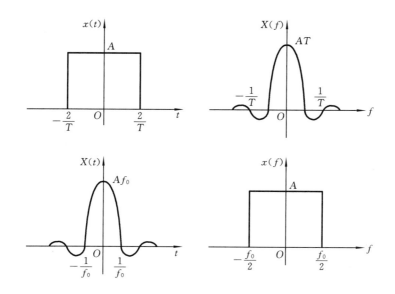

图 1-19　对称性质举例

$$\int_{-\infty}^{t} x(t)\mathrm{d}t \Longleftrightarrow \frac{1}{\mathrm{j}2\pi f}X(f)$$

微分和积分性质在处理复杂信号或具有微积分关系的参量时经常用到。例如,在振动测试中,如果测得振动系统的位移、速度或加速度中之任一参数,应用微分、积分特性就可以获得其他参数的频谱。

9. 卷积性质

卷积的定义:设两个函数 $x_1(t)$ 和 $x_2(t)$,记 $x_1(t)*x_2(t)$ 为 $x_1(t)$ 与 $x_2(t)$ 的卷积,即

$$x_1(t)*x_2(t) = \int_{-\infty}^{+\infty} x_1(\tau)x_2(t-\tau)\mathrm{d}\tau$$

卷积是一种数学运算,在系统分析、信号分析中有重要作用。但卷积这种积分运算,在时域中计算相当复杂,利用傅里叶变换,到频域中去解决将会使计算工作大为简化。

卷积定理如下:

若
$$x_1(t) \Longleftrightarrow X_1(f)$$
$$x_2(t) \Longleftrightarrow X_2(f)$$

则
$$x_1(t)*x_2(t) \Longleftrightarrow X_1(f)X_2(f)$$
$$x_1(t)x_2(t) \Longleftrightarrow X_1(f)*X_2(f)$$

卷积定理说明,在时域内作卷积对应于在频域内作相乘运算,反之亦然。

证明:(仅以时域卷积式为例)

$$F[x_1(t)*x_2(t)] = \int_{-\infty}^{+\infty}\left[\int_{-\infty}^{+\infty} x_1(\tau)x_2(t-\tau)\mathrm{d}\tau\right]\mathrm{e}^{-\mathrm{j}2\pi ft}\mathrm{d}t \qquad (定义)$$

$$= \int_{-\infty}^{+\infty} x_1(\tau)\left[\int_{-\infty}^{+\infty} x_2(t-\tau)\mathrm{e}^{-\mathrm{j}2\pi ft}\mathrm{d}t\right]\mathrm{d}\tau \qquad (交换积分顺序)$$

$$= \int_{-\infty}^{+\infty} x_1(\tau)\left[X_2(f)\mathrm{e}^{-\mathrm{j}2\pi ft}\mathrm{d}t\right]\mathrm{d}\tau \qquad (时移性质)$$

$$= \left[\int_{-\infty}^{+\infty} x_1(\tau)\mathrm{e}^{-\mathrm{j}2\pi f\tau}\right]\mathrm{d}\tau X_2(f)$$

$$= X_1(f)X_2(f)$$

卷积定理是傅里叶变换性质中最重要的性质之一。在信号分析中，会经常利用卷积定理。

1.3.5 典型信号的频谱

1. 窗函数的频谱

矩形窗函数的频谱在前面已经讨论过了。一个在时域有限区间内有值的信号，其频谱却延伸至无限频率。若在时域中截取信号的一段记录长度，则相当于原信号和矩形窗函数之乘积，因而所得频谱将是原信号频域函数和 sinc 函数的卷积，它将是连续的、频率无限延伸的频谱。从其频谱图(见图 1-16)中可以看到，在 $f=0\sim\pm 1/T$ 之间的频峰，幅值最大，称为主瓣，两侧其他各谱峰的峰值较小，称为旁瓣。主瓣宽度为 $2/T$，与时域窗宽度 T 成反比。可见，时域窗宽度 T 愈大，即截取信号时长愈大，主瓣宽度就愈小。

2. 单位脉冲函数及其频谱

单位脉冲函数 $\delta(t)$ 可表示为

$$\delta(t)=\begin{cases}\infty, & t=0\\ 0, & t\neq 0\end{cases}\quad 并且\quad \int_{-\infty}^{+\infty}\delta(t)\mathrm{d}t=1$$

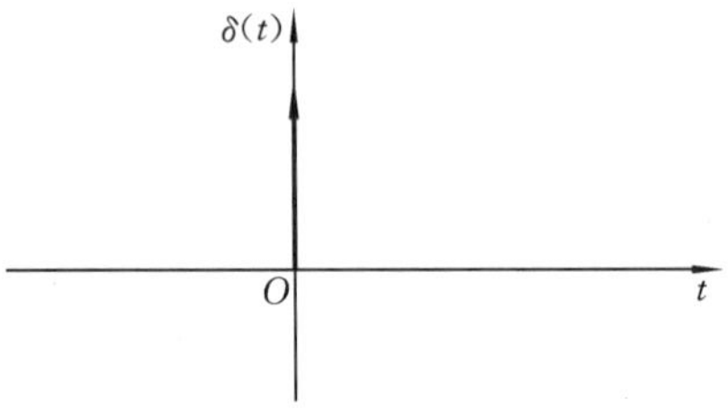

图 1-20 δ 函数

它是一个作用时间极短，幅值极大的瞬变函数，又称 δ 函数，如图 1-20 所示。

1) δ 函数的抽样性

抽样性是 δ 函数的一个重要的、极为有用的性质。因为 δ 函数只发生在 $t=0$ 的位置，所以与函数 $x(t)$ 的乘积为

$$x(t)\delta(t)=x(0)\delta(t)$$

又

$$\int_{-\infty}^{+\infty}\delta(t)\mathrm{d}t=1$$

所以

$$\int_{-\infty}^{+\infty}x(t)\delta(t)\mathrm{d}t=\int_{-\infty}^{+\infty}x(0)\delta(t)\mathrm{d}t=x(0)\int_{-\infty}^{+\infty}\delta(t)\mathrm{d}t=x(0)$$

当 δ 函数有延迟时间 t_0 时，即

$$\delta(t\pm t_0)=\begin{cases}\infty, & t=\pm t_0\\ 0, & t\neq\pm t_0\end{cases}$$

且有

$$\int_{-\infty}^{+\infty}\delta(t\pm t_0)\mathrm{d}t=1$$

则 δ 函数的抽样性可表示为

$$\int_{-\infty}^{+\infty}x(t)\delta(t\pm t_0)\mathrm{d}t=x(t)\big|_{t=\pm t_0}$$

2) δ 函数的卷积性质

δ 函数与其他函数的卷积是最简单的卷积积分，即

$$x(t)*\delta(t)=\int_{-\infty}^{+\infty}x(\tau)\delta(t-\tau)\mathrm{d}\tau$$

因为函数 $\delta(t)$ 为偶函数，即

$$\delta(t-\tau)=\delta(\tau-t)$$

所以

$$\begin{aligned}x(t)*\delta(t)&=\int_{-\infty}^{+\infty}x(\tau)\delta(\tau-t)\mathrm{d}\tau \quad （利用抽样性）\\ &=x(t)\end{aligned}$$

当函数 $\delta(t)$ 有时间延迟时,同样可以得出 $x(t)$ 与有时间延迟的 $\delta(t\pm t_0)$ 的卷积为

$$x(t) * \delta(t \pm t_0) = \int_{-\infty}^{+\infty} x(\tau)\delta(t \pm t_0 - \tau)\mathrm{d}\tau = x(t \pm t_0)$$

上式表明,当计算函数 $x(t)$ 与函数 $\delta(t)$ 的卷积时,只要简单地把 $x(t)$ 在函数 $\delta(t)$ 发生脉冲的位置上重新建立即可,如图 1-21 所示。

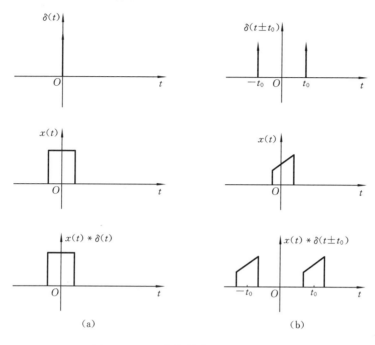

图 1-21　δ 函数与其他函数的卷积示例

(a) $x(t)$ 与 $\delta(t)$ 的卷积;(b) $x(t)$ 与 $\delta(t\pm t_0)$ 的卷积

3) δ 函数的频谱

根据傅里叶变换,δ 函数的频谱为

$$\Delta(f) = \int_{-\infty}^{+\infty} \delta(t)\mathrm{e}^{-\mathrm{j}2\pi ft}\mathrm{d}t \qquad （根据 \delta 函数的抽样性）$$
$$= \mathrm{e}^{-\mathrm{j}2\pi ft}\big|_{t=0} = 1$$

对应频谱如图 1-22 所示。

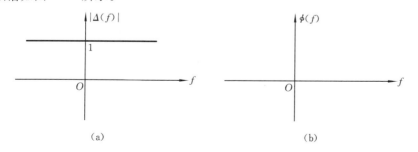

图 1-22　δ 函数的频谱

(a) 幅值谱;(b) 相位谱

上述结果表明,时域内一个作用时间极短、幅值为无穷大的脉冲信号,在频域中却包含了从 $0\sim+\infty$ 的等强度频率成分。具有这种频率特征的信号常称为白噪声。

利用傅里叶变换的对称性质,可得出时域内直流信号和指数衰减信号的频谱函数,这是在求取其他典型信号的频谱函数时很有用的公式。

$$\left.\begin{array}{l} \delta(t) \xrightarrow{\text{FT}} 1 \\[2mm] 1 \xrightarrow{\text{IFT}} \delta(f) \end{array}\right\}$$

$$\left.\begin{array}{l} \delta(t \pm t_0) \xrightarrow{\text{FT}} e^{\pm j2\pi ft_0} \\[2mm] e^{\pm j2\pi f_0 t} \xrightarrow{\text{IFT}} \delta(f \mp f_0) \end{array}\right\}$$

3. 正弦、余弦函数的频谱

若正弦、余弦函数表示为

$$x_1(t) = \sin(2\pi f_0 t), \quad x_2(t) = \cos(2\pi f_0 t)$$

由欧拉公式得

$$x_1(t) = \sin(2\pi f_0 t) = j\frac{1}{2}(e^{-j2\pi f_0 t} - e^{j2\pi f_0 t})$$

$$x_2(t) = \cos(2\pi f_0 t) = \frac{1}{2}(e^{-j2\pi f_0 t} + e^{j2\pi f_0 t})$$

则正弦、余弦函数的频谱函数为

$$X_1(f) = j\frac{1}{2}[\delta(f+f_0) - \delta(f-f_0)]$$

$$X_2(f) = \frac{1}{2}[\delta(f+f_0) + \delta(f-f_0)]$$

对应的频谱图如图 1-23 所示。利用 δ 函数,得到了正、余弦信号的傅里叶变换,由于周期信号用傅里叶级数可以分解成一系列正、余弦信号的叠加,而正、余弦信号又可由傅里叶变换表示,所以周期信号也可以用傅里叶变换得到其频谱。因此,可以统一用傅里叶变换对周期信号、非周期信号等确定性信号进行频域分析。

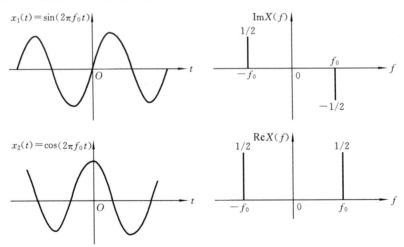

图 1-23　正弦、余弦函数及其频谱

4. 周期单位脉冲序列的频谱

设周期单位脉冲序列为

$$g(t) = \sum_{n=-\infty}^{+\infty} \delta(t-nT) \quad (n = 0, \pm 1, \pm 2, \cdots)$$

式中: T 为周期。

根据周期信号傅里叶级数的复指数形式,有

$$g(t) = \sum_{n=-\infty}^{+\infty} c_n \mathrm{e}^{\mathrm{j}2\pi n f_0 t} \quad \left(f_0 = \frac{1}{T}\right)$$

其中

$$c_n = \frac{1}{T}\int_{-\frac{T}{2}}^{\frac{T}{2}} g(t)\mathrm{e}^{-\mathrm{j}2\pi f_0 t}\,\mathrm{d}t = \frac{1}{T}\int_{-\frac{T}{2}}^{\frac{T}{2}} \delta(t)\mathrm{e}^{-\mathrm{j}2\pi f_0 t}\,\mathrm{d}t$$

$$= \frac{1}{T}\mathrm{e}^{\mathrm{j}2\pi n f_0 t}\bigg|_{t=0} = \frac{1}{T} \qquad\qquad\qquad (\delta \text{ 函数的抽样性})$$

因而得

$$g(t) = \frac{1}{T}\sum_{n=-\infty}^{+\infty}\mathrm{e}^{\mathrm{j}2\pi n f_0 t}$$

对此式进行傅里叶变换,得到频谱为

$$G(f) = F\left[\frac{1}{T}\sum_{n=-\infty}^{+\infty}\mathrm{e}^{\mathrm{j}2\pi n f_0 t}\right] = \frac{1}{T}\sum_{n=-\infty}^{+\infty}\delta(f - nf_0)$$

或

$$G(f) = \frac{1}{T}\sum_{n=-\infty}^{+\infty}\delta\left(f - \frac{n}{T}\right)$$

可以看出,周期单位脉冲序列的频谱依然是一个周期脉冲序列,只是周期为 $\frac{1}{T}$,脉冲强度为 $\frac{1}{T}$(见图 1-24)。

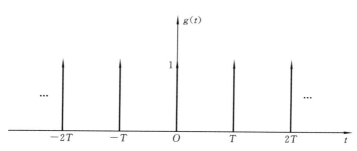

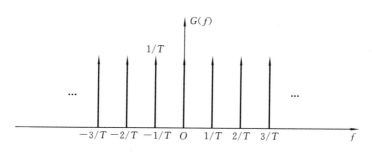

图 1-24 周期单位脉冲序列及其频谱

1.4 随 机 信 号

1.4.1 概述

随机信号是非确定性信号,它随时间作无规律的变化,并且不能预测它未来任何瞬时的精确值,在相同条件下,这种信号每次观测的结果都不一样,因而表现出不重复性、不确定性和不可预估性。但从相同条件下的总体来看,却存在着一定的统计规律。所以不能用确定的数学关系来描述,只能用概率和统计的方法来描述。

产生随机信号的物理现象称为随机现象,产生随机现象的过程称为随机过程。随机过程可分为平稳随机过程和非平稳随机过程两类。平稳随机过程又可分为各态历经过程和非各态历经过程。非平稳随机过程又可按非平稳随机过程的性质分成各种特殊的类别。随机过程的分类如图 1-25 所示。对随机过程作长时间的观测和记录,可以获得一个时间历程,称其为样本函数并记作 $x_i(t)$,如图 1-26 所示。在有限时间区间上的样本函数称为样本记录。在相同试验条件下,对该过程重复观测,可以得到互不相同的许多样本函数:$x_1(t),x_2(t),\cdots,x_i(t)$,全部样本函数的集合(总体)就是随机过程,记作 $\{x(t)\}$,即

$$\{x(t)\} = \{x_1(t),x_2(t),\cdots,x_i(t)\}$$

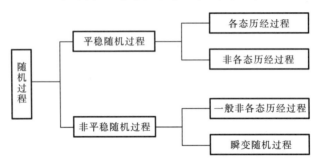

图 1-25　随机过程的分类

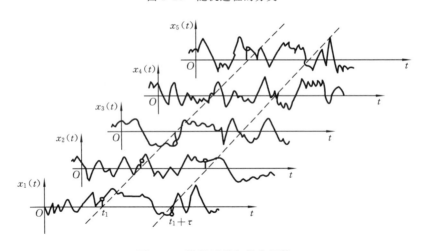

图 1-26　随机过程与样本函数

一般说来,任何一个样本函数都无法恰当地代表随机过程 $\{x(t)\}$。随机过程的各种平均值是按集合平均来计算的。集合平均的计算是在集合中的某时刻如在图 1-26 中 t_1 时刻对所有样本函数的观测值取平均值,即

$$u_x(t_1) = \lim_{N \to \infty} \frac{1}{N} \sum_{i=1}^{N} x_i(t_1) \tag{1-11}$$

随机过程两不同时刻,如图 1-26 中 t_1 和 $t_1+\tau$ 时刻之值的相关性,可以用 t_1 和 $t_1+\tau$ 时刻瞬时值乘积的集合平均来计算,即自相关函数为

$$R_x(t_1, t_1 + \tau) = \lim_{N \to \infty} \frac{1}{N} \sum_{i=1}^{N} x_i(t_1) x_i(t_1 + \tau) \tag{1-12}$$

一般情况下,式(1-11)和式(1-12)求出的 $u_x(t_1)$ 和 $R_x(t_1, t_1 + \tau)$ 将随 t_1 的改变而变化,这样的随机过程称为非平稳随机过程。若 $u_x(t_1)$ 和 $R_x(t_1, t_1 + \tau)$ 不随 t_1 的改变而变化,这种随机过程称为平稳随机过程。平稳随机过程的集合平均值是常数,自相关函数仅与时间位移 τ 有关,即

$$u_x(t_1) = u_x(t_2) = \cdots = u_x$$

$$R_x(t_1, t_1 + \tau) = R_x(t_2, t_2 + \tau) = \cdots = R_x(\tau)$$

对于许多平稳随机过程,也可以用集合中某个样本函数沿时间轴进行平均(即时间平均)来描述该随机过程的统计特征。

在平稳随机过程中,若任一单个样本函数的统计特征参数与该过程的集合统计特征参数是一致的,这样的平稳随机过程称为各态历经(遍历性)过程,反之为非各态历经过程。

遍历随机过程在实际应用中是很重要的随机过程。工程实践中,大部分随机过程都可以近似地认为是具有遍历性的随机过程,以有限长度样本记录的观察分析结果来推断、估计被测对象的整个随机过程,以其时间平均来估计集合平均。

1.4.2　随机信号的统计特征

1. 均值 μ_x、方差 σ_x^2、均方值 φ_x^2

均值表示信号的常值分量。各态历经信号的均值 μ_x 为

$$\mu_x = \lim_{T \to \infty} \frac{1}{T} \int_0^T x(t) \, dt$$

式中:$x(t)$ 为样本函数;T 为观测时间。

方差 σ_x^2 描述随机信号的波动分量,它是 $x(t)$ 偏离均值 μ_x 的平方的均值,即

$$\sigma_x^2 = \lim_{T \to \infty} \frac{1}{T} \int_0^T [x(t) - \mu_x]^2 \, dt$$

方差的正平方根称为标准偏差 σ_x,是随机数据分析的重要参数。

均方值 φ_x^2 描述随机信号的强度,它是 $x(t)$ 平方的均值,即

$$\varphi_x^2 = \lim_{T \to \infty} \frac{1}{T} \int_0^T x^2(t) \, dt$$

当均值 $\mu_x = 0$ 时,有 $\sigma_x^2 = \varphi_x^2$。

对于集合平均,则 t_1 时刻的均值和均方值分别为

$$\mu_{x, t_1} = \lim_{M \to \infty} \frac{1}{M} \sum_{i=1}^{M} x_i(t_1)$$

$$\varphi_{x, t_1}^2 = \lim_{M \to \infty} \frac{1}{M} \sum_{i=1}^{M} x_i^2(t_1)$$

式中:M 为样本记录总数;i 为样本记录序号;t_1 为观测时刻。

2. 概率密度函数及其工程应用

随机信号的概率密度函数是表示信号幅值落在指定区间内的概率;如图 1-27 所示的信号,$x(t)$ 值落在 $(x, x + \Delta x)$ 区间内的时间为

$$T_x = \Delta t_1 + \Delta t_2 + \cdots + \Delta t_n = \sum_{i=1}^{n} \Delta t_i$$

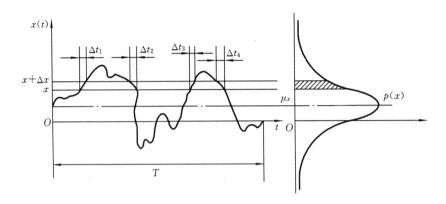

图 1-27　概率密度函数的计算

当样本函数的记录时间 T 趋于无穷大时，$\dfrac{T_x}{T}$ 的比值就是幅值落在 $(x, x+\Delta x)$ 区间的概率，即

$$P_r[x < x(t) \leqslant x + \Delta x] = \lim_{T \to \infty} \frac{T_x}{T}$$

定义幅值概率密度函数 $p(x)$ 为

$$p(x) = \lim_{\Delta x \to 0} \frac{P_r[x < x(t) \leqslant x + \Delta x]}{\Delta x}$$

概率密度函数提供了随机信号幅值分布的信息，是随机信号的主要特征参数之一。不同的随机信号有不同的概率密度函数图形，可以借此来识别信号的性质。图 1-28 所示是常见的四种随机信号（假设这些信号的均值为零）的概率密度函数图形。当不知道所处理的随机数据

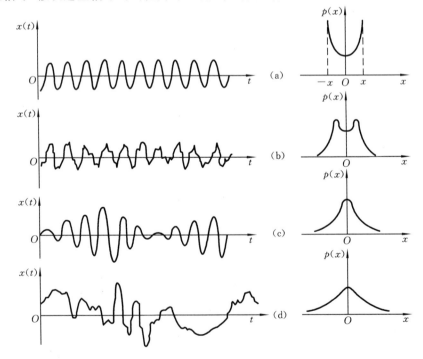

图 1-28　四种随机信号的概率密度函数图形

(a) 正弦信号（初始相角为随机量）；(b) 正弦信号加随机噪声；(c) 窄带随机信号；(d) 宽带随机信号

服从何种分布时,可以用统计概率分布图和直方图法来估计概率密度函数。这些方法可参阅有关的数理统计专著。

不同性质信号的样本记录,具有不同的概率密度函数。因此,可以通过分析概率密度函数来确定被测信号所含的成分。另外,由于概率密度函数给出了随机信号在某幅值附近出现的概率,所以可用它作为一些机械关键部位设计的依据。例如,可以测出某机械部件在运行中所受应力信号,并计算其概率密度函数。而对那些出现较多的应力,在产品设计时应重点考虑。

本章重点、难点和知识拓展

本章重点:确定性信号的频谱分析方法。

本章难点:频域概念的建立与理解。

知识拓展:信号分析是机械工程测试技术领域的一个重要内容,尤其是在机械故障诊断领域里,信号的频谱分析是一个非常重要的方法。时域描述、频域描述是信号描述中重要的两种描述方式。傅里叶变换是掌握信号的时域与频域之间对应关系及转换规律的一个重要工具,掌握它的性质可以快速地求得信号的频谱函数。

本章要求了解信号的分类,掌握确定性信号的时域描述变换为频域描述的数学方法,建立并理解信号在频域描述中的有关概念及物理意义,熟练掌握对周期信号与非周期信号进行频谱分析的步骤与方法,同时,应熟知这两类信号各自的频谱特点。

思考题与习题

1-1 动态信号与静态信号各有什么特点?静态物理量描述的是否都是静态信号?

1-2 描述周期信号的频率结构可采用什么数学工具?如何进行描述?周期信号是否可以进行傅里叶变换?为什么?

1-3 概率密度函数的物理意义是什么?它和均值、均方值有何联系?

1-4 周期信号、非周期信号和随机信号在不同域的描述中有何不同?用什么方法可以鉴别混杂在一起的这三种信号?用什么方法可以将它们分离开来?

1-5 求周期性三角波(见习题1-5图)的均值和均方值及傅里叶级数三角函数形式和复指数函数形式,并画出频谱图。周期性三角波的数学表达式为

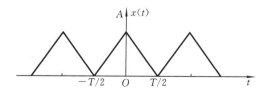

习题1-5图 周期性三角波

$$x(t) = \begin{cases} A + \dfrac{2A}{T}t, & -T/2 \leqslant t \leqslant 0 \\ A - \dfrac{2A}{T}t, & 0 < t < T/2 \end{cases}$$

1-6　求出下列非周期信号的频谱图（见习题 1-6 图）。

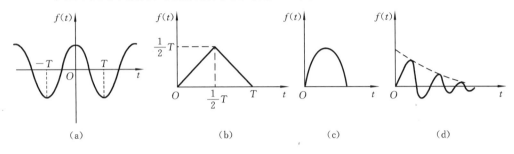

习题 1-6 图

（a）被截余弦信号；（b）单一三角波；（c）单一半个正弦波；（d）衰减的正弦振荡

（1）被截断的余弦信号 $f(t) = \begin{cases} A\cos\omega_0 t, & |t| \leqslant T \\ 0, & |t| > T \end{cases}$；

（2）单一三角波；

（3）单一半个正弦波；

（4）衰减的正弦振荡 $f(t) = A\mathrm{e}^{-at}\sin\omega_0 t \quad (a > 0, t \geqslant 0)$。

1-7　求作全波整流后余弦信号 $x(t) = A|\cos\omega_0 t|$ 的频谱（见习题 1-7 图）。

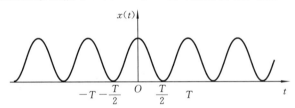

习题 1-7 图

1-8　求习题 1-8 图所示有限长瞬变余弦信号 $x(t)$ 的频谱。设

$$x(t) = \begin{cases} \cos\omega_0 t, & |t| < \tau/2 \\ 0, & |t| \geqslant \tau/2 \end{cases}$$

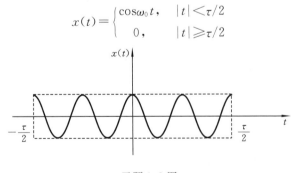

习题 1-8 图

1-9　求单位阶跃函数（见习题 1-9 图（a））和符号函数（见习题 1-9 图（b））的频谱。

1-10　求正弦信号 $x(t) = x_0 \sin(\omega t + \varphi)$ 的均值 μ_x、均方值 φ_x^2 和概率密度函数 $p(x)$。

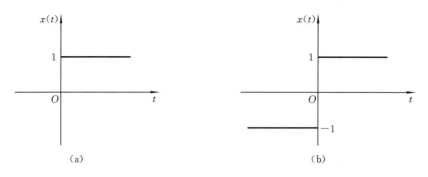

习题 1-9 图

(a) 单位阶跃函数；(b) 符号函数

第2章 测试系统的基本特性

测量体温所用温度计的量程是 $35\sim42\ ℃$，其分度值为 $0.1\ ℃$。由于体温计的水银泡后面有一段很细的结构，水银流过去后在没有外力作用下不会返回，因此使用前要甩几下，将水银甩到水银泡里面去再使用。而且在测量人的体温时往往要跟人体接触一段时间，之后它显示的温度值才跟人体的实际体温接近。体温计就是一个简单的一阶测试系统。体温计测量时的表现是由体温计的输入-输出特性决定的。

2.1 概　述

2.1.1 测试的基本概念

测试是从客观事物中获取有关信息的过程。在这一过程中，需要借助专门的设备仪器，通过合适的测试手段和必要的数学处理方法，来获得被测对象的有关信息。这种设备仪器称为测试系统或测试装置。测试系统可以是由众多环节组成的一个完整的系统，如机床动态特性的测试系统，也可以是系统中的某一组成环节，如传感器等，甚至可以是一个简单的弹性元件。

测试系统的特性是通过其输出和输入之间的关系来体现的。为了获得准确的测试结果，需要对测试系统提出多方面的性能要求。这些性能大致上可分为两个方面：静态特性和动态特性。对于静态测试系统，一般只需利用静态特性来描述其性能。对于动态测试系统，不仅需要用静态特性，而且还需要用动态特性来描述其性能。静态和动态特性对测试结果均有影响。

2.1.2 有关测试和测试系统的术语

1. 测量、试验和测试

测量、试验和测试三者之间关系密切。一般认为，测量是指以确定被测对象量值为目的的过程；试验是指对未知事物探索性认识的实验过程；而测试则是指具有试验性质的测量，也可理解为测量和试验的总和。

2. 测量装置的误差和精确度

测量装置的示值总是会有误差的。测量装置的示值和被测量真值之间的差值称为装置的示值误差，简称测量装置的误差。

测量装置的精确度表示测量结果与被测量真值的一致程度，它反映测量装置的综合误差，包括装置的系统误差和随机误差。

3. 量程和测量范围

测量装置示值范围上、下限之差的绝对值称为量程。测量范围则是指在误差允许极限内测量装置所能测量的被测量值的范围。对于动态测量，还要给出所能测量的频率范围。

4. 信噪比

信号功率 N_s 与干扰噪声功率 N_n 之比称为信噪比，记作 SNR，单位为分贝(dB)，用下式表示：

$$SNR = 10\lg \frac{N_s}{N_n}$$

5. 动态范围

动态范围是指测量装置不受噪声影响而能获得不失真输出的测量值的上限 y_{max} 和下限 y_{min} 之比,记作 DR,单位为分贝(dB),用下式表示:

$$DR = 20\lg \frac{y_{max}}{y_{min}}$$

2.1.3 线性系统及其主要性质

测试系统是由实际的物理装置所组成的,测试系统的特性则是指其对输入量的响应。尽管测试系统的组成部分各不相同,但可以将其抽象和简化,并用方框图和数学表达式来表示。如可将整个测试系统简化成一个方框图,并用 $x(t)$ 表示输入量,用 $y(t)$ 表示输出量或响应,用 $h(t)$ 表示系统的传递特性,则系统和输入、输出之间的关系可用图2-1来表示。

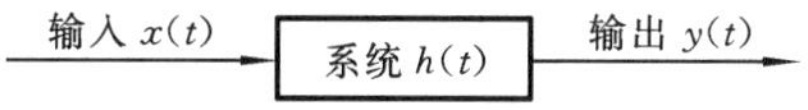

图 2-1　系统和输入、输出之间的关系

$x(t)$、$y(t)$ 和 $h(t)$ 是三个彼此具有确定关系的量,已知其中任意两个量,便可推断或估计第三个量,这便构成了工程测试中需要解决的三个方面的实际问题。

(1) 输入 $x(t)$ 已知、输出 $y(t)$ 可测,推断系统的传输特性 $h(t)$。

(2) 输入 $x(t)$ 及系统的传输特性 $h(t)$ 已知,估计输出 $y(t)$。

(3) 系统的传输特性 $h(t)$ 已知,输出 $y(t)$ 可测,推断输入 $x(t)$。

从输入到输出,系统的特性将对输出信号产生影响,因此,要使输出信号真实地反映输入信号,测试系统必须满足一定的性能要求。一个理想的测试系统应该具有单一的、确定的输入输出关系,而且系统的特性不应随时间而发生变化。能满足上述要求的系统是线性时不变系统,具有线性时不变特性的测试系统称为理想的测试系统。

在工程测试工作中所用到的测试系统大多属于线性时不变系统。一些非线性系统或时变系统,在限定范围内及一定的条件下,也遵从线性时不变的规律。因此本书主要讨论线性时不变测试系统。

通常采用数学模型来描述测试系统的特性。而测试系统数学模型的建立是通过根据具体系统的物理特性建立输入输出间的运动微分方程来实现的。对于线性时不变系统,其数学模型为

$$a_n \frac{\mathrm{d}^n y(t)}{\mathrm{d}t^n} + a_{n-1} \frac{\mathrm{d}^{n-1} y(t)}{\mathrm{d}t^{n-1}} + \cdots + a_1 \frac{\mathrm{d}y(t)}{\mathrm{d}t} + a_0 y(t)$$

$$= b_m \frac{\mathrm{d}^m x(t)}{\mathrm{d}t^m} + b_{m-1} \frac{\mathrm{d}^{m-1} x(t)}{\mathrm{d}t^{m-1}} + \cdots + b_1 \frac{\mathrm{d}x(t)}{\mathrm{d}t} + b_0 x(t) \tag{2-1}$$

式中:$x(t)$ 为系统的输入;$y(t)$ 为系统的输出;$a_n, a_{n-1}, \cdots, a_1, a_0$ 和 $b_m, b_{m-1}, \cdots, b_1, b_0$ 为系统的物理参数。

若系统的物理参数均为常数,则该方程为常系数线性微分方程,所描述的系统便是线性定常系统或线性时不变系统。

实际上,一切物理系统严格地讲都是非线性系统,因为构成系统的材料、元件、部件的特性有些是不稳定的,如弹性材料的弹性模量,电子元件的电阻、电容,半导体器件的特性等都会因

温度的变化而变化，这就使得实际物理系统无法完全满足式(2-1)的要求。但是，实际的物理系统通常可在一定范围内近似地看成线性定常系统，即在一定工作范围内，略去那些影响较小的非线性因素，使其变成线性系统。

线性定常系统具有下列主要性质。以下用 $x(t) \rightarrow y(t)$ 表示系统输入(激励)、输出(响应)的对应关系。

1. 叠加性

若
$$x_1(t) \rightarrow y_1(t), x_2(t) \rightarrow y_2(t)$$

则
$$[x_1(t) + x_2(t)] \rightarrow [y_1(t) + y_2(t)]$$

该式可推广为

$$[x_1(t) + x_2(t) + \cdots + x_n(t)] \rightarrow [y_1(t) + y_2(t) + \cdots + y_n(t)] \tag{2-2}$$

式(2-2)表明，系统对各个输入和的响应等同于系统对各个输入响应的和。

2. 比例性

若
$$x(t) \rightarrow y(t)$$

则对于任意常数 a，都有

$$ax(t) \rightarrow ay(t) \tag{2-3}$$

式(2-3)表明，系统的输入扩大 a 倍，其输出也扩大 a 倍。

3. 微分性

若
$$x(t) \rightarrow y(t)$$

则

$$\frac{\mathrm{d}x(t)}{\mathrm{d}t} \rightarrow \frac{\mathrm{d}y(t)}{\mathrm{d}t} \tag{2-4}$$

式(2-4)表明，系统对输入微分的响应等同于系统对原输入响应的微分。此特性可推广至多阶微分。

4. 积分性

若
$$x(t) \rightarrow y(t)$$

则当系统的初始状态为零时，有

$$\int_0^t x(t)\mathrm{d}t \rightarrow \int_0^t y(t)\mathrm{d}t \tag{2-5}$$

式(2-5)表明，系统对输入积分的响应等同于系统对原输入响应的积分。此特性也可推广至多阶积分。

5. 频率保持性

若
$$x(t) \rightarrow y(t)$$

当输入
$$x(t) = X\sin\omega t$$

则输出
$$y(t) = Y\sin(\omega t + \varphi)$$

即
$$x(t) = X\sin\omega t \rightarrow y(t) = Y\sin(\omega t + \varphi) \tag{2-6}$$

式(2-6)表明，若系统输入为某一频率的简谐信号，则其稳态输出必定是与输入同频的简谐信号。证明如下：

由于
$$x(t) \rightarrow y(t)$$

由比例性，对于某一已知频率 ω，有

$$\omega^2 x(t) \rightarrow \omega^2 y(t)$$

由微分性,有

$$\frac{d^2 x(t)}{dt^2} \rightarrow \frac{d^2 y(t)}{dt^2}$$

由叠加性,有

$$\left[\frac{d^2 x(t)}{dt^2} + \omega^2 x(t)\right] \rightarrow \left[\frac{d^2 y(t)}{dt^2} + \omega^2 y(t)\right]$$

设输入为某一频率的正弦信号,并用复指数形式表示为 $x(t) = X e^{j\omega t}$,其二阶导数为

$$\frac{d^2 x(t)}{dt^2} = (j\omega)^2 X e^{j\omega t} = -\omega^2 X e^{j\omega t} = -\omega^2 x(t)$$

因此得

$$\frac{d^2 x(t)}{dt^2} + \omega^2 x(t) = 0$$

相应的输出也应为

$$\frac{d^2 y(t)}{dt^2} + \omega^2 y(t) = 0$$

于是输出 $y(t)$ 唯一可能的解是

$$y(t) = Y e^{j(\omega t + \varphi)}$$

线性系统的基本特性,尤其是频率保持性在测试工作中具有重要作用。若已知系统输入的激励频率,则测试信号中只有与激励频率相同的成分才是由该激励引起的响应;反之,若已知输入、输出信号的频率,则可由两者频率的异同来判断系统的线性特性。

2.2 测试系统的静态特性

2.2.1 静态特性的数学描述与静态标定曲线

静态特性是指测试系统对不随时间变化的输入量的响应特性,即当输入为一静态量时,系统的输出也是静态量,则系统输入输出之间的关系称为系统的静态特性。在静态测量时,由于输入量和输出量都不随时间变化,因而输入和输出的各阶导数均为零,故由式(2-1)给出的线性定常系统的微分方程将演变成代数方程

$$y = \frac{b_0}{a_0} x \tag{2-7}$$

如果 a_0 和 b_0 都是不随时间变化的常数,则式(2-7)所描述的系统是一理想的测试系统,其输出与输入之间成线性关系。

式(2-7)称为测试系统的静态方程,它是系统的静态数学模型。静态特性也可用一条曲线来表示,该曲线称为测试系统的静态特性曲线或静态标定曲线,有时也称静态校准曲线或定度曲线。静态标定曲线反映了测试系统输入、输出之间的静态传输特性。工程上通常采用实验的方法来确定静态标定曲线,根据静态标定曲线进行相应的数据处理,即可得到相应的静态特性参数。

但是,实际的测试系统一般并不是理想的线性定常系统,其静态标定曲线并不是直线,因此,通常将静态标定曲线拟合成直线,用拟合直线来近似地表示测试系统的静态特性。常用的确定拟合直线的方法有下面三种。

（1）最小二乘法。拟合直线通过坐标原点，并且使它与静态标定曲线上各输出量偏差的平方和为最小。这一方法较为精确，但计算复杂。

（2）端点连线法。将静态标定曲线上对应于量程上、下限的两点连线作为拟合直线。此方法较为简单，但不够精确。

（3）最大偏差比较法。使拟合直线与静态标定曲线的最大偏差比其他所有直线所形成的最大偏差都小。

2.2.2　静态特性的评定指标

为了全面而方便地描述测试系统的静态特性，通常采用静态特性参数来对系统的静态特性进行评价。下面讨论一些常用的静态特性参数。

1. 灵敏度

灵敏度是指测试系统在静态测量时，输出量的增量与输入量的增量之比的极限值，用 S 表示，如图 2-2(a)所示，即

$$S = \lim_{\Delta x \to 0} \frac{\Delta y}{\Delta x} = \frac{\mathrm{d}y}{\mathrm{d}x} \tag{2-8}$$

一般情况下，灵敏度 S 将随输入量 x 的变化而变化，是系统特性曲线的斜率。对线性系统，如图 2-2(b)所示，其灵敏度为

$$S = \frac{\Delta y}{\Delta x} = \frac{y}{x} = \frac{b_0}{a_0} = 常数 \tag{2-9}$$

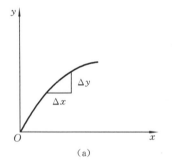
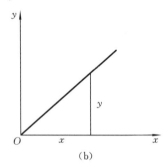

图 2-2　灵敏度的定义

(a) 非线性关系；(b) 线性关系

灵敏度是一个有量纲的量，其量纲取决于输入和输出的单位。当输入、输出的单位一致时，灵敏度就成了一个无量纲的常数，这时常称其为"放大倍数"。

灵敏度反映了测试系统对输入信号变化的敏感程度，其值越大表示系统越灵敏。在选择测试系统时，应综合考虑选择各参数，既要满足使用要求，又能做到经济合理。一般来说，系统的灵敏度越高，测量范围越窄，系统的稳定性往往也越差。

例 2-1　有一差动变压器式位移传感器，在位移变化 1 mm 时，输出电压变化 1 200 mV，问位移传感器的灵敏度是多少？

解　根据已知条件，$\Delta y = 1\ 200$ mV，$\Delta x = 1$ mm，则位移传感器的灵敏度为

$$S = \frac{\Delta y}{\Delta x} = \frac{1\ 200\ \text{mV}}{1\ \text{mm}} = 1\ 200\ \text{mV/mm}$$

例 2-2　有一机械指针式位移传感器，当输入信号有 0.01 mm 的位移变化量时，指针位

移 10 mm,求位移传感器的灵敏度。

解 根据已知条件,$\Delta y = 10$ mm,$\Delta x = 0.01$ mm,则位移传感器的灵敏度为

$$S = \frac{\Delta y}{\Delta x} = \frac{10 \text{ mm}}{0.01 \text{ mm}} = 1\ 000$$

它没有量纲,因此又称放大倍数。

2. 线性度

静态标定曲线与拟合直线的偏离程度称为线性度。作为技术指标,线性度是采用在系统标称输出范围 A 内,静态标定曲线与拟合直线间的最大偏差 B 的百分比来表示,如图 2-3 所示,即

$$线性度 = \frac{B}{A} \times 100\% \tag{2-10}$$

由图 2-3 可知,线性度的数值越小越好。实际工作中经常会遇到非线性较为严重的系统。此时,可以采取限制测量范围,采用非线性拟合或非线性放大器等技术措施来提高系统的线性度。

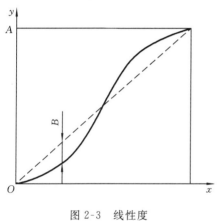

图 2-3 线性度

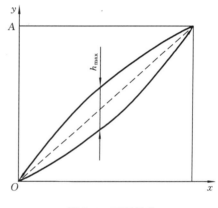

图 2-4 回程误差

3. 回程误差

回程误差也称滞后度或变差,它表征测试系统在全量程范围内,输入量由小到大(正行程)或由大到小(反行程)两者静态特性不一致的程度,如图 2-4 所示。回程误差在数值上是用同一输入量所对应的两个不同输出量之间的最大差值与全量程之比的百分数来表示的,即

$$回程误差 = \frac{h_{\max}}{A} \times 100\% \tag{2-11}$$

测试系统的回程误差越小越好。

4. 分辨力与分辨率

分辨力是指测试系统的指示装置能有效地辨别相邻量值的能力。一般认为,数字装置的分辨力就是最后位数的一个字,模拟装置的分辨力为指示分度值的 1/2。

分辨率是指测试系统能检测到输入量最小变化的能力,即能引起响应量发生变化的最小激励量变化,用 Δx 来表示。

5. 稳定度

稳定度是指测试系统在规定条件下保持其特性恒定不变的能力。通常在不指明影响量时,稳定度是指测试系统不受时间变化影响的能力,如果是对其他影响量来考察稳定度时,则

需特别说明。

6. 漂移

漂移是指在测试系统的输入不变时,输出随时间变化的趋势。漂移的同义词是测试系统的不稳定性。产生漂移的原因有两个方面:一是测试系统自身结构参数的变化;二是外界工作环境参数的变化对输出的影响。最常见的漂移是温度漂移,即由于外界工作温度的变化而引起输出的变化。随着温度的变化,测试系统的灵敏度和零点位置也会发生漂移,并相应地称为灵敏度漂移和零点漂移。

2.3　测试系统的动态特性

2.3.1　动态特性的数学描述

动态特性是指测试系统对随时间变化的输入量的响应特性。对于线性定常系统,可用常系数线性微分方程式(2-1)来描述系统输入、输出之间的关系。从理论上讲,由式(2-1)就可以计算出测试系统输入、输出之间的关系,但对于一个复杂的系统和复杂的输入信号,求解式(2-1)并不是一件容易的事情。因此,为了比较容易地揭示测试系统对于输入量的响应特性,通常采用一些足以反映系统动态特性的函数来描述测试系统输入、输出之间的关系。这些函数包括传递函数、频率响应函数和脉冲响应函数等。工程上,为了计算方便,通常采用拉普拉斯变换(拉氏变换)来研究线性微分方程。

2.3.2　拉氏变换

1. 拉氏变换的定义

如果函数 $f(t)$ 为时间 t 的函数,且当 $t \leqslant 0$ 时, $f(t)=0$,则函数 $f(t)$ 的拉氏变换 $F(s)$ 定义为

$$F(s) = \mathrm{L}[f(t)] = \int_0^\infty f(t)\mathrm{e}^{-st}\,\mathrm{d}t \tag{2-12}$$

式中: s 为复变量, $s = \alpha + \mathrm{j}\omega, \alpha > 0$ 。

称 $F(s)$ 为 $f(t)$ 的拉氏变换,而称 $f(t)$ 为 $F(s)$ 的拉氏逆变换,即

$$F(s) = \mathrm{L}[f(t)]$$
$$f(t) = \mathrm{L}^{-1}[F(s)]$$

2. 典型函数的拉氏变换

以下根据拉氏变换的定义给出一些典型函数的拉氏变换。

(1) 指数函数 $f(t) = A\mathrm{e}^{-at}(t \geqslant 0, A 、a$ 为常数)的拉氏变换。

$$F(s) = \int_0^\infty f(t)\mathrm{e}^{-st}\,\mathrm{d}t = \int_0^\infty A\mathrm{e}^{-at}\mathrm{e}^{-st}\,\mathrm{d}t$$
$$= A\int_0^\infty \mathrm{e}^{-(s+a)t}\,\mathrm{d}t = -\frac{A}{s+a}[\mathrm{e}^{-(s+a)t}]_0^\infty = \frac{A}{s+a} \tag{2-13}$$

(2) 阶跃函数 $f(t) = \begin{cases} 0 & t<0 \\ A & t \geqslant 0 \end{cases}$ 的拉氏变换。

$$F(s) = \int_0^\infty f(t)\mathrm{e}^{-st}\,\mathrm{d}t = \int_0^\infty A\mathrm{e}^{-st}\,\mathrm{d}t = -\frac{A}{s}[\mathrm{e}^{-st}]_0^\infty = \frac{A}{s} \tag{2-14}$$

对于单位阶跃函数($A=1$ 时),其拉氏变换为

$$F(s) = \frac{1}{s} \tag{2-15}$$

(3) 正弦函数 $f(t)=A\sin\omega t(t\geqslant0,A、\omega$ 为常数)的拉氏变换。

利用欧拉公式

$$e^{\pm j\omega t} = \cos\omega t \pm j\sin\omega t$$

可将正、余弦函数写成如下形式:

$$\sin\omega t = j\frac{1}{2}(e^{-j\omega t} - e^{j\omega t})$$

$$\cos\omega t = \frac{1}{2}(e^{-j\omega t} + e^{j\omega t})$$

则正弦函数的拉氏变换为

$$F(s) = \int_0^\infty f(t)e^{-st}\,dt = \int_0^\infty A\sin\omega t \cdot e^{-st}\,dt = \int_0^\infty j\frac{A}{2}(e^{-j\omega t} - e^{j\omega t})e^{-st}\,dt$$

$$= j\frac{A}{2}\left(\frac{1}{s+j\omega} - \frac{1}{s-j\omega}\right) = \frac{A\omega}{s^2+\omega^2} \tag{2-16}$$

用同样的方法可得余弦函数 $f(t)=A\cos\omega t(t\geqslant0,A、\omega$ 为常数)的拉氏变换为

$$F(s) = \int_0^\infty f(t)e^{-st}\,dt = \int_0^\infty A\cos\omega t \cdot e^{-st}\,dt = \int_0^\infty \frac{A}{2}(e^{-j\omega t} + e^{j\omega t})e^{-st}\,dt = \frac{As}{s^2+\omega^2} \tag{2-17}$$

(4) 单位斜坡函数 $f(t)=t(t\geqslant0)$ 的拉氏变换。

$$F(s) = \int_0^\infty f(t)e^{-st}\,dt = \int_0^\infty te^{-st}\,dt = -\frac{1}{s}\left[te^{-st}\right]_0^\infty + \frac{1}{s}\int_0^\infty e^{-st}\,dt = \frac{1}{s^2} \tag{2-18}$$

在式(2-18)中,根据罗必塔法则可知

$$\frac{1}{s}\left[te^{-st}\right]_0^\infty = 0$$

(5) 单位脉冲函数 $\delta(t) = \begin{cases} 0, & t\neq0 \\ \infty, & t=0 \end{cases}$ 的拉氏变换。

由于在 $t\neq0$ 时,$\delta(t)=0$,且 $\int_{-\infty}^\infty \delta(t)\,dt=1$,所以单位脉冲函数的拉氏变换为

$$\Delta(s) = \int_0^\infty \delta(t)e^{-st}\,dt = e^{-st}\mid_{t=0} \cdot \int_0^\infty \delta(t)\,dt = 1 \tag{2-19}$$

3. 拉氏变换的主要性质

以下讨论一些拉氏变换的主要性质,为了简便起见,用 $f(t)\leftrightarrow F(s)$ 来表示函数时域和复数域之间的变换关系。

1) 线性性质

如果 $f_1(t)\leftrightarrow F_1(s),f_2(t)\leftrightarrow F_2(s)$

并且 $a、b$ 为常数,则有

$$af_1(t) + bf_2(t) \leftrightarrow aF_1(s) + bF_2(s) \tag{2-20}$$

即函数和的拉氏变换等于各原函数拉氏变换之和。

2) 微分性质

如果 $f(t)\leftrightarrow F(s)$

则有

$$f'(t) \leftrightarrow sF(s) - f(0)$$

式中：$f(0)$ 是 $f(t)$ 在 $t=0$ 时的初始值。

对 $f(t)$ 的 n 阶导数，有

$$f^{(n)}(t) \leftrightarrow s^n F(s) - s^{n-1} f(0) - s^{n-2} f'(0) - \cdots - s f^{(n-2)}(0) - f^{(n-1)}(0)$$

当初始值 $f(0) = f'(0) = \cdots = f^{(n-1)}(0) = 0$ 时，称为初始条件为零，则有

$$f^{(n)}(t) \leftrightarrow s^n F(s) \tag{2-21}$$

此性质有可能将 $f(t)$ 的微分方程转化成 $F(s)$ 的代数方程，因此，它对分析线性系统有着重要作用。

3）积分性质

如果
$$f(t) \leftrightarrow F(s)$$

当初始条件为零时，则有

$$\int f(t)\,\mathrm{d}t \leftrightarrow \frac{F(s)}{s} \tag{2-22}$$

4）位移性质

如果
$$f(t) \leftrightarrow F(s)$$

则有

$$e^{-at} f(t) \leftrightarrow F(s+a) \tag{2-23}$$

即时间函数乘以指数因子 e^{-at} 相当于它的拉氏变换位移一个常量 a。此性质对于求如 $e^{-at}\sin\omega t$ 和 $e^{-at}\cos\omega t$ 这样的函数的拉氏变换是非常有用的。

5）延迟性质

如果
$$f(t) \leftrightarrow F(s)$$

设当 $t<0$ 时，$f(t)=0$，则对于任一实数有

$$f(t-\tau) \leftrightarrow e^{-s\tau} F(s) \tag{2-24}$$

即时间函数延迟 τ 相当于它的拉氏变换乘以指数因子 $e^{-s\tau}$。

2.3.3　传递函数

1. 传递函数的定义

对于线性定常系统，其传递函数定义为：在初始条件为零时，系统输出量的拉氏变换与输入量的拉氏变换之比，用 $H(s)$ 表示。如线性定常系统的微分方程为

$$a_n \frac{\mathrm{d}^n y(t)}{\mathrm{d}t^n} + a_{n-1} \frac{\mathrm{d}^{n-1} y(t)}{\mathrm{d}t^{n-1}} + \cdots + a_1 \frac{\mathrm{d}y(t)}{\mathrm{d}t} + a_0 y(t)$$

$$= b_m \frac{\mathrm{d}^m x(t)}{\mathrm{d}t^m} + b_{m-1} \frac{\mathrm{d}^{m-1} x(t)}{\mathrm{d}t^{m-1}} + \cdots + b_1 \frac{\mathrm{d}x(t)}{\mathrm{d}t} + b_0 x(t)$$

式中：$x(t)$ 是输入量；$y(t)$ 是输出量。当初始条件为零时，对方程两边进行拉氏变换得

$$(a_n s^n + a_{n-1} s^{n-1} + \cdots + a_1 s + a_0) Y(s) = (b_m s^m + b_{m-1} s^{m-1} + \cdots + b_1 s + b_0) X(s)$$

即
$$Y(s) \sum_{i=0}^{n} a_i s^i = X(s) \sum_{r=0}^{m} b_r s^r$$

式中：$X(s)$、$Y(s)$ 分别是输入量和输出量的拉氏变换。则系统的传递函数 $H(s)$ 为

$$H(s) = \frac{Y(s)}{X(s)} = \frac{b_m s^m + b_{m-1} s^{m-1} + \cdots + b_1 s + b_0}{a_n s^n + a_{n-1} s^{n-1} + \cdots + a_1 s + a_0} = \frac{\displaystyle\sum_{r=0}^{m} b_r s^r}{\displaystyle\sum_{i=0}^{n} a_i s^i} \tag{2-25}$$

式(2-25)称为测试系统的传递函数。其分母中 s 的幂次 n 代表了系统微分方程的阶次,也称传递函数的阶次,如 $n=1$ 或 $n=2$,就分别称为是一阶系统或二阶系统的传递函数等。

2. 传递函数的特点

由传递函数的表达式可知,传递函数的形式为一代数式。传递函数表明了系统的传输和转换特性。传递函数有如下特点。

(1) 传递函数与输入无关,即传递函数 $H(s)$ 不因输入 $x(t)$ 的改变而改变,它只反映系统本身的特性。

(2) 由传递函数 $H(s)$ 所描述的测试系统,对于任一具体的输入 $x(t)$ 都明确地给出了相应的输出 $y(t)$。

(3) 传递函数 $H(s)$ 中的各系数 $a_n, a_{n-1}, \cdots, a_1, a_0$ 和 $b_m, b_{m-1}, \cdots, b_1, b_0$ 是由测试系统本身的结构特性所唯一确定的常数。

(4) 传递函数 $H(s)$ 是通过将实际的物理系统抽象成数学模型并经拉氏变换而得到的,它只反映系统的传输特性而不拘泥于系统的物理结构。同一形式的传递函数可以表征具有相同传输特性的不同物理系统。换言之,只从传递函数表达式的形式是无法判断系统的物理结构的。

3. 系统的串联和并联

将传递函数应用于线性子系统的串、并联,则可得到十分简单的运算规则。

如图 2-5(a)所示,两传递函数分别为 $H_1(s)$ 和 $H_2(s)$ 的子系统串联后所形成系统的传递函数 $H(s)$ 为

$$H(s) = \frac{Y(s)}{X(s)} = \frac{Z(s)}{X(s)} \cdot \frac{Y(s)}{Z(s)} = H_1(s) \cdot H_2(s) \tag{2-26}$$

类似地,对于多个子系统串联后所形成的系统,有

$$H(s) = \prod_{i=1}^{n} H_i(s) \tag{2-27}$$

如图 2-5(b)所示,两传递函数分别为 $H_1(s)$ 和 $H_2(s)$ 的子系统并联后所形成系统的传递函数 $H(s)$ 为

$$H(s) = \frac{Y(s)}{X(s)} = \frac{Y_1(s) + Y_2(s)}{X(s)} = \frac{Y_1(s)}{X(s)} + \frac{Y_2(s)}{X(s)} = H_1(s) + H_2(s) \tag{2-28}$$

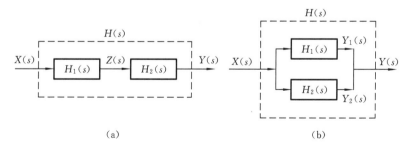

图 2-5　系统的串联和并联

(a) 串联系统;(b) 并联系统

当有多个子系统并联时,其所形成系统的传递函数也类似地有

$$H(s) = \sum_{i=1}^{n} H_i(s) \tag{2-29}$$

由此可知,任何一个复杂的高阶系统都可看成是若干个一阶和二阶系统的串联或并联。因此,分析并了解一阶和二阶系统的传输特性是分析并了解复杂的高阶系统传输特性的基础。

2.3.4 频率响应函数

传递函数是在复数域中描述与研究系统传输特性的,与在时域中用微分方程描述系统的特性相比有许多优点。但在许多实际工程系统中,难以建立微分方程和得到传递函数,而且传递函数的物理概念也难以理解。

频率响应函数是在频域中描述与考察系统特性的。与传递函数相比,频率响应的物理概念明确,也易通过实验来建立,因此,频率响应函数是采用实验的方法研究系统特性的重要工具。

1. 频率响应函数的定义

设对于稳定的线性定常系统给一任意输入 $x(t)$,其相应的输出为 $y(t)$,利用傅里叶变换的性质,对式(2-1)进行单边傅里叶变换,得

$$[a_n (j\omega)^n + a_{n-1}(j\omega)^{n-1} + \cdots + a_1(j\omega) + a_0]Y(j\omega)$$
$$= [b_m(j\omega)^m + b_{m-1}(j\omega)^{m-1} + \cdots + b_1(j\omega) + b_0]X(j\omega)$$

即

$$Y(j\omega) \sum_{i=0}^{n} a_i(j\omega)^i = X(j\omega) \sum_{r=0}^{m} b_r(j\omega)^r$$

式中:$Y(j\omega)$ 与 $X(j\omega)$ 分别为输出与输入的傅里叶变换。求 $Y(j\omega)$ 与 $X(j\omega)$ 之比,则得到一个关于频率的复变函数,并用 $H(j\omega)$ 表示,即

$$H(j\omega) = \frac{Y(j\omega)}{X(j\omega)} = \frac{b_m(j\omega)^m + b_{m-1}(j\omega)^{m-1} + \cdots + b_1(j\omega) + b_0}{a_n(j\omega)^n + a_{n-1}(j\omega)^{n-1} + \cdots + a_1(j\omega) + a_0}$$

$$= \frac{\sum_{r=0}^{m} b_r(j\omega)^r}{\sum_{i=0}^{n} a_i(j\omega)^i} \tag{2-30}$$

$H(j\omega)$ 称为系统的频率响应函数,简称频率响应或频率特性。

由上可知,频率响应函数 $H(j\omega)$ 的定义为:在初始条件为零时,系统输出量的傅里叶变换与输入量的傅里叶变换之比。

此外,也可以通过系统的传递函数得到其频率响应函数。由式(2-25)知,测试系统的传递函数为

$$H(s) = \frac{Y(s)}{X(s)}$$

令 $s = j\omega$,便得该系统的频率响应函数为

$$H(j\omega) = \frac{Y(j\omega)}{X(j\omega)}$$

很明显,频率响应函数是传递函数的一个特例。

2. 频率响应函数的物理意义

从数学上看,频率响应函数 $H(j\omega)$ 是一个复变函数,因此,可将其写成

$$H(j\omega) = P(j\omega) + jQ(j\omega) = |H(j\omega)| e^{j\angle H(j\omega)} \tag{2-31}$$

式中:$P(j\omega)$、$Q(j\omega)$ 分别为 $H(j\omega)$ 的实部和虚部;$|H(j\omega)|$、$\angle H(j\omega)$ 分别为 $H(j\omega)$ 的模和相角。因此有

$$\mid H(\mathrm{j}\omega)\mid = \sqrt{P^2(\mathrm{j}\omega) + Q^2(\mathrm{j}\omega)} \qquad (2\text{-}32)$$

$$\angle H(\mathrm{j}\omega) = \arctan \frac{Q(\mathrm{j}\omega)}{P(\mathrm{j}\omega)} \qquad (2\text{-}33)$$

式中：$\mid H(\mathrm{j}\omega)\mid$ 和 $\angle H(\mathrm{j}\omega)$ 都是实函数，为明确起见，两者分别用 $A(\omega)$ 和 $\varphi(\omega)$ 来表示。所以有

$$H(\mathrm{j}\omega) = \mid H(\mathrm{j}\omega)\mid \mathrm{e}^{\mathrm{j}\angle H(\mathrm{j}\omega)} = A(\omega)\mathrm{e}^{\mathrm{j}\varphi(\omega)} \qquad (2\text{-}34)$$

同样，对于 $Y(\mathrm{j}\omega)$ 与 $X(\mathrm{j}\omega)$ 也可以写成如下形式。

$$Y(\mathrm{j}\omega) = \mid Y(\mathrm{j}\omega)\mid \mathrm{e}^{\mathrm{j}\varphi_y(\omega)} = Y\mathrm{e}^{\mathrm{j}\varphi_y(\omega)}$$

$$X(\mathrm{j}\omega) = \mid X(\mathrm{j}\omega)\mid \mathrm{e}^{\mathrm{j}\varphi_x(\omega)} = X\mathrm{e}^{\mathrm{j}\varphi_x(\omega)}$$

式中：$Y = \mid Y(\mathrm{j}\omega)\mid$、$X = \mid X(\mathrm{j}\omega)\mid$ 分别为输出与输入的模或幅值；$\varphi_y(\omega)$、$\varphi_x(\omega)$ 分别为输出与输入的相角。

由频率响应函数的定义有

$$H(\mathrm{j}\omega) = \frac{Y(\mathrm{j}\omega)}{X(\mathrm{j}\omega)} = \frac{\mid Y(\mathrm{j}\omega)\mid \mathrm{e}^{\mathrm{j}\varphi_y(\omega)}}{\mid X(\mathrm{j}\omega)\mid \mathrm{e}^{\mathrm{j}\varphi_x(\omega)}} = \frac{Y}{X}\mathrm{e}^{\mathrm{j}[\varphi_y(\omega)-\varphi_x(\omega)]} \qquad (2\text{-}35)$$

比较 (2-34) 和 (2-35) 两式，分别可得

$$A(\omega) = \mid H(\mathrm{j}\omega)\mid = \sqrt{P^2(\mathrm{j}\omega) + Q^2(\mathrm{j}\omega)} = \frac{Y}{X} \qquad (2\text{-}36)$$

$$\varphi(\omega) = \angle H(\mathrm{j}\omega) = \arctan \frac{Q(\mathrm{j}\omega)}{P(\mathrm{j}\omega)} = \varphi_y(\omega) - \varphi_x(\omega) \qquad (2\text{-}37)$$

一般称 $A(\omega)$ 为测试系统的幅频特性，它是系统稳态输出与输入的幅值比，是输入信号频率的函数，反映了输出幅值与频率之间的关系；$\varphi(\omega)$ 为测试系统的相频特性，它是系统稳态输出与输入的相位差，也是输入信号频率的函数，反映了输出相位与频率之间的关系。幅频特性与相频特性统称为系统的频率响应。

用频率响应函数来描述系统特性的最大特点是它可以通过实验的方法求得。用实验求频率响应函数的方法比较简单，依次用不同频率 ω_i 的简谐信号去激励被测系统，同时测出相应频率的激励和系统稳态响应的幅值 X_i、Y_i 及相位差 $\varphi_i(\omega)$。这样对于每一个频率 ω_i，便有一组 $A_i(\omega) = Y/X$ 和 $\varphi_i(\omega)$，全部的 $A_i(\omega) - \omega_i$ 和 $\varphi_i(\omega) - \omega_i$ 便可表达系统的频率响应。

值得注意的是，频率响应函数描述的是系统的简谐输入和其稳态输出之间的关系。因此在测试系统的频率响应函数时，应该在系统响应达到稳态时再测试。另外，任何复杂输入信号都可以分解为简谐信号的叠加，并且线性系统又具有叠加性，因而在任何复杂信号输入下，系统的频率响应都是适用的。

2.3.5 脉冲响应函数

由式 (2-25) 知，测试系统的传递函数为

$$H(s) = \frac{Y(s)}{X(s)}$$

当输入为单位脉冲函数，即 $x(t) = \delta(t)$ 时，由于 $X(s) = \mathrm{L}[x(t)] = \mathrm{L}[\delta(t)] = 1$，则上式变为

$$H(s) = Y(s)$$

对该式进行拉氏逆变换，可得

$$h(t) = \mathrm{L}^{-1}[H(s)] = \mathrm{L}^{-1}[Y(s)] = y(t) \qquad (2\text{-}38)$$

$h(t)$ 称为系统的脉冲响应函数。该式表明，脉冲响应函数描述了系统在时域中的动态特性。

至此，系统特性在时域中可用脉冲响应函数 $h(t)$ 来描述，在频域中可用频率响应函数 $H(j\omega)$ 来描述，在复数域中可用传递函数 $H(s)$ 来描述。三者之间有如下一一对应的关系

$$h(t) \leftrightarrow H(s)$$

$$h(t) \leftrightarrow H(j\omega)$$

即：脉冲响应函数 $h(t)$ 和传递函数 $H(s)$ 是一对拉氏变换对，而脉冲响应函数 $h(t)$ 和频率响应函数 $H(j\omega)$ 又是一对傅里叶变换对。

2.4　典型测试系统动态特性分析

2.4.1　测试系统的频率响应

前已述及测试系统的频率响应是系统对于简谐输入的稳态响应。而且任意复杂的高阶系统都可以分解为由若干个一阶或二阶系统的组合。因此分析一阶和二阶系统的传输特性是分析复杂高阶系统传输特性的基础。

1. 一阶系统的频率响应

一阶系统的输入、输出关系用一阶微分方程描述。图 2-6 所示的两种系统均为一阶系统。

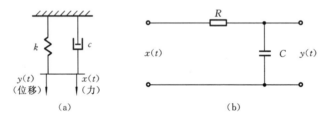

图 2-6　一阶系统
(a) 机械系统；(b) 电路系统

一阶系统微分方程的一般形式为

$$a_1 \frac{dy(t)}{dt} + a_0 y(t) = b_0 x(t) \tag{2-39}$$

式(2-39)经整理后可得

$$\tau \frac{dy(t)}{dt} + y(t) = Sx(t) \tag{2-40}$$

式中：$\tau = a_1/a_0$，称为时间常数；$S = b_0/a_0$，称为系统的静态灵敏度。对于线性系统，S 为常数。在分析系统动态特性时，为方便起见，可令 $S=1$，并以这种归一化系统作为研究对象。这时有

$$\tau \frac{dy(t)}{dt} + y(t) = x(t)$$

设初始条件为零，对上式进行拉氏变换，可得其传递函数为

$$H(s) = \frac{1}{\tau s + 1} \tag{2-41}$$

其频率响应函数为

$$H(j\omega) = \frac{1}{j\omega\tau + 1} \tag{2-42}$$

其幅频特性、相频特性表达式分别为

$$A(\omega) = \frac{1}{\sqrt{1+(\omega\tau)^2}} \tag{2-43}$$

$$\varphi(\omega) = -\arctan(\omega\tau) \tag{2-44}$$

其中,负号表示输出滞后于输入。

根据式(2-43)、式(2-44),以 ω 为自变量分别画出 $A(\omega)\text{-}\omega\tau$ 和 $\varphi(\omega)\text{-}\omega\tau$ 曲线,分别称为幅频特性曲线和相频特性曲线,如图 2-7 所示。如将自变量 ω 用对数坐标表示,$A(\omega)$ 用分贝(dB)数表示,则所得的对数幅频特性曲线和对数相频特性曲线称为伯德(Bode)图,如图 2-8 所示。

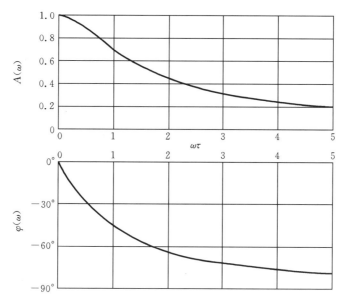

图 2-7　一阶系统幅频、相频特性曲线

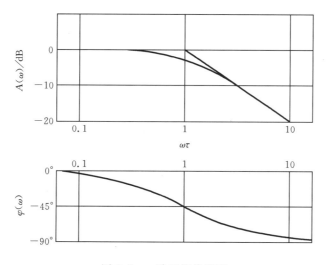

图 2-8　一阶系统伯德图

由上述可知,描述一阶系统特性的参数是时间常数 τ。对一阶系统可做如下分析。

(1) 一阶系统是一个低通环节,当 $\omega \ll 1/\tau$ 时,幅频特性 $A(\omega) \approx 1$,相频特性 $\varphi(\omega)$ 沿近似直线趋近于 0。此时,信号通过系统后,各频率分量的幅值基本保持不变。而在高频段,即当

$\omega\gg1/\tau$ 时，一阶系统将演变成为积分环节。此时，幅频特性 $A(\omega)\approx1/\omega\tau$，相频特性 $\varphi(\omega)\approx$ $-90°$。当信号通过系统后，各频率分量的幅值将会受到很大的衰减。所以，一阶系统只适用于缓变的低频信号的测试。

（2）时间常数 τ 决定了一阶系统适用的频率范围。显然，时间常数 τ 越小，适用的频率范围越宽。从幅频特性曲线和相频特性曲线可以看出，当 $\omega=1/\tau$ 时，$A(\omega)=0.707(-3\text{ dB})$，$\varphi(\omega)=-45°$。

（3）当一阶系统的伯德图用 $20\lg A(\omega)=0$ 的水平直线和斜率为 $-20\text{ dB}/10$ 倍频的直线近似时，在转折点 $\omega=1/\tau$ 处，其偏离实际曲线的误差最大（为 -3 dB）。

例 2-3　某一阶测试系统的时间常数 $\tau=0.2\text{ s}$，当输入信号为 $x(t)=\sin2t+0.3\sin20t$ 时，求系统对于输入信号 $x(t)$ 所产生的稳态响应 $y(t)$。

解　$x(t)$ 是由两种频率不同的简谐信号叠加而成的。若将其写成如下形式：

$$x(t)=X_1\sin(\omega_1 t+\varphi_{x1})+X_2\sin(\omega_2 t+\varphi_{x2})$$

则由线性系统的叠加性和频率保持性可知，其稳态输出具有如下形式：

$$y(t)=Y_1\sin(\omega_1 t+\varphi_{y1})+Y_2\sin(\omega_2 t+\varphi_{y2})$$

已知 $\omega_1=2$、$\omega_2=20$、$X_1=1$、$X_2=0.3$、$\varphi_{x1}=0$、$\varphi_{x2}=0$，而一阶系统的频率响应函数为

$$H(j\omega)=\frac{1}{j\omega\tau+1}=\frac{1}{j0.2\omega+1}$$

相应的幅频特性和相频特性为

$$A(\omega)=\frac{1}{\sqrt{1+(0.2\omega)^2}}$$

$$\varphi(\omega)=-\arctan(0.2\omega)$$

当 $\omega=\omega_1=2$ 时，有

$$A(\omega_1)=\frac{1}{\sqrt{1+(0.2\times2)^2}}=0.93$$

$$\varphi(\omega_1)=-\arctan(0.2\times2)=-0.38$$

因为

$$A(\omega)=\frac{Y}{X}$$

$$\varphi(\omega)=\varphi_y-\varphi_x$$

所以得

$$Y_1=A(\omega_1)X_1=0.93\times1=0.93$$

$$\varphi_{y1}=\varphi(\omega_1)+\varphi_{x1}=-0.38+0=-0.38$$

而当 $\omega=\omega_2=20$ 时，有

$$A(\omega_2)=\frac{1}{\sqrt{1+(0.2\times20)^2}}=0.24$$

$$\varphi(\omega_2)=-\arctan(0.2\times20)=-1.32$$

所以得

$$Y_2=A(\omega_2)X_2=0.24\times0.3=0.072$$

$$\varphi_{y2}=\varphi(\omega_2)+\varphi_{x2}=-1.32+0=-1.32$$

所以系统的稳态输出为

$$y(t)=Y_1\sin(\omega_1 t+\varphi_{y1})+Y_2\sin(\omega_2 t+\varphi_{y2})$$

$$= 0.93\sin(2t - 0.38) + 0.072\sin(20t - 1.32)$$

比较 $y(t)$ 与 $x(t)$ 可知,高频成分的幅值与相位均有较大的误差,而低频成分则误差较小。

如果将系统的时间常数 τ 减小到 $\tau = 0.002$,则可得其稳态输出为

$$y(t) = 0.999\sin(2t - 0.004) + 0.299\sin(20t - 0.04)$$

这时 $y(t)$ 与 $x(t)$ 就很接近了,即减小时间常数 τ,可减小测试误差,得到准确的测试结果。

2. 二阶系统的频率响应

二阶系统的输入、输出关系用二阶微分方程来描述。图 2-9 所示的两种系统均为二阶系统。

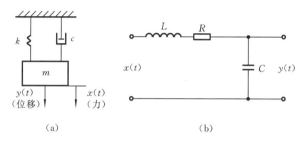

图 2-9   二阶系统

(a) 机械系统;(b) 电路系统

二阶系统微分方程的一般形式为

$$a_2 \frac{d^2 y(t)}{dt^2} + a_1 \frac{dy(t)}{dt} + a_0 y(t) = b_0 x(t) \tag{2-45}$$

式(2-45)通过数学处理可写成如下形式:

$$\frac{d^2 y(t)}{dt^2} + 2\zeta\omega_n \frac{dy(t)}{dt} + \omega_n^2 y(t) = S\omega_n^2 x(t) \tag{2-46}$$

式中:S 称为系统的静态灵敏度,ζ 称为系统的阻尼比,ω_n 称为系统的固有频率。对于二阶系统,同样可令 $S=1$,使其成为归一化形式。

设初始条件为零,对上式进行拉氏变换,可得其传递函数为

$$H(s) = \frac{\omega_n^2}{s^2 + 2\zeta\omega_n s + \omega_n^2} \tag{2-47}$$

相应的频率响应函数、幅频特性和相频特性分别为

$$H(j\omega) = \frac{\omega_n^2}{(j\omega)^2 + 2\zeta\omega_n(j\omega) + \omega_n^2} = \frac{1}{1 - \left(\frac{\omega}{\omega_n}\right)^2 + j2\zeta\frac{\omega}{\omega_n}} \tag{2-48}$$

$$A(\omega) = \frac{1}{\sqrt{\left[1 - \left(\frac{\omega}{\omega_n}\right)^2\right]^2 + 4\zeta^2\left(\frac{\omega}{\omega_n}\right)^2}} \tag{2-49}$$

$$\varphi(\omega) = -\arctan\frac{2\zeta\frac{\omega}{\omega_n}}{1 - \left(\frac{\omega}{\omega_n}\right)^2} \tag{2-50}$$

相应的幅频、相频特性曲线如图 2-10 所示,相应的伯德图如图 2-11 所示。

通过上述分析可知,二阶系统的动态特性取决于系统的阻尼比 ζ 和固有频率 ω_n。

二阶系统有如下特点。

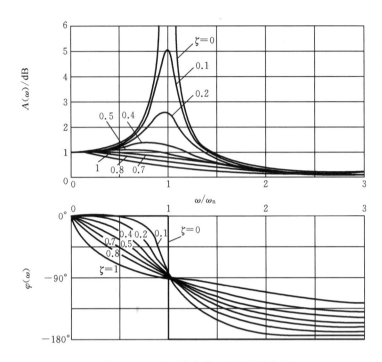

图 2-10　二阶系统幅频、相频特性曲线

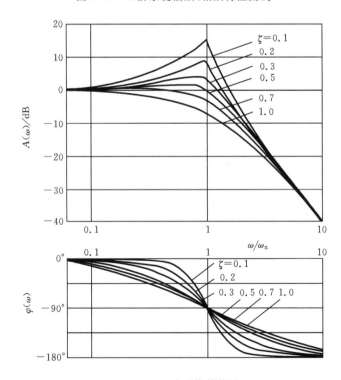

图 2-11　二阶系统伯德图

（1）当 $\omega \ll \omega_n$ 时，$A(\omega) \approx 1$；当 $\omega \gg \omega_n$ 时，$A(\omega) \rightarrow 0$。

（2）阻尼比 ζ 和固有频率 ω_n 对系统特性会产生很大的影响。然而在通常使用的频率范围内，又以固有频率的影响最为重要。所以对二阶测试系统来说，固有频率 ω_n 的选择应以其工作频率范围为依据。在 $\omega = \omega_n$ 附近，系统的幅频特性受阻尼比 ζ 的影响很大，且对于小阻尼

$\zeta<0.7$,当 $\omega\approx\omega_n$ 时,系统将会产生共振,幅频特性会出现峰值。因此,实际测试中很少使用这一频段。但在测试二阶系统本身的参数时,该频段却是很有用的。这时,$A(\omega)=1/2\zeta,\varphi(\omega)=-90°$,且不因阻尼比 ζ 的不同而改变。

(3) 当阻尼比 $\zeta\approx0.7$ 时,在 $\omega<\omega_n$ 频段,相频特性近似为一条直线。这时,信号中的不同频率成分通过测试系统后,所产生的滞后时间为常数。

(4) 二阶系统的伯德图可用折线来近似。在 $\omega<0.5\omega_n$ 频段,可用 0 dB 水平线近似。在 $\omega>2\omega_n$ 频段,可用斜率为 -40 dB/10 倍频的直线来近似。在 $\omega=(0.5\sim2)\omega_n$ 频段,因共振现象,近似折线偏离实际曲线较大。

(5) 二阶系统是一个振荡环节。从测试工作的角度来看,总是希望测试系统能在宽广的范围内由于频率特性不理想而引起的误差尽可能小。为此,要选择合适的固有频率和阻尼比,以便获得较小的误差和较宽的工作频率范围。一般取 $\omega\leqslant(0.6\sim0.8)\omega_n$,$\zeta=0.6\sim0.8$。显然,提高系统的固有频率可以增加系统的工作频率范围。

2.4.2 测试系统的瞬态响应

测试系统的动态特性除了在频域中用频率特性分析外,还可以采用输入典型标准信号的方法,实测出系统对各典型输入信号的输出,在时域内研究系统的过渡过程与动态响应特性。常用的典型标准激励信号有单位脉冲函数、单位阶跃函数和单位斜坡函数等。

1. 测试系统的脉冲响应

由前述已知,当系统输入为单位脉冲函数时,其输出为脉冲响应函数,即

$$y(t)=L^{-1}[Y(s)]=L^{-1}[H(s)]=h(t) \tag{2-51}$$

对于一阶系统,其传递函数为 $H(s)=\dfrac{1}{\tau s+1}$,则可求出系统的脉冲响应为

$$h(t)=\frac{1}{\tau}e^{-\frac{t}{\tau}} \tag{2-52}$$

其脉冲响应曲线如图 2-12 所示。

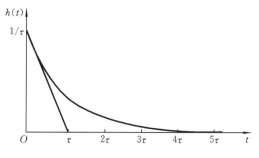

图 2-12 一阶系统的脉冲响应

同样,对于二阶系统,其传递函数为 $H(s)=\dfrac{\omega_n^2}{s^2+2\zeta\omega_n s+\omega_n^2}$,则系统的脉冲响应为

当 $0<\zeta<1$(欠阻尼)时

$$h(t)=\frac{\omega_n}{\sqrt{1-\zeta^2}}e^{-\zeta\omega_n t}\sin\left(\sqrt{1-\zeta^2}\,\omega_n t\right) \tag{2-53}$$

当 $\zeta=1$(临界阻尼)时

$$h(t)=\omega_n^2 t e^{-\omega_n t} \tag{2-54}$$

当 $\zeta > 1$（过阻尼）时

$$h(t) = \frac{\omega_n}{2\sqrt{\zeta^2 - 1}} e^{-(\zeta - \sqrt{\zeta^2 - 1})\omega_n t} - \frac{\omega_n}{2\sqrt{\zeta^2 - 1}} e^{-(\zeta + \sqrt{\zeta^2 - 1})\omega_n t} \tag{2-55}$$

二阶系统的脉冲响应曲线如图 2-13 所示。

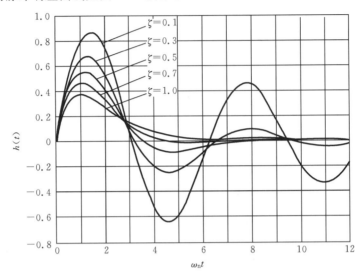

图 2-13　二阶系统的脉冲响应

应当指出，单位脉冲函数在实际中是不存在的。工程中常采用时间较短的矩形脉冲信号来加以近似。比如给系统以短暂的脉冲输入，其冲击持续时间若小于 $\tau/10$，则可近似认为是一个单位脉冲输入。

2. 测试系统的阶跃响应

当系统输入为单位阶跃函数时，其输出为单位阶跃响应。前述已知，单位阶跃函数的拉氏变换等于 $1/s$。将 $X(s) = 1/s$ 代入一阶系统的传递函数表达式，即

$$H(s) = \frac{Y(s)}{X(s)} = \frac{1}{\tau s + 1}$$

可得

$$Y(s) = H(s) \cdot X(s) = \frac{1}{\tau s + 1} \cdot \frac{1}{s} \tag{2-56}$$

对式（2-56）进行拉氏逆变换，可得一阶系统的单位阶跃响应为

$$y(t) = 1 - e^{-\frac{t}{\tau}} \tag{2-57}$$

一阶系统的单位阶跃响应曲线如图 2-14 所示。

一阶系统在单位阶跃激励下其稳态输出误差为零。系统的输出初始上升斜率为 $1/\tau$。若系统保持初始响应速度不变，经过 τ 时刻后，其输出应达到输入量值的大小。但实际响应速度随时间的增加而降低，到 τ 时刻其输出仅达到输入量的 63.2%，当 $t = 4\tau$ 时其输出才达到输入量的 98.2%，此时系统的动态误差已不足 2%，一般可近似认为系统已达到稳态响应了。一阶系统的时间常数 τ 越小，响应速度越快，动态性能就越好。

对于二阶系统，单位阶跃输入下的响应为

当 $0 < \zeta < 1$（欠阻尼）时

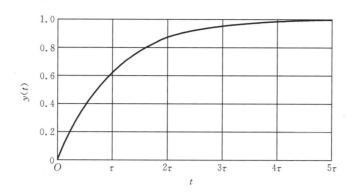

图 2-14 一阶系统的单位阶跃响应

$$y(t) = 1 - \frac{e^{-\zeta\omega_n t}}{\sqrt{1-\zeta^2}}\sin\left(\sqrt{1-\zeta^2}\,\omega_n t + \arctan\frac{\sqrt{1-\zeta^2}}{\zeta}\right) \tag{2-58}$$

当 $\zeta = 1$（临界阻尼）时

$$y(t) = 1 - (1+\omega_n t)e^{-\omega_n t} \tag{2-59}$$

当 $\zeta > 1$（过阻尼）时

$$y(t) = 1 - \frac{\zeta + \sqrt{\zeta^2-1}}{2\sqrt{\zeta^2-1}}e^{-(\zeta-\sqrt{\zeta^2-1})\omega_n t} + \frac{\zeta - \sqrt{\zeta^2-1}}{2\sqrt{\zeta^2-1}}e^{-(\zeta+\sqrt{\zeta^2-1})\omega_n t} \tag{2-60}$$

二阶系统的单位阶跃响应曲线如图 2-15 所示。

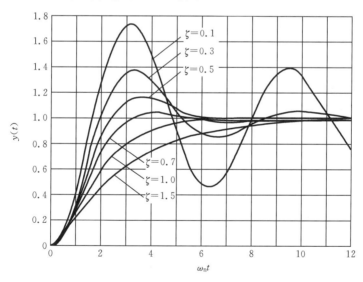

图 2-15 二阶系统的单位阶跃响应

二阶系统在单位阶跃激励下其稳态输出误差也为零。但系统的响应在很大程度上取决于系统的固有频率 ω_n 和阻尼比 ζ。ω_n 越高，系统的响应就越快。阻尼比 ζ 直接影响超调量和振荡次数。$\zeta = 0$ 时超调量为 100%，且持续不断地震荡下去，达不到稳定状态；$\zeta > 1$ 时，则系统蜕化到等同于两个一阶系统的串联。此时不会产生振荡，但其响应速度很慢，必须经过较长的时间才能达到稳定状态。如果阻尼比 ζ 确定在 $0.6 \sim 0.8$ 之间时，其响应曲线能更快地达到稳态值，而最大超调量将为 $10\% \sim 2.5\%$。若允许误差为 $5\% \sim 2\%$，其输出过渡到稳态的时间最短，为 $3/\zeta\omega_n \sim 4/\zeta\omega_n$。这也是很多测试系统在设计时常把阻尼比确定在这个区域的理由之一。

3. 测试系统的斜坡响应

斜坡信号是随时间而呈线性增大的。当系统输入为单位斜坡函数时，其输出为单位斜坡响应。因为单位斜坡函数的拉氏变换等于 $1/s^2$，所以，根据一阶系统的传递函数可得

$$Y(s) = H(s) \cdot X(s) = \frac{1}{\tau s + 1} \cdot \frac{1}{s^2} \tag{2-61}$$

对式(2-61)进行拉氏逆变换，可得一阶系统的单位斜坡响应为

$$y(t) = t - \tau(1 - e^{-\frac{t}{\tau}}) \tag{2-62}$$

斜坡函数也可视为是阶跃函数的积分，因此系统对单位斜坡输入的响应同样可通过系统对单位阶跃输入响应的积分求得。一阶系统的单位斜坡响应曲线如图 2-16 所示。

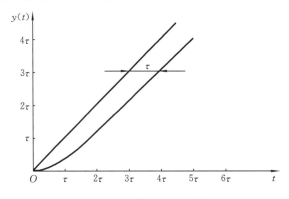

图 2-16　一阶系统的单位斜坡响应

由一阶系统的单位斜坡响应可以看到，由于输入量不断增大，系统的输出也随之增大，但总是滞后于输入一段时间，因此系统始终存在一定的稳态误差。当 t 充分大时，系统跟踪单位斜坡输入的稳态误差等于时间常数 τ。显然，时间常数 τ 越小，系统跟踪单位斜坡输入的稳态误差也越小。

同样，二阶系统的单位斜坡响应为

当 $0 < \zeta < 1$（欠阻尼）时

$$y(t) = t - \frac{2\zeta}{\omega_n} + \frac{e^{-\zeta\omega_n t}}{\omega_n \sqrt{1-\zeta^2}} \sin\left(\sqrt{1-\zeta^2}\,\omega_n t + \arctan\frac{2\zeta\sqrt{1-\zeta^2}}{2\zeta^2 - 1}\right) \tag{2-63}$$

当 $\zeta = 1$（临界阻尼）时

$$y(t) = t - \frac{2}{\omega_n} + \frac{2}{\omega_n}\left(1 + \frac{\omega_n t}{2}\right)e^{-\omega_n t} \tag{2-64}$$

当 $\zeta > 1$（过阻尼）时

$$y(t) = t - \frac{2\zeta}{\omega_n} + \frac{1 - 2\zeta^2 + 2\zeta\sqrt{\zeta^2-1}}{2\omega_n\sqrt{\zeta^2-1}} e^{-(\zeta-\sqrt{\zeta^2-1})\omega_n t}$$

$$- \frac{1 - 2\zeta^2 - 2\zeta\sqrt{\zeta^2-1}}{2\omega_n\sqrt{\zeta^2-1}} e^{-(\zeta+\sqrt{\zeta^2-1})\omega_n t} \tag{2-65}$$

二阶系统的单位斜坡响应曲线如图 2-17 所示。

二阶系统的单位斜坡响应与一阶系统类似，其响应输出也总是滞后于输入一段时间，也存

在有稳态误差,并且误差将随着系统固有频率 ω_n 的减小及阻尼比 ζ 的增大而增大。

4. 测试系统的正弦响应

当系统输入为正弦信号时,一、二阶系统的稳态输出都是与输入信号同频率的正弦函数。但在不同频率下输出的幅值和相位将会不同,这就是前面讨论过的幅频特性和相频特性。由于标准的正弦信号容易获得,因此常用不同频率的正弦信号激励系统,观察其稳态响应幅值和相位,就可以较为准确地测试出系统的幅频和相频特性。

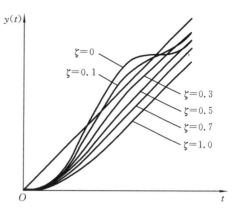

图 2-17　二阶系统的单位斜坡响应

2.5　实现不失真测试的条件

人们总是希望被测信号通过测试系统后仍然能够保持信号的波形不变。但实际的测试系统很难达到这种要求,有时也是不必要的。比如对微弱信号进行测量时,经常需要对其加强、放大,有时还需要对其进行变换等,测试系统不可避免地会对测试信号产生影响。测试信号的失真包括幅值失真和相位失真。根据测试的目的和要求,信号通过测试系统后,只要能够准确有效地反映原信号的运动与变化状态并保留原信号的特征和全部有用信息,则认为该测试系统是一个不失真的系统。通常意义下,如果输入信号 $x(t)$ 通过测试系统后,输出信号 $y(t)$ 仅仅是波形的幅值被线性地放大或同时还产生一定的时间滞后,这时均认为是属于不失真的范畴,并被称为是波形相似,如图 2-18 所示。这时,测试系统输入、输出之间的关系可用下式表示

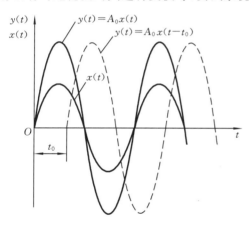

图 2-18　不失真测试的时域波形

$$y(t) = A_0 x(t - t_0) \qquad (2\text{-}66)$$

式中:A_0、t_0 为常数。

以下根据式(2-66)来考察测试系统能实现不失真测试时应具有的频率特性。设当 $t<0$ 时,$x(t)=0$(即初始条件为零时),对式(2-66)进行拉氏变换,并利用拉氏变换的延迟性质,可得

$$Y(s) = A_0 e^{-st_0} X(s)$$

则其传递函数为

$$H(s) = \frac{Y(s)}{X(s)} = A_0 e^{-st_0}$$

令 $s = j\omega$,便得其频率响应函数为

$$H(j\omega) = \frac{Y(j\omega)}{X(j\omega)} = A_0 e^{-jt_0\omega} = A(\omega) e^{j\varphi(\omega)} \qquad (2\text{-}67)$$

可见，若要求测试系统的输出波形不失真，则其幅频特性和相频特性应分别满足

$$A(\omega) = A_0 = 常量 \tag{2-68}$$

$$\varphi(\omega) = -t_0\omega \tag{2-69}$$

这就是实现不失真测试时测试系统应满足的条件，即系统的幅频特性为常量，相频特性是过原点且具有负斜率的直线（与输入信号的频率成线性关系）。图 2-19 所示为不失真测试的频率响应曲线。

图 2-19　不失真测试的频率响应

不失真测试条件的物理意义如下。

（1）输入信号通过测试系统后其各频率分量的幅值均应被放大（或缩小）相同的倍数 A_0，即幅频特性曲线是平行于横轴的直线；否则，将会产生幅值失真。

（2）输入信号通过测试系统后其各频率分量的相位角会随着频率成正比例地变化。反映到时域中，其各频率分量均应产生相同的滞后时间，其滞后时间为

$$t = \frac{\varphi(\omega)}{\omega} = \frac{-t_0\omega}{\omega} = -t_0$$

即各频率分量的滞后时间为常量；否则，将会产生相位失真。

周期性方波是由不同频率的正弦分量叠加而成。当通过测试系统后，只有各频率分量的幅值产生相同的放大或缩小，并且各频率分量所产生的滞后时间也相同时，各分量的幅值在信号中所占的比重及各分量波形的相对位置才不会发生变化，叠加后才能恢复周期性方波的波形，也就是说信号没有失真。图 2-20 所示为周期性方波及其通过测试系统后各分量的波形（图中略去了 6 次以上谐波）。显然，对于只有单一频率成分的信号，系统的输出波形是不可能失真的。但对于含有多个频率成分的复杂信号，系统的输出波形就有可能产生失真。因此，不失真测试条件是针对含有多个频率成分的复杂信号而言的。

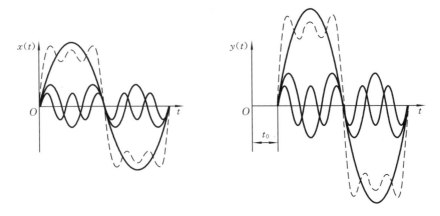

图 2-20　周期性方波及各分量的波形

应当指出,如果测试的目的只是为了精确地测出被测信号的波形,则上述条件完全可以满足不失真测试的要求。但如果测试的结果是用来作为反馈控制信号,则还应当注意系统的输出对于输入的时间滞后,有可能破坏系统的稳定性。这时应根据具体要求,力求减小时间滞后。

实际的测试系统不可能在很宽的频率范围内满足不失真测试的条件。所以实际的测试系统不可避免地会产生幅值失真和相位失真,即使只在某一频率范围内工作,也难以完全理想地实现不失真的测试。为此,在实际测试时,首先应根据被测对象的特征,选用合适的测试系统,使其幅频特性和相频特性尽可能接近不失真测试的条件;其次,应对被测信号做必要的前置处理,及时滤除非信号频带内的噪声,以避免噪声进入测试系统的共振区,造成信噪比降低。

在测试系统特性的选择上也应分析并权衡幅值失真和相位失真对测试的影响。例如在振动测试中,有时只要求了解振动的频率成分及其强度,而并不关心其确切的波形变化;只要求了解其幅值谱,而对相位谱并无要求。这时首先应注意的是测试系统的幅频特性。又如,某些测试要求测出特定波形的延迟时间,这时对测试系统的相频特性就应有严格的要求,以减小因相位失真而引起的测试误差。

从实现不失真测试的条件和其他工作性能要求综合来看,对一阶系统来说,时间常数 τ 越小,系统的响应就越快,则满足不失真测试条件的频带范围也越宽。所以,一阶系统的时间常数 τ 原则上越小越好。

对于二阶系统,其特性曲线上有两个频段值得注意。在 $\omega < 0.3\omega_n$ 范围内,$\varphi(\omega)$ 的数值较小,且相频特性曲线接近于直线。$A(\omega)$ 在该频率范围内的变化不超过 10%,基本满足不失真测试的条件,测试误差较小。在 $\omega > (2.5 \sim 3)\omega_n$ 范围内,$\varphi(\omega)$ 接近 $180°$,且随 ω 的变化较小。此时如在实际测试或数据处理中减去固定相位差或把测试信号反相 $180°$,则其相频特性基本上满足不失真测试的条件。但此时幅频特性 $A(\omega)$ 太小,输出幅值太小。

若被测信号的频率范围在上述两频段之间,则由于系统的频率特性受 ζ 的影响较大,因而需作具体分析。

一般来说,当 $\zeta = 0.7$ 左右时,在 $\omega = (0 \sim 0.58)\omega_n$ 的频率范围内,幅频特性 $A(\omega)$ 的变化不超过 5%,同时相频特性 $\varphi(\omega)$ 也接近于直线,因而产生的相位失真也很小。

例 2-4 有一测力传感器,属于二阶系统。已知传感器的固有频率 $f_n = 800$ Hz,阻尼比 $\zeta = 0.4$,现使用该传感器对频率为 $f = 400$ Hz 正弦变化的外力进行测试,问其幅频特性 $A(\omega)$ 和相频特性 $\varphi(\omega)$ 各为多少?

解 对于二阶系统,其幅频特性和相频特性分别为

$$A(\omega) = \frac{1}{\sqrt{\left[1 - \left(\dfrac{\omega}{\omega_n}\right)^2\right]^2 + 4\zeta^2 \left(\dfrac{\omega}{\omega_n}\right)^2}}$$

$$\varphi(\omega) = -\arctan \frac{2\zeta \dfrac{\omega}{\omega_n}}{1 - \left(\dfrac{\omega}{\omega_n}\right)^2}$$

将 $\zeta = 0.4$ 和 $\omega/\omega_n = 2\pi f/2\pi f_n = 400/800 = 0.5$ 分别代入上两式,得

$$A(\omega) = \frac{1}{\sqrt{(1 - 0.5^2)^2 + 4 \times 0.4^2 \times 0.5^2}} = 1.18$$

$$\varphi(\omega) = -\arctan \frac{2 \times 0.4 \times 0.5}{1 - 0.5^2} = -28°$$

讨论：如果将阻尼比增加到 $\zeta=0.7$，则

$$A(\omega)=\frac{1}{\sqrt{(1-0.5^2)^2+4\times0.7^2\times0.5^2}}=0.97$$

$$\varphi(\omega)=-\arctan\frac{2\times0.7\times0.5}{1-0.5^2}=-43°$$

由此可知，当 $\zeta=0.7$ 时其幅频特性更接近于不失真测试的条件，但其相移且由原来的 $-28°$ 增加到了 $-43°$。

例 2-5 用一个时间为 $\tau=0.35$ s 的一阶系统测试周期分别为 1 s、2 s 和 5 s 正弦信号，问幅值误差分别为多少？

解 对于一阶系统，其幅频特性为

$$A(\omega)=\frac{1}{\sqrt{1+(\omega\tau)^2}}=\frac{1}{\sqrt{1+\left(\frac{2\pi}{T}\tau\right)^2}}$$

式中：T 为周期。其幅值误差可表示为

$$\Delta A=\frac{A(0)-A(\omega)}{A(0)}=\frac{1-A(\omega)}{1}=1-A(\omega)$$

将 $\tau=0.35$ s 和 $T=1$ s、2 s 和 5 s 分别代入以上两式，得

当 $T=1$ s 时

$$A(\omega)=\frac{1}{\sqrt{1+\left(\frac{2\pi}{1}\times0.35\right)^2}}=0.41$$

所以 $\Delta A=1-0.41=0.59=59\%$。

当 $T=2$ s 时

$$A(\omega)=\frac{1}{\sqrt{1+\left(\frac{2\pi}{2}\times0.35\right)^2}}=0.67$$

所以 $\Delta A=1-0.67=0.33=33\%$。

当 $T=5$ s 时

$$A(\omega)=\frac{1}{\sqrt{1+\left(\frac{2\pi}{5}\times0.35\right)^2}}=0.91$$

所以 $\Delta A=1-0.91=0.09=9\%$。

由此可见，系统在低频段工作时产生的幅值误差较小。

对于实际的测试系统，任何一个环节所产生的波形失真，都会引起整个系统最终输出波形的失真。虽然各环节失真对最后波形失真的影响程度不一样，但原则上在信号频带范围内都应使整个环节基本上满足不失真测试的要求。

2.6　测试系统动态特性参数的测试

测试系统的特性参数表征了该系统的整体工作特性。为了获取正确的测试结果，应该精确地知道测试系统的各参数。此外，也应该定期或在进行测试之前对测试系统进行校准。对于未知特性的系统，也有必要通过测试来了解系统的动态特性。

在通常情况下,测试系统动态特性参数的测试是通过实验的方法来实现的。最常用的方法有频率响应法和阶跃响应法等。

2.6.1　频率响应法

测试系统的动态特性参数可以通过对系统进行稳态正弦激励实验而求得。图2-21所示为系统动态特性参数测试原理图。对系统施加某一频率的正弦激励,即 $x(t) = X_0 \sin\omega t$,在输出达到稳态后测出输出量与输入量的幅值比和相位差,便是该激励频率下测试系统的幅频特性和相频特性。在一定的频率范围内作离散的或连续的频率扫描,就可以得出系统的幅频特性曲线和相频特性曲线。

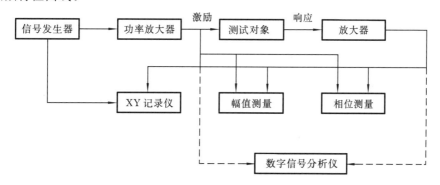

图 2-21　系统动态特性参数测试原理图

1. 一阶系统频率响应法

对于一阶系统,根据系统的幅频特性和相频特性,可以直接由频率响应实验得到系统的时间常数 τ。由式(2-43)和式(2-44)可知,$A(\omega) = 0.707$ 以及 $\varphi(\omega) = -45°$ 时,所对应的 $1/\omega = \tau$ 即为所求系统的时间常数。

2. 二阶系统频率响应法

对于二阶系统,可以直接从实验中得到的相频特性曲线来估计其动态特性参数阻尼比 ζ 和固有频率 ω_n。因为当输出相角滞后于输入相角 $90°$ 时,其所对应的频率即为系统的固有频率,而该点处的斜率即为系统的阻尼比。但该点曲线比较陡峭,准确的相角测试较为困难,通常是利用幅频特性曲线来估计系统的动态特性参数。

对于欠阻尼的二阶系统($\zeta < 1$),幅频特性曲线的峰值处于稍微偏离固有频率 ω_n 的共振频率 ω_r 处(见图 2-10),两者之间的关系为

$$\omega_r = \omega_n \sqrt{1-2\zeta^2} \tag{2-70}$$

而 ω_r 和零频率处的幅频特性之比为

$$\frac{A(\omega_r)}{A(0)} = \frac{1}{2\zeta \sqrt{1 - \zeta^2}} \tag{2-71}$$

由式(2-70)和式(2-71),就可以求出阻尼比 ζ 和固有频率 ω_n。

另外,ζ 的值常采用以下方法进行估计。由式(2-49)可知,当 $\omega = \omega_n$ 时,$A(\omega_n) = 1/2\zeta$。当 ζ 非常小时,$A(\omega_n)$ 非常接近于峰值。由实验得到的幅频特性曲线如图 2-22 所示。

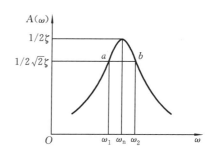

图 2-22　二阶系统幅频特性

设 $\omega_1=(1-\zeta)\omega_n$、$\omega_2=(1+\zeta)\omega_n$，分别代入式(2-49)可得

$$A(\omega_1)\approx\frac{1}{2\sqrt{2}\zeta}\approx A(\omega_2)$$

在幅频特性曲线峰值的 $1/\sqrt{2}$ 处，作一水平直线与幅频特性曲线相交于 a、b 两点，则它们所对应的频率将分别是 ω_1 和 ω_2，故可得阻尼比的估计值为

$$\zeta=\frac{\omega_2-\omega_1}{2\omega_n} \tag{2-72}$$

2.6.2 阶跃响应法

阶跃响应法是从时域的角度获得测试系统动态特性的一种简单易行的方法。该方法是将阶跃信号作为测试系统的激励，并根据所测得的阶跃响应曲线求取测试系统的时间常数 τ、阻尼比 ζ 和固有频率 ω_n。

测试时，应根据系统可能存在的最大超调量来选择阶跃输入的幅值。超调量较大时，应适当选择较小的输入幅值。

1. 一阶系统阶跃响应法

根据一阶系统单位阶跃响应的特点，在 $t=\tau$ 时，输出 $y(t)=0.632$，因此，确定一阶系统时间常数 τ 的最简单的方法，是测试其阶跃响应输出达到稳态值的 63.2% 时所对应的时间即为系统的时间常数 τ。但是，这样求出的时间常数 τ 仅仅取决于起点和终点两个瞬时值，并未涉及阶跃响应的全过程，而且起始时间 $t=0$ 点不易确定，因而测试的可靠性和精度不高，也不能确切地确定被测系统一定是一个一阶系统。通常采用下述方法确定时间常数 τ，并可获得较可靠的结果。

由前述已知一阶系统的阶跃响应函数为

$$y(t)=1-e^{-\frac{t}{\tau}}$$

该式可改写为

$$1-y(t)=e^{-\frac{t}{\tau}}$$

两边取自然对数，有

$$\ln[1-y(t)]=-\frac{t}{\tau} \tag{2-73}$$

令 $Z=\ln[1-y(t)]$，则有

$$Z=-\frac{t}{\tau} \tag{2-74}$$

进而有

$$\frac{dZ}{dt}=-\frac{1}{\tau} \tag{2-75}$$

式(2-74)表明，Z 与时间 t 为线性关系。根据测试数据按该式作图，可得一条斜率为 $-1/\tau$ 的直线，如图 2-23 所示，因此可求得时间常数 τ。显然，这种方法使用了全部测试数据，即考虑了阶跃响应的全过程，因此可得到更为精确的 τ 值。另外，根据测试数据是否落在一条直线上，可以判断该系统是否是一个一阶系统。倘若数据点偏离直线较远，则可以断定该系统不是一个一阶系统，如果用达到输出稳态值的 63.2% 来测定时间常数 τ，也是相当不精确的。

2. 二阶系统阶跃响应法

二阶系统通常工作在欠阻尼情况下，阻尼比通常取为 $\zeta=0.6\sim0.8$，其阶跃响应根据

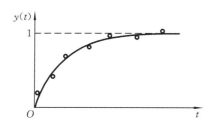 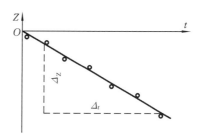

图 2-23　一阶系统阶跃试验

式(2-58)可得

$$y(t) = 1 - \frac{e^{-\zeta\omega_n t}}{\sqrt{1-\zeta^2}}\sin\left(\sqrt{1-\zeta^2}\,\omega_n t + \arctan\frac{\sqrt{1-\zeta^2}}{\zeta}\right)$$

图 2-24 所示为欠阻尼二阶系统阶跃响应的实验曲线，它以 $\omega_d = \sqrt{1-\zeta^2}\,\omega_n$ 为频率且以指数规律做衰减振荡，ω_d 称为有阻尼固有频率。对上式求极值，可得曲线中各振荡峰值所对应的时间为 $t = t_p = 0, \pi/\omega_d, 2\pi/\omega_d, \cdots$ 将 $t = t_p = \pi/\omega_d$ 代入上式可得最大超调量 M_1 和阻尼比 ζ 的关系式为

$$M_1 = e^{-\left(\frac{\zeta\pi}{\sqrt{1-\zeta^2}}\right)} \tag{2-76}$$

或

$$\zeta = \sqrt{\frac{1}{\left(\frac{\pi}{\ln M_1}\right)^2 + 1}} \tag{2-77}$$

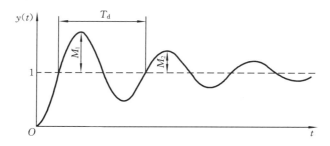

图 2-24　欠阻尼二阶系统阶跃响应

因此，在测得 M_1 之后，便可按上式求得阻尼比 ζ。再根据下式

$$\omega_n = \frac{\omega_d}{\sqrt{1-\zeta^2}} = \frac{2\pi}{T_d\sqrt{1-\zeta^2}} \tag{2-78}$$

就可求出固有频率 ω_n。

如果测得的阶跃响应是较长的瞬变过程，即记录的阶跃响应曲线有若干个超调量出现时，则可以利用任意两个超调量 M_i 和 M_{i+n} 来求取被测系统的阻尼比 ζ，其中 n 是该两峰值相隔的某一整周期数。设 M_i 和 M_{i+n} 所对应的时间分别为 t_i 和 t_{i+n}，则

$$t_{i+n} = t_i + \frac{2n\pi}{\omega_d} = t_i + \frac{2n\pi}{\sqrt{1-\zeta^2}\,\omega_n}$$

将其代入二阶系统阶跃响应表达式(2-58)可得

$$\ln\frac{M_i}{M_{i+n}} = \frac{2n\pi\zeta}{\sqrt{1-\zeta^2}}$$

令

$$\delta_n = \ln \frac{M_i}{M_{i+n}} \qquad (2\text{-}79)$$

由此可得

$$\zeta = \sqrt{\frac{\delta_n^2}{\delta_n^2 + 4\pi^2 n^2}} \qquad (2\text{-}80)$$

由式(2-79)、式(2-80)即可按实测得到的 M_i 和 M_{i+n} 来求出阻尼比 ζ。

本章重点、难点和知识拓展

本章重点：测试系统的动态特性。

本章难点：测试系统的频率响应。

知识拓展：测试系统的基本特性反映了系统对信号测试的性能。测试系统的基本特性可以从静态和动态两个方面进行分析，尤其是动态特性对于动态信号的测试显得尤为重要。描述动态特性的基本方法是传递函数，通过传递函数可以得到系统的频率响应函数（频率特性），进而得到系统的幅频特性和相频特性。只有了解系统的频率特性，才能够正确地选用测试系统进行测试工作。为进一步了解和掌握测试系统的特性，还应该通过课程实验来加深对测试系统性能的了解，以及测试系统性能对测试信号的影响。

思考题与习题

2-1　为什么要求测试系统为线性系统？若为非线性仪表，对其表盘的刻度、指示值的估读有何实际影响？

2-2　频率响应的物理意义是什么？如何获得测试系统的频率响应？为什么说在任何复杂信号输入下，测试系统的频率响应都是适用的？

2-3　被测信号的频率对系统的输出信号有何影响？动态信号的测试误差与什么有关？

2-4　测试系统的动态特性参数如何测定？如何提高一阶系统时间常数测定的可靠性？

2-5　在时域不失真测试条件能够保证信号的什么不失真？对于复杂输入信号如何才能保证输出信号不失真？实际测试系统的特性与不失真测试条件有何差距？

2-6　测试系统的工作频带是如何确定的？应如何扩展一阶和二阶测试系统的工作频带？为什么二阶系统的阻尼比通常取为 $\zeta \approx 0.7$？

2-7　某线性系统在某一频区内不满足不失真测试条件，若在此频区内测试一个单频正弦信号，其输出波形是否会失真？若测试一个双频信号，其输出波形是否会失真？

2-8　进行某次动态压力测量时，所采用的压电式力传感器的灵敏度为 90.9 nC/MPa，将它与增益为 0.005 V/nC 的电荷放大器相连，而电荷放大器的输出接到一台笔式记录仪上，记录仪的灵敏度为 20 mm/V。试计算该测量系统的总灵敏度。又当压力变化 3.5 MPa 时，记录笔在记录纸上的偏移量是多少？

2-9 求周期信号 $x(t) = 0.5\cos 10t + 0.2\cos(100t - 45°)$ 通过传递函数为 $H(s) = \dfrac{1}{0.005s + 1}$ 的系统后所得到的稳态响应 $y(t)$。

2-10 想用一个一阶系统作 100 Hz 正弦信号的测量,若要求限制幅值误差在 5% 以内,则时间常数 τ 应取多少? 若用该系统测试 50 Hz 正弦信号,试问此时的幅值误差和相角差是多少?

2-11 已知某线性系统 $H(j\omega) = \dfrac{1}{1 + j0.02\omega}$,现测得该系统的稳态响应输出为 $y(t) = 10\sin(30t - 45°)$,试求它所对应的输入信号 $x(t)$。

2-12 某二阶系统的固有频率为 12 kHz,阻尼比 $\zeta = 0.707$,若要使幅值误差不大于 20%,则被测信号的频率应限制在什么范围?

2-13 设某力传感器为二阶振荡系统。已知传感器的固有频率为 800 Hz,阻尼比 $\zeta = 0.14$,试问使用该传感器对频率为 400 Hz 的正弦力测试时,其幅值比和相角差各为多少? 若该系统的阻尼比改为 $\zeta = 0.7$,则幅值比和相角差将如何变化?

2-14 对某一阶系统(设 $S = 1$)输入一个阶跃信号,其输出在 2 s 内达到输入信号的 20%,试求该系统的时间常数 τ,并确定 20 s 时输出所达到的值。

第3章　常用传感器工作原理与测量电路

传感器是一种获取被测信号的装置,是测试系统的最重要的组成部分。任何测试系统都离不开传感器。传感器的种类很多,而且不同类型传感器的性能特点、测量范围及工作要求都不同。在三峡水利大坝工程中,工程科技人员在大坝的不同部位布置了上万个传感器,分别用来监测大坝的应力、变形、温度等参数,通过中央控制系统对传感器数据的收集与处理,从而对大坝状态进行实时监控与预警,以保证大坝安全与稳定运行。

3.1　传感器概述

3.1.1　传感器的作用与定义

由本书绪论的叙述可知,传感器位于测试系统的输入端,起着获取检测信息与转换信息的重要作用,是测试系统最基本的器件。因此传感器性能的优劣将直接影响整个测试系统的工作特性,从而也将影响整个测试任务完成的质量。

国家标准 GB/T 7665—2005《传感器通用术语》中对传感器的定义是:能感受被测量并按一定的规律转换成可用输出信号的器件或装置,通常由敏感元件和转换元件组成。

传感器的定义包括三层含义。

(1) 从传感器的输入端来看,一个指定的传感器只能感受或响应规定的被测量,即传感器对规定的被测量有最大的灵敏度和最好的选择性。此被测量既可以是电量,也可以是非电量。

(2) 按一定规律转换成易于传输与处理的信号,而且这种规律是可复现的。

(3) 从传感器的输出端来看输出信号为可用信号,这意味着传感器的输出信号载运着待测的原始信息,且输出信号能够被传送并成为便于后续检测环节接收和进一步处理的信号形式。最常见的输出信号是电信号、光信号以及在气动系统中采用的气动信号,尤其是电信号。

从广义上来讲,传感器是借助检测元件接收某种形式的信息,并按一定的规律将所获取的信息转换成另一种信息的装置。传感器获取的信息可以为各种物理量、化学量或生物量,而转换后的信息也可以有各种形式,如机械的、电的、液压的、气动的或其他形式的物理量输出。目前,电信号是最易于处理和传输的信号,因而传感器转换后的信号大多为电信号。因此,可以把传感器狭义地定义为"能把外界非电量转换成电信号输出的器件或装置"。

3.1.2　传感器的组成

传感器通常由直接响应被测量的敏感元件(又称预变换器)与产生可用信号输出的传感元件(又称变换器)及相应的电子线路组成。

如果所要测量的非电量正好是某传感器能转换的那种非电量,而该传感器转换出来的电量又正好能为后面的显示记录电路所利用,那么,由这种传感器来实现被测的非电量到可用电量的转换时,传感器只包括变换器即可。然而一般情况下,所要测量的非电量(如力、压力等物理量)并不是我们持有的传感器能直接转换的那种非电量,这就需要在传感器前面增加一个能把被测非电量转换成该传感器能够接收和转换的非电量(可用非电量)的装置或器件,通常把这种能将被测非电量转换成可用非电量的器件或装置称为敏感元件或预变换器,而把实现可用非电量到电量的转换的器件称为变换器或传感元件。例如,商用称重传感器是将应变片贴在应变梁上,物品的重力作用在应变梁上,梁产生变形,再由应变梁上的应变片将梁的应变转换为应变片的电阻的变化。在这里,商用称重传感器的应变片是变换器(或传感元件),应变梁是预变换器。有的传感器还附带相应的测量电路。

3.1.3　传感器的分类

由于被测量的种类多样、范围广泛,而用于构成传感器的物理现象和物理定律也很多,因此传感器的种类、规格十分繁杂。在工程测试中,一种物理量可以用不同类型的传感器来检测,而同一种类型的传感器也可测量不同的物理量。为了对传感器进行系统的研究,有必要对传感器进行适当的分类。

传感器的分类方法很多,概括起来主要有以下几种。

1. 按被测量(即传感器的输入量)分类

按被测量分类的传感器如表 3-1 所示。

表 3-1　按被测量分类的传感器

被测量类别	被　测　量
热工量	温度、热量、比热容;压力、压差、真空度;流量、流速、风速
机械量	位移(线位移、角位移)、尺寸、形状;力、力矩、应力;重量、质量;转速、线速度;振动幅度、频率、加速度、噪声
物性和成分量	气体化学成分、液体化学成分;酸碱度(pH 值)、盐度、浓度、黏度;密度、相对密度
状态量	颜色、透明度、磨损量、材料内部的裂缝或缺陷、气体泄漏、表面质量

2. 按传感器工作原理(即传感过程中信号的转换原理)分类

按传感器工作原理可分为机械类、电磁及电子类、辐射类、流体类传感器等。机械类传感器如弹簧、波纹管、波登管、双金属片、波纹膜片等,电气类传感器如电阻应变计、电容式传感器、电感式传感器等。表 3-2 中按传感器工作原理的不同列出了常用传感器的一些基本类型。

表 3-2　常用传感器的基本类型

类　型	名　称	转　换　原　理	典　型　应　用
机械类	测力环	力-位移	标准测力仪
	弹簧	力-位移	弹簧秤
	波纹管	压力-位移	压力表
	波登管	压力-位移	压力表
	波纹膜片	压力-位移	压力表
	双金属片	温度-位移	温度计

续表

类　型	名　　称	转换原理	典型应用
电磁及电子类	电位计	位移-电阻	直线电位计等
	电阻应变计	应变-电阻	应变仪、称重传感器
	电容式		
	变极距型	位移-电容	电容测微仪
	变极板面积型	位移-电容	位移传感器
	变介电常数型	位移-电容	液位计
	电感式		
	差动变压器	位移-互感	电感测微仪
	自感型	位移-自感	电感测微仪
	电涡流型	位移-自感	位移传感器、接近开关
	压电元件	力-电荷	加速度计
	压磁元件	力-磁导率	测力计
	热电偶	温度-电动势	热电偶温度计
	霍尔元件	磁场强度、电流-电势	位移传感器、探伤仪
	热敏电阻	温度-电阻	半导体温度计
	气敏电阻	气体-电阻	气敏检测仪
	光敏电阻	光照度-电阻	光电开关等
	光敏晶体管	光照度-电流	光电开关等
辐射类	红外	热-电	红外测温仪
	X 射线	散射、干涉	X 射线探伤、测厚仪
	γ 射线	穿透物质	γ 射线测厚仪
	激光	光波干涉	测长度、位移、转角
	超声波	超声波反射、穿透	超声波测厚仪
流体类	气动	间隙-压力	气动量仪
	液体	压力平衡	活塞压力计
	液体	液体静压变化	节流式流量计
	液体	流体阻力变化	转子式流量计

3. 按传感器内部物理结构分类

按传感器内部物理结构分类，传感器可分为结构型传感器和物性型传感器。结构型传感器通过传感器本身内部结构参数的变化来实现信号转换。例如，变极距电容式传感器是通过极板间距离发生变化而引起电容量的变化来实现位移测量的，变磁阻电感式传感器是通过传感器内部的活动衔铁的移动引起线圈自感的变化来实现位移测量的。

物性型传感器利用敏感元件材料本身物理性质的变化来实现信号转换。例如，用热电阻测温是利用了金属材料的电阻值随温度变化的物理现象，用光电传感器测速是利用了光电器件本身的光电效应，用压电测力计测力是利用了传感器中石英晶体的压电效应等。

4. 按传感器能量转换关系分类

按传感器能量转换关系分类，传感器可分为能量转换型传感器和能量控制型传感器。

能量转换型传感器（亦称发电式传感器）是直接由被测对象输入能量使其工作的，它将非电量（被测量）转换成电能量，不需要外电源，故又称为无源传感器。压电式加速度传感器、磁电式速度传感器和热电偶等就属于此类。例如,磁电式速度传感器内的线圈往复振动切割磁力线产生感生电动势输出。这类传感器在转换过程中需要吸收被测物体的能量,容易造成一定的测量误差。

能量控制型传感器(亦称电参量式传感器)是依靠外部电源供给辅助能量使其工作的,由被测量来控制该能量的变化。电阻式、电容式、电感式传感器都属于这一类。例如,电阻应变测量中应变片接入电桥,电桥的工作能量由外部提供,而被测量的变化所引起应变片的电阻变化由电桥的不平衡输出反映出来。

5. 按传感器输出量的性质分类

按传感器输出量的性质分类,传感器可分为模拟式传感器和数字式传感器。

前者的输出量为连续变化的模拟量,而后者的输出量为数字量。由于计算机在工程测试中的应用,数字式传感器是很有发展前途的。当然,模拟量也可以通过模/数转换变为数字量。

3.1.4　传感器的发展趋势

当前,传感器技术发展的速度很快。随着各行各业对测量任务的需求不断增长,新型的传感器层出不穷。同时,新材料、微型加工技术和计算机技术的飞速发展,使传感器也朝着小型化、集成化、智能化的方向发展。传感器已经不再是传统概念上的传感器。在一些现代传感器上,人们常常将传感器和处理电路等集成在一起,甚至和微处理器相结合,构成所谓的智能传感器。

传感器智能化是当前传感器技术的主要发展方向之一。传感器技术和智能化技术的结合,使传感器由单一功能、单一检测对象向多功能和多变量检测方面发展,也使传感器由被动进行信号转换向主动控制传感器特性和主动进行信息处理方面发展,使传感器由孤立的元器件向系统化、网络化方向发展。

可以预见,随着科学技术的发展,传感器技术必将得到进一步的发展。

3.2　电阻式传感器

电阻式传感器是将被测的非电量变化转化为电阻元件的电阻值变化的装置。其种类繁多、应用广泛,主要有电位器式传感器、应变式电阻传感器、热电偶、热敏电阻、光敏电阻、气敏电阻等。

电位器式传感器也称为变阻器式传感器,是一种精密线绕电位器,其原理是将物体的位移转换为电阻的变化,即通过移动滑片与电阻线的接触点来改变接入电路中电阻线的长度,从而改变电阻。电位器式传感器可分为直线位移型、角位移型和非线性位移型三种。电位器式传感器具有滑动触点存在摩擦磨损、运行有噪声、可靠性差、寿命低、测量精度低、分辨率低、动态响应较差的缺点,所以仅适于测量变化较缓慢、测量精度要求不高、动作不太频繁的场合,如测量较大的线位移、角位移及能转换成位移的压力、液位、振动等参数。

应变式电阻传感器是以电阻应变片为传感元件的传感器。自 1856 年发现应变效应,1963年制成第一个电阻应变片以来,它已经成为应用最广泛、最成熟的一种传感器。应变式电阻传感器具有以下特点:精度高,测量范围广;体积小,重量轻;动态响应快,频响特性好;性能稳定可靠,使用寿命长。将电阻应变片粘贴到各种弹性元件上就可构成测量力、压力、力矩、位移、加速度等各种参数的应变式电阻传感器。应变片可分为金属电阻应变片和半导体应变片两种。

其余类型电阻传感器放在温度测量、光电式传感器等相关章节中介绍，本节主要介绍工程应用较为广泛的应变式电阻传感器。

3.2.1　金属电阻应变片

1. 金属的应变效应

金属应变片的工作原理基于金属的电阻应变效应。所谓应变效应是指金属发生机械变形时，其电阻值会随之发生改变的一种物理现象。

由欧姆定律知，对于长为 L、截面积为 A、电阻率为 ρ 的金属丝，其电阻为

$$R = \rho \frac{L}{A} \tag{3-1}$$

式(3-1)可写成

$$\ln R = \ln \rho + \ln L - \ln A \tag{3-2}$$

如果金属丝轴向受拉或受压而变形时，L、A 和 ρ 均发生变化，则其电阻也发生变化（见图 3-1）。当每一可变因素分别有一增量 dL、dA 和 $d\rho$ 时，所引起的电阻增量为 dR，由式(3-2)可得金属材料的电阻变化率

$$\frac{dR}{R} = \frac{d\rho}{\rho} + \frac{dL}{L} - \frac{dA}{A} \tag{3-3}$$

式中：$\dfrac{d\rho}{\rho}$ 为材料电阻率的相对变化量；$A = \pi r^2$，r 为金属丝半径；$\varepsilon = \dfrac{dL}{L}$ 为金属丝的纵向相对变形，即纵向应变。因此有

$$\frac{dA}{A} = \frac{d(\pi r^2)}{\pi r^2} = \frac{2dr}{r} \tag{3-4}$$

$\dfrac{dr}{r}$ 为金属丝的横向相对变形，即横向应变。

$$\frac{dr}{r} = -\mu \frac{dL}{L} = -\mu \varepsilon \tag{3-5}$$

式中：μ 为金属材料的泊松比。

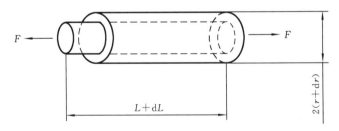

图 3-1　金属材料的应变效应

因此式(3-3)可写成

$$\frac{dR}{R} = (1 + 2\mu)\varepsilon + \frac{d\rho}{\rho} \tag{3-6}$$

式(3-6)表明，金属材料的电阻变化率受两个因素的影响：一个是材料受力后，几何尺寸变化所

引起的,即$(1+2\mu)\varepsilon$项;另一个是受力后材料的电阻率变化所引起的,即$\dfrac{\mathrm{d}\rho}{\rho}$项。对于金属材料,$\dfrac{\mathrm{d}\rho}{\rho}$项比$(1+2\mu)\varepsilon$项小得多,即金属的应变效应起主导作用。大量实验表明,在电阻丝拉伸比例极限范围内,电阻的相对变化与其所受的纵向应变成正比。于是式(3-6)可写成

$$\frac{\mathrm{d}R}{R} \approx (1+2\mu)\varepsilon = S\varepsilon \tag{3-7}$$

式中:S为灵敏度,其物理意义是单位应变所引起的电阻相对变化。应变片的灵敏度则为$S=1+2\mu$。通常用于制造应变片的金属电阻丝的$S=1.7\sim4.6$。

2. 应变片的结构和分类

常用的金属电阻应变片有丝式、箔式两种。金属丝式电阻应变片出现得较早,现仍被采用。其典型结构如图 3-2 所示,电阻丝是用直径为 0.025 mm 左右、具有高电阻率的金属丝制成的。为了获得较高的起始电阻值,将电阻丝绕成栅状,称为敏感栅,也是应变片的核心部分。将敏感栅粘贴在绝缘的基底上。敏感栅的两端焊上引线。敏感栅上面粘贴有覆盖层,以防潮和保护敏感栅。敏感栅常用的金属材料有康铜、卡玛合金、铬镍合金或铁镍合金等。

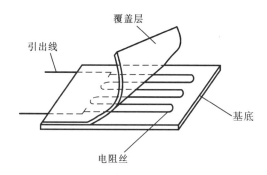

图 3-2 应变片结构示意图

金属箔式电阻应变片则是用栅状金属箔片代替栅状金属丝。金属箔片是利用绘图、照相制版或光蚀刻技术,将厚 0.001～0.010 mm 的箔片根据不同需要制成各种不同形式的敏感栅,图3-3所示为常用的金属应变片。

箔式应变片具有如下优点:可制成多种形状复杂、尺寸精确的敏感栅,其栅长最小可做到 0.2 mm;横向效应比丝式应变片小(因为敏感栅为栅状,除大部分为纵向应变外,不可避免地还有小部分横向应变);电阻值一致性好;散热条件比丝式应变片好,允许电流较大,可提高输出灵敏度;生产效率高,便于自动化生产。

金属电阻应变片除常用的丝式、箔式两种外,还有一种薄膜应变片,它是采用真空蒸发或真空沉积等方法直接在薄的绝缘基底上形成金属电阻材料薄膜(厚度在 0.1 μm 以下)作为敏感栅,其优点是应变灵敏系数高、允许电流密度大、易实现工业化生产,是一种很有前途的新型应变片,但目前工程测试中实际使用还不多。

表 3-3 所示为电阻应变片几种常用金属材料的性能。表中所列材料,康铜用得较多,因为它的灵敏度(又称灵敏系数)对应变的稳定性最高,不但在弹性变形范围内保持常数,而且进入塑性变形范围内仍基本保持常数,所以测量范围大。另外,康铜的电阻温度系数小且稳定,因而测量时温度误差小。

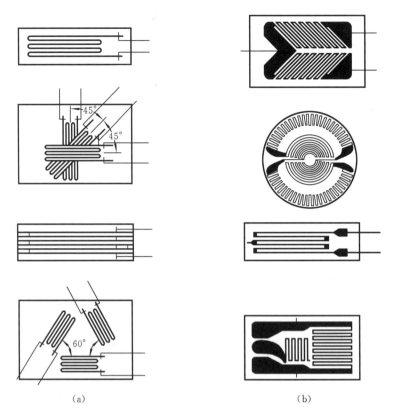

图 3-3　常用应变片结构示意图

（a）丝式应变片；（b）箔式应变片

表 3-3　电阻应变片几种常用金属材料的性能

材料名称	成　分		灵敏系数 $/((\Omega/\Omega)\cdot(m/m)^{-1})$	电阻系数 $/(\Omega\cdot mm^2/m)$	电阻温度系数 $/(10^{-6}\cdot℃^{-1})$	线膨胀系数 $/(10^{-6}\cdot℃^{-1})$
	元素	%				
康铜	Cu	60	1.9～2.1	0.45～0.54	±20	12.2
	Ni	40				
镍铬合金	Ni	80	2.1～2.3	1.0～1.1	110～130	12.3
	Cr	20				
镍铬铝合金（卡玛合金）	Ni	74	2.4～2.6	1.24～1.42	±20	10.0
	Cr	20				
	Al	3				
	Fe	3				
铂钨合金	Pt	92	3.5	0.68	227	—
	W	8				

3.2.2　半导体应变片

半导体应变片的工作原理基于半导体材料的压阻效应。所谓压阻效应是单晶半导体材料在沿某一轴向受到外力作用时，其电阻率随之发生变化的现象。从半导体物理性可知，单晶半导体在外力作用下,原子点阵排列规律发生变化,导致载流子迁移率及载流子浓度产生变化,从而引起电阻率的变化。

电阻应变效应的公式(3-6)仍适用于半导体电阻材料,对于金属材料,$\dfrac{\mathrm{d}\rho}{\rho}$比较小,而对于半导体材料,$\dfrac{\mathrm{d}\rho}{\rho} \gg (1+2\mu)\varepsilon$,即压阻效应占主导,而因机械变形引起的电阻变化可以忽略,这也是半导体应变片的灵敏度(即应变系数)远大于金属电阻应变片的原因。对单晶半导体材料,式(3-6)可写成

$$\frac{\mathrm{d}R}{R} = (1+2\mu)\varepsilon + \frac{\mathrm{d}\rho}{\rho} \approx \frac{\mathrm{d}\rho}{\rho} \tag{3-8}$$

由半导体理论可知,锗硅等单晶半导体材料的电阻率相对变化与作用于材料的轴向应力成正比。即

$$\frac{\mathrm{d}R}{R} \approx \frac{\mathrm{d}\rho}{\rho} = \lambda\sigma = \lambda E\varepsilon \tag{3-9}$$

式中:λ 为沿某晶向的压阻系数;σ 为沿某晶向的应力;E 为半导体材料的弹性模量。

半导体材料应变片的灵敏度为

$$S = \lambda E \tag{3-10}$$

最常用的半导体材料有硅和锗,掺入杂质可形成 P 型或 N 型半导体。P 型应变片在施加有效应变时电阻值增加,而 N 型应变片则减少。

由于半导体(如单晶硅)是各向异性材料,因此它的压阻效应是有方向性的。表 3-4 列出了几种常用半导体材料的性能。从表中可看出,在不同的载荷施加方向上,压阻效应及灵敏度都不相同。

表 3-4　几种常用半导体材料的性能

材　　　料	电阻率 $\rho/(\Omega \cdot \mathrm{cm})$	弹性模量 E/Pa	灵敏度	晶　　　向
P 型硅	7.8	1.87×10^{11}	175	[111]
N 型硅	11.7	1.23×10^{11}	-132	[100]
P 型硅	15.0	1.55×10^{11}	102	[111]
N 型硅	16.6	1.55×10^{11}	-157	[111]
N 型硅	1.5	1.55×10^{11}	-147	[111]
P 型锑化铟	0.54	—	-45	[100]
P 型锑化铟	0.01	7.45×10^{10}	30	[111]
N 型锑化铟	0.013	—	74.5	[100]

半导体应变片最简单的典型结构如图 3-4 所示,半导体应变片的结构和使用方法与金属应变片相同,即粘贴在弹性元件或被测物体上,随被测试件的变形其电阻发生相应变化。

半导体应变片最突出的优点是体积小而灵敏度高,它的灵敏度系数比金属应变片高几十倍,频率响应范围很宽。但由于半导体材料的原因,它也具有温度系数大、应变与电阻的非线性以及安装不便等缺点,使它的应用范围受到一定限制。

用半导体应变片做成的传感器称为压阻传感器。目前,已有扩散型半导体应变片,它是在半导体材料的基片上用集成电路工艺制成,也称为扩散型压阻式传感器或固态压阻式传感器,

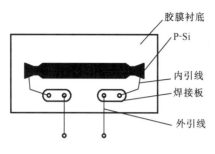

图 3-4　半导体应变片

主要用于介质压力和加速度的测量。

　　与金属应变片相比,半导体应变片灵敏系数很高,但是在稳定性及重复性方面都有待改善。

3.2.3　应变片的使用

　　应变片的使用主要涉及应变片的粘贴、引出线的连接和应变片的保护三个方面。

　　由于在使用时需将应变片粘贴到构件上,因而黏结剂的选择和粘贴工艺至关重要。目前已有各种不同的黏结剂以供不同条件下使用。常用的黏结剂有环氧树脂、酚醛树脂等,高温下也采用专用陶瓷粉末等无机黏结剂。这些黏结剂应能保证粘贴面有足够的强度、好的绝缘性能、足够的抗蠕变以及抗温度变化范围等。目前所采用的应变片和粘贴方法已经覆盖从 -249 ~816 ℃的温度范围。对超高温度来说,常需采用焊接技术进行连接。为得到高质量的黏结层,某些黏结剂需要在室温下进行熟化或焙烧处理,熟化时间从几分钟到几天时间。有时为了防潮或防腐,还需在应变片上覆盖防水层或保护层。

　　应变片的外引线很细,与较粗的导线的连接处是最容易疲劳断裂或松脱的地方,这是由于截面积不同而引起的应力集中或导线加热(锡焊或电焊)引起材料变化(或两者兼有)所致。引出线一般多是 $0.15\sim0.3$ mm 镀锡软铜线。使用时,应变片粘贴好后,常把外引线与连接导线用胶布等固定起来,有时需用专门的固定装置。

　　应变片在常温下的保护主要是防潮。应变片因受潮而使绝缘电阻降低,导致测量灵敏度降低、零漂增大等,甚至测量电桥不能平衡,无法正常工作,所以防潮保护也是正常测量所必需的。常用中性凡士林、石蜡、环氧树脂防潮剂等进行保护。

3.2.4　应变片的测量电路

　　由于机械应变一般在 $10^{-3}\sim10^{-6}$ mm 范围内,而常规电阻应变片的灵敏度(由于应变片的灵敏度为常数,因此常称灵敏度为灵敏系数)值很小,所以其电阻变化范围小,为 $10^{-2}\sim10^{-4}\Omega$ 数量级,因此要求测量电路能精确到测量出这些微小的变化。最常用的测量电路是电桥电路,能把电阻的相对变化转换为电压或电流的变化。关于电桥电路的输出特性详见 4.1 节。

3.2.5　应变片的主要应用

　　应变片主要用于结构应力和应变分析,以及用于制作不同的传感器。

　　用于应力和应变分析时,常将应变片贴于待测构件的测量部位上,从而测得构件的应力或应变,用于研究机械、建筑、桥梁等构件在工作状态下的受力、变形等情况,为结构的设计、应力校验以及构件破损的预测等提供可靠的实验数据。

　　用于制作传感器时,常将应变片贴在或成形在弹性元件(弹性元件起预变换的作用)上,用于制成测量力、位移、压力、力矩、加速度等物理量的传感器。在这种情况下先通过弹性元件得到与被测量成正比的应变,再由应变片将应变量转换为电阻的变化。图3-5示出了典型的应变片传感器的应用实例。

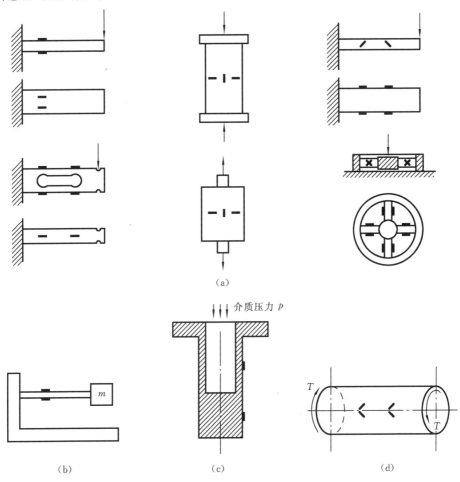

图 3-5　典型应变片传感器的应用实例
(a) 测量力;(b) 测量振动;(c) 测量介质压力;(d) 测量扭矩

　　应变片传感器是一种使用方便、适应性强、用途广泛的器件,相关应用的详细情况可参阅本书第6章。

3.3　电容式传感器

3.3.1　工作原理及类型

　　电容式传感器采用电容器作为传感元件,它将不同物理量的变化转换为电容量的变化,其工作原理可通过图3-6所示的平行极板电容器加以解释。

　　根据物理学可知,在忽略边缘效应的情况下,两平行平板导体之间的电容量为

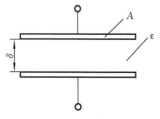

图 3-6　平行极板电容器

$$C = \frac{\varepsilon_r \varepsilon_0 A}{\delta} \qquad (3-11)$$

式中：ε_r 为极板间介质的相对介电常数；ε_0 为真空介电常数，$\varepsilon_0 = 8.85 \times 10^{-12}$ F/m；A 为极板面积；δ 为两平行极板间的距离。

式(3-11)中被测量 δ、A 或 ε_r 的任何一个参数发生变化时都会引起电容的变化。测量中如果保持其中的两个参数不变，而仅改变另一个参数，那么该参数的变化与电容的变化成单值函数关系，再通过配套的测量电路，将电容量的变化转换为电压、频率等信号输出。根据这一原理可制成各种类型的电容式传感器，如极距变化型、面积变化型和介质变化型的电容式传感器。

1. 极距变化型电容式传感器

如图 3-7(a)所示，这种类型的传感器常常固定一块极板(称为定极板)而使另一块极板可在被测参数作用下移动，从而改变极距以引起电容变化。

$$C_1 = \frac{\varepsilon_r \varepsilon_0 A}{\delta_0 + \Delta\delta} \qquad (3-12)$$

由式(3-12)知，电容与极距之间为非线性关系，如图 3-7(b)曲线所示。传感器的灵敏度为

$$S = \frac{\mathrm{d}C}{\mathrm{d}\delta} = -\frac{\varepsilon_r \varepsilon_0 A}{\delta^2} \qquad (3-13)$$

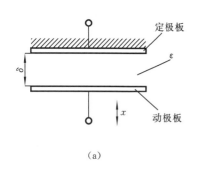

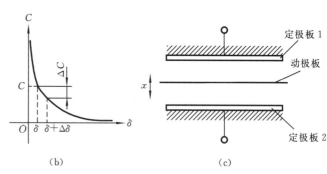

图 3-7　极距变化型平板电容传感器

(a) 极距变化型；(b) 非线性曲线；(c) 差动型

当 $\Delta\delta$ 值较小时，$\Delta C/C$ 与 $\Delta\delta/\delta$ 之间可近似为线性关系，如当 $\Delta\delta/\delta = 0.1$ 时按式(3-13)所得的线性偏差为 10%，而当 $\Delta\delta/\delta = 0.01$ 时，该偏差降至 1%。因此当 $\Delta\delta/\delta$ 较小时，传感器的灵敏度为

$$S \approx -\frac{\varepsilon_r \varepsilon_0 A}{\delta_0^2} \qquad (3-14)$$

式(3-14)表明，灵敏度与极距的二次方成反比，极距越小，灵敏度越高。一般情况下可减小初始极距来提高灵敏度。另外，由于电容 C 与极距 δ 为非线型关系，故将引起非线性误差。为了减小这一误差，通常限定这种传感器在极小测量范围内工作 $\Delta\delta \ll \delta_0$，使之获得近似的线性特性，当然还可以采用后续电路作非线性校正，以作范围更大些的测量。实际应用中，为了提高传感器的灵敏度，增大线性工作范围，克服外界条件(如电源电压、环境温度等)的变化对测量精度的影响，常常采用差动型电容式传感器，如图 3-7(c)所示。在许多场合变极距型电

容式传感器由金属工件平面充当,另一极板用专门制作的金属平面。

2. 面积变化型电容式传感器

面积变化型电容式传感器的工作原理是通过被测参数的变化引起电容器极板的有效面积变化来进行测量的。常见的有角位移型和线位移型。

图 3-8(a)所示是用来测量线位移的电容传感元件。当动极板在 x 方向有位移 x 时,根据图示,电容器的电容与 x 之间的关系为

$$C = \frac{\varepsilon_r \varepsilon_0 A}{\delta_0} = \frac{\varepsilon_r \varepsilon_0 b(a-x)}{\delta_0} \tag{3-15}$$

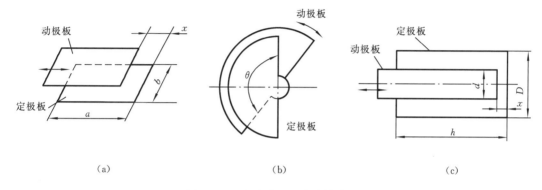

(a)   (b)   (c)

图 3-8 面积变化型电容式传感器

(a) 平板式;(b) 转角式;(c) 圆柱体式

由此可见,输入-输出为线性关系,灵敏度 S 为常数,即

$$S = -\frac{\varepsilon_r \varepsilon_0 b}{\delta_0} \tag{3-16}$$

图 3-8(c)所示为圆柱体式线位移结构,也是用以测量线位移的电容传感元件,其中外圆筒固定即定极板,内圆筒可在其中沿轴向移动。利用高斯积分可得该电容器的电容量

$$C = \frac{2\pi \varepsilon_r \varepsilon_0 (h-x)}{\ln(D/d)} \tag{3-17}$$

式中:D 为外圆筒直径;d 为内圆筒直径。

这里,输入-输出仍为线性关系,灵敏度 S 为常数,即

$$S = \frac{2\pi \varepsilon_r \varepsilon_0}{\ln(D/d)} \tag{3-18}$$

图 3-8(b)所示为转角式结构,由两块半圆形极板组成,其中一块是定极板,另一块是动极板。当改变两极板间的相对转角时,两极板的相对公共面积发生变化,从而电容器的电容量改变。由图可知,公共覆盖面积

$$A = \frac{r^2 \theta}{2} \tag{3-19}$$

式中:r 为半圆形极板半径;θ 为半圆形动极板转动的角度。

相应的电容量和灵敏度分别为

$$C = \frac{\varepsilon_r \varepsilon_0 r^2 \theta}{2\delta} \tag{3-20}$$

$$S = \frac{\varepsilon_r \varepsilon_0 r^2}{2\delta} \tag{3-21}$$

由前面的分析可知，图 3-8(a)、(c)是用以测量线位移的电容传感元件，图 3-8(b)是用以测量角位移的电容传感元件。它们都是将位移转换为电容器的相互覆盖面积的变化，该类传感器的优点是其输入-输出为线性关系，缺点是电容器的横向灵敏度较大。此外，其机械结构要求十分精确，因此，相对极距变化型电容式传感器，测量精度较低。

这种传感器的测量范围对于线位移型为几厘米，对于角位移型则为 $180°$，测量的频率范围为 $0\sim10^4$ Hz，为了提高灵敏度，也可以采用差动式结构。

3. 介质变化型电容式传感器

这是利用介质介电常数变化将被测非电量转化为电量的一种电容式传感器。图 3-9 所示为介质变化型电容传感器应用举例。

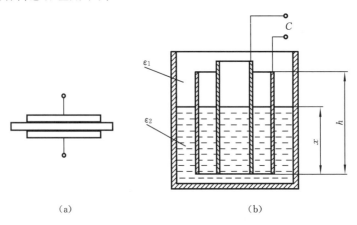

图 3-9　介质变化型电容传感器应用举例

(a) 测量介质湿度的电容式传感器；(b) 测量液位的电容式传感器

水的介电常数为 $\varepsilon_r=81$，远大于其他许多材料的介电常数，因而，某些绝缘材料的介电常数随含水量的增加而急剧变大。基于这一事实可用介质变化型电容传感器来作水分或湿度的测量。例如，要测量谷物、纸张、纺织品、木材或煤炭等固体非导电性材料的湿度，可将这些材料导入电容传感器两极板之间，通过介质介电常数的影响来改变电容值，从而确定材料湿度。某些专门的塑料其分子所吸收的水分与周围空气的相对湿度之间存在着某种明确的关系，用这种原理可测量空气湿度。图 3-9(a)所示是用于测量纸张或电影胶片湿度的电容传感器。

另外，某些电介质对温度是灵敏的，因此，也可做成相应的传感器用于火灾报警装置。

图 3-9(b)所示为工业上广泛应用的一种液位计的原理图，内外两圆筒作为电容器的两个极板，当被测液面高度发生变化时，两极板间作为介电质的液位高度也随之变化，由此引起电极之间的电容量变化。

由于电容式传感器测出的电容及电容变化量均很小，因此必须连接适当的放大电路将它们转换成电压、电流或频率等输出量。这里介绍常用的几种电路。

3.3.2　常用测量电路

1. 运算放大器电路

如图 3-10 所示，用该电路可获得输出电压随输入电容值线性变化的关系。由于运算放大器增益很大，输入阻抗很高，因此

$$U_o=-U_i\frac{C_o}{C_x} \tag{3-22}$$

式中:U_i为信号源电压;U_o为运放输出电压;C_o为固定电容;C_x为传感器等效电容。

对于极距变化型电容传感器来说,将式(3-11)代入式(3-22)得

$$U_o = -U_i \frac{C_o \delta}{\varepsilon_0 \varepsilon_r A} \qquad (3-23)$$

由上述可知,输出电压与电容传感器间隙 δ 为线性关系。

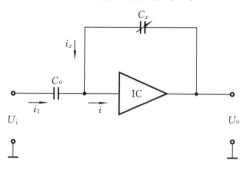

图 3-10　运算放大器式测量电路

2. 变压器电桥测量电路

对于差动型电容传感器,用电容传感器组成电桥的相邻两臂,利用电桥的输出特性将电容变化转化为电桥的电压输出。通常采用电阻、电容或电感、电容组成的交流电桥,图 3-11 所示是一种电感、电容组成的桥路,又称变压器式电桥电路,电桥的输出为一调幅波,电桥的输出电压

$$U_o = \frac{U_i}{2} \cdot \frac{C_1 - C_2}{C_1 + C_2} \qquad (3-24)$$

式中:U_i为电桥激励电压;U_o为电桥输出电压;C_1、C_2为差动电容传感器的电容,$C_1 = \dfrac{\varepsilon_0 \varepsilon_r A}{\delta - \Delta \delta}$,$C_2 = \dfrac{\varepsilon_0 \varepsilon_r A}{\delta + \Delta \delta}$。

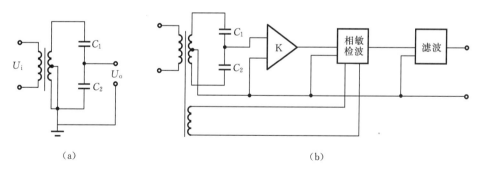

(a)　　　　　　　　　　　　　　　(b)

图 3-11　变压器电桥测量电路

(a) 变压器电桥原理图;(b) 测量电路

对差动变气隙型电容传感器有

$$U_o = \frac{U_i}{2} \cdot \frac{\Delta \delta}{\delta} \qquad (3-25)$$

由此可见,当电源激励电压恒定的情况下,电桥输出电压的幅值与电容传感器输入位移成线性关系,频率与电桥的电源电压的频率相同。

该输出电压经后续的放大并经相敏检波和滤波后获得输出,再推动显示仪表。

3. 谐振电路

图 3-12 所示为谐振电路原理及其工作特性。电容传感器的电容 C_x 与 C_2、L_2 组成谐振回路，从高频振荡器通过电感耦合获得振荡电压。当传感器电容量 C_x 发生变化时，谐振回路的阻抗发生相应变化，这个变化被转换为电压或电流，经放大、检波，即可得到相应的输出。为了获得较好的线性，一般工作点应选择在谐振曲线一边的线性区域内，最大振幅 70% 附近的地方。这种电路比较灵敏，但缺点是工作点不易选好，变化范围也较窄，传感器连接电缆的杂散电容影响也较大。同时为了提高测量精度，要求振荡器的频率具有很高的稳定性。

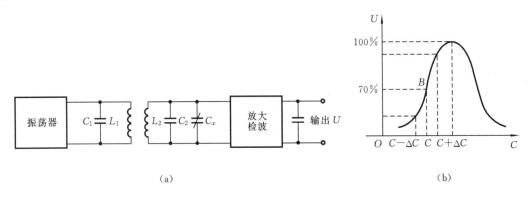

(a)　　　　　　　　　　　　　　　　(b)

图 3-12　谐振电路原理及其工作特性

(a) 原理方框图；(b) 工作特性

4. 调频电路

如图 3-13 所示，电容传感器是振荡器谐振回路的一部分。调频振荡器的谐振频率为

$$f = \frac{1}{2\pi \sqrt{LC}} \tag{3-26}$$

式中：L 为振荡回路电感。

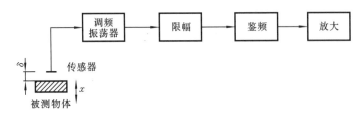

图 3-13　调频电路

当被测量使传感器电容量发生变化时，振荡器的振荡频率发生变化，其输出经限幅、鉴频、再经过放大后由记录器或显示仪表指示。

这种电路具有抗干扰性强、灵敏度高等优点，可测 $0.01\ \mu m$ 的微小位移变化量，但缺点是电缆电容的影响较大，也易受温度变化的影响，给使用带来一定困难。

3.3.3　电容式传感器的特点及应用

电容式传感器本身的电容值很小，一般约几十或几百皮法（pF），接入电路中易受连接电缆形成的寄生电容的影响。为消除这种影响，常将后续电路的前级放置在紧靠电容传感器的地方，以尽量减少电缆长度及位置变化带来的影响。另一种方法是采用等电位传输（亦称驱动电缆）技术，其中采用双层屏蔽导线，内层与总线间经一个 1∶1 的驱动放大器相连形成一等电位,外层与地相连形成另一极。这样,尽管内层与总线间的电容仍然存在,但由于等电位不可能产生位移电流,因此该电容的变化不再影响到电压的输出值,从而可消除寄生电容的影响。

由于电容式传感器具有动作能量低(极板间动作静电引力小)、动态响应快(固有频率高、载波频率高)、本身发热影响小、灵敏度高、误差小,能在恶劣环境(如高温、低温及强辐射等环境)下工作等特点,在位移、介质压力、液位、料位、流量、噪声等测试中有着广泛的应用。

3.4　电感式传感器

利用电磁感应原理,将被测量如位移、力等非电量转换成线圈的电感(自感或互感值)的变化的一种装置称为电感式传感器。按其转换方式的不同可分为自感式、互感式、涡流式三种类型,按其结构形式的不同又可分为变气隙式、变面积式和螺管式。电感传感器由于输出功率大,灵敏度较高,稳定性好,使用、调整方便等优点而得到广泛的应用。

3.4.1　自感式传感器

自感式传感器大多属于变磁阻式,即被测量的变化引起电感元件的磁路磁阻变化从而使线圈的电感值发生变化。传感器的结构原理如图 3-14(a)所示。

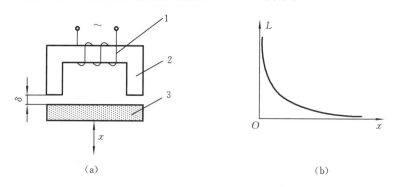

（a）　　　　　　　　　　　　　　（b）

图 3-14　自感式传感器结构原理及特性曲线

（a）结构原理；（b）特性曲线

1—线圈；2—铁心；3—衔铁

自感式传感器由线圈、铁心和衔铁组成,线圈缠绕在铁心上,铁心与衔铁间有空气气隙 δ,当线圈通以交变电流 i,由电磁感应定律,则产生磁通 Φ_m,形成磁通回路。其大小与所加电流成正比,即

$$N\Phi_m = Li \tag{3-27}$$

式中:N 为线圈匝数;L 为比例系数,即自感。

又根据磁路欧姆定律有

$$\Phi_m = \frac{F_m}{R_m} \tag{3-28}$$

式中:F_m 为磁动势;R_m 为磁阻。

由上两式得线圈自感

$$L = \frac{N^2}{R_m} \tag{3-29}$$

式中:N 为线圈匝数;R_m 为磁路总磁阻。

式(3-29)表明,当传感器的线圈匝数为常数时,电感 L 仅仅是磁路中磁阻的函数,因此,自感式传感器又称为变磁阻式传感器。

对于图 3-14 所示的传感器结构来说,当不考虑磁路的铁损且气隙较小时该磁路的总磁阻

$$R_m = \sum \left(\frac{l_i}{\mu_i A_i} \right) + \frac{2\delta}{\mu_0 A} \tag{3-30}$$

式中:l_i 为各段导磁体的长度;μ_i 为各段导磁体的磁导率;A_i 为各段导磁体的截面积;δ 为空气隙的厚度;μ_0 为真空磁导率;A 为空气气隙截面积。

由于铁心和衔铁中的磁阻比空气气隙中的磁阻小得多,计算时可忽略第一项得总磁阻,因而线圈的自感量可按下式计算

$$L = \frac{N^2 \mu_0 A}{2\delta} \tag{3-31}$$

由式(3-31)可见,线圈的自感量 L 是多个参量的函数,如果仅使其中一个参量发生变化,而其他参量固定不变,就会得到 L 与该参量的单值函数关系,按此原理可做成各种电感传感器。

常见的变磁阻式传感器按结构形式的不同分为三种:变气隙式、变面积式、螺管式电感器。

1) 变气隙式

图 3-14 中的衔铁随被测量上下移动,电感器的电感值 L 只与气隙大小有关。分析式(3-31)可知,变气隙式电感传感器的输入-输出特性是非线性的(见图 3-14)。欲提高变气隙式电感传感器的灵敏度,需减小气隙厚度,但是减小气隙厚度,会增加非线性误差,而且受到工艺结构与装配困难的限制。为保证一定的测量范围与线性度,常取 $\delta = 0.1 \sim 0.5$ mm,$\Delta\delta = (0.1 \sim 0.2)\delta$。但在实际应用中常采用差动结构。其结构原理如图 3-15(a)所示。

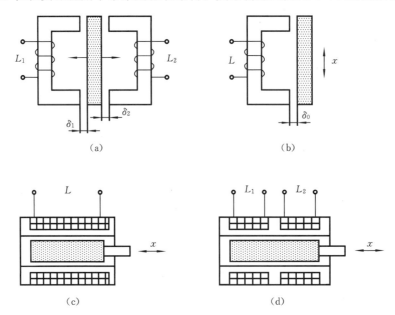

图 3-15　可变磁阻式自感传感器结构原理

(a) 差动变气隙式;(b) 变面积式;(c) 单螺管线圈型;(d) 双螺管线圈差动型

传感器采用差动结构,衔铁移动时线圈 L_1 变化(ΔL),线圈 L_2 变化($-\Delta L$),两个线圈接入电桥的相邻桥臂,利用电桥的输出特性,差动结构形式的自感传感器比单线圈元件的灵敏度提

高一倍,非线性度误差减小一个数量级。衔铁所受的电磁力也基本得到平衡抵消。

2) 变面积式

在图 3-14 中若保持气隙 δ 不变,令衔铁随被测对象左右移动,则有效的导磁截面积变化,即构成如图 3-15(b)所示变气隙面积式自感传感器。

变气隙面积式自感传感器的有效气隙面积 A 与衔铁左右移动的位移成正比,由式(3-31)可知,传感器的电感值 L 与衔铁的位移 x 成正比,即理论上灵敏度 S 为常数,但灵敏度比变气隙式小,量程较大。

3) 螺管式

图 3-15(c)所示为单螺管线圈型,当铁心在线圈中运动时,将改变线圈磁路的磁阻,使线圈自感发生变化。螺管式电感传感器结构简单、量程较大,制造容易,便于操作,应用广泛,但灵敏度低。图 3-15(d)所示为双螺管线圈差动型。这种传感器的线圈接入电桥中,构成电桥的两相邻桥臂,线圈电感 L_1、L_2 随铁心位移而差动变化,其输出特性如图 3-16 所示。这种由两个螺线管线圈组成的差动型结构较之单螺线管线圈形式有着更高的灵敏度和线性工作范围,常被用于电感测微仪上。其测量范围为 $0\sim300\ \mu m$,其分辨率可达 $0.5\ \mu m$。

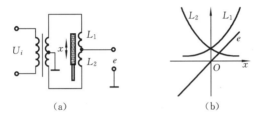

图 3-16　双螺管线圈差动型电桥电路及输出特性
(a) 电路;(b) 输出特性

3.4.2　互感式传感器

电感式传感器的工作原理是利用电磁感应中的互感现象,将被测位移量转换成线圈互感值的变化,其基本结构与原理和常用变压器类似,又称差动变压器或称变压器式传感器。

基本互感传感器的原理结构如图 3-17(a)所示,P 为可动铁心,变压器的原边为线圈 W,变压器的副边包括两个反接的次级线圈 W_1 和 W_2,副边两个线圈结构和匝数相同且对称布置于原边 W 两侧。

利用电磁感应中的互感现象,当原边 W 接入稳定交流激励电压 U_i 时,副边线圈 W_1、W_2 将分别产生感应电动势 e_1 和 e_2,感应电动势的大小与激励电流 i 的变化率成正比,即

$$e_1 = -M_1 \frac{\mathrm{d}i}{\mathrm{d}t} \tag{3-32}$$

$$e_2 = -M_2 \frac{\mathrm{d}i}{\mathrm{d}t} \tag{3-33}$$

式中:M_1、M_2 为比例系数,称为互感。这里,M_1 为次级线圈 W_1 与原边线圈 W 的互感,M_2 为次级线圈 W_2 和原边线圈 W 的互感,其大小与两线圈相对位置及周围介质的导磁能力等因素有关,它表明两线圈之间的耦合程度。

由于两个次级线极性反接,因此传感器输出电压为两者之差,即 $e_o = e_1 - e_2$。活动衔铁能改变线圈之间的耦合程度(即改变变压器原边和副边之间的互感系数 M_1、M_2),输出 e_o 的频率

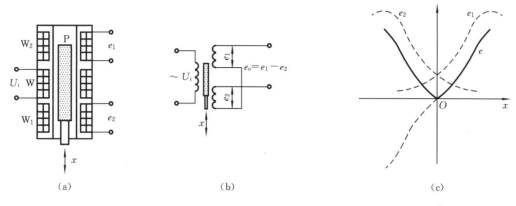

图 3-17　差动变压器式传感器及输出特性
（a）基本结构；（b）工作原理；（c）输出特性

与 U_i 的频率相同，幅值大小随活动衔铁的位置而改变。当活动衔铁居中时，$e_1 = e_2$，则 $e_o = e_1 - e_2 = 0$；当活动衔铁向上移动时，$e_1 > e_2$，$e_o > 0$，且 e_o 与 U_i 同相；当活动衔铁向下移时，$e_1 < e_2$，$e_o < 0$，且 e_o 与 U_i 反相。活动衔铁的位置反复变化，其输出电压 e_o 也反复变化。输出特性如图 3-17（c）所示。

　　互感式传感器利用这一原理将被测位移量（活动衔铁的移动）转换成线圈的互感值的变化，继而通过感生电动势差的变化输出。由于是采用两个次级线圈组成差动式，工程中常称为差动变压器。其结构形式有多种，以螺管型应用最为普遍，如图 3-17（a）所示。

　　值得注意的是：首先，差动变压器式传感器输出的电压是交流量，如用交流电压表指示，则输出值只能反映铁心位移的大小，而不能反映移动的方向性；其次，交流电压输出存在一定的零点残余电压，零点残余电压是由于两个次级线圈的结构不对称，以及初级线圈铜损电阻、铁磁材质不均匀、线圈间分布电容等原因所造成。所以，即使活动衔铁位于中间位置时，输出也可能不为零。因此，差动变压器式传感器的后接电路应采用既能反映铁心位移方向性，又能补偿零点残余电压的差动相敏检波电路输出，如图 3-18 所示。

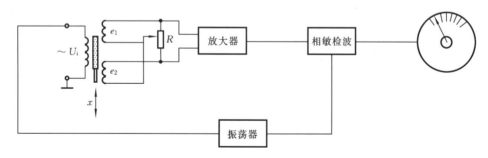

图 3-18　差动相敏检波电路的工作原理

　　当没有信号输入时，铁心处于中间位置，调节电阻 R，使零点残余电压减小；当有信号输入时，铁心上移或下移，其输出电压经交流放大、相敏检波、滤波后得到直流输出，由表头指示输入位移量的大小和方向。

　　差动变压器式传感器的主要特点如下：

　　① 结构简单，工作可靠，使用方便；

② 灵敏度高,每毫米位移可达几百毫伏输出,分辨率较高,有的型号的分辨率可达0.01 μm;

③ 测量准确度高(可达 0.1 μm),线性量程较大(个别专用型式可达到 ± 100 mm,视具体规格、结构尺寸而定),非线性指标可达 0.05%;

④ 频率响应较低,不适于高频动态测量,一般频响范围几百赫,目前国内研制成功的已达 20 kHz。

差动变压器式传感器广泛应用于直线位移的测量,借助于各种弹性元件可将力、压力、压差、加速度、流量、厚度、密度及转矩等各种物理量转换成位移变化,故这类传感器也可用于其他参量的测量。

3.4.3 涡流式传感器

当金属导体置于变化着的磁场中或者在磁场中运动时其内部都会产生感应电流,由于这种电流在金属导体内是自身闭合的,因此称为涡电流或涡流。

如图 3-19 所示,一线圈靠近一块金属板,两者相距 δ,当线圈中通以一交变高频电流时,会引起一交变磁通 Φ,由于该交变磁通的作用,在靠近线圈的金属表面内部产生一感应电流 i_1,该电流即为涡流,在金属板内部是闭合的。根据楞次定律,由该涡流产生的交变磁通 Φ_1,将与线圈产生的磁场方向相反,亦即 Φ_1 将抵抗 Φ 的变化。由于该涡流磁场的作用,线圈的等效阻抗 Z 将发生变化,其变化的程度除了与两者间的距离 δ 有关外,还与金属导体的磁导率 μ、电阻率 ρ 以及线圈的激磁电流圆频率 ω 等有关。即线圈的等效阻抗

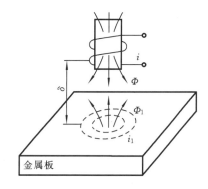

图 3-19　高频反射式涡流传感器

$$Z = f(\delta, \mu, \rho, \omega) \tag{3-34}$$

因此,改变上述四个参数中的任意一个,均可改变线圈的等效阻抗,从而可做成不同的涡流式电感传感器件。例如,改变 δ 来测量位移和振动,改变 ρ 或 μ 来测量材质变化或用于无损探伤等。

涡流式电感传感器可分为高频反射式和低频透射式两类。上面介绍的基本上是高频反射式,其激励电流 i 为高频(几兆赫以上)电流,这种传感器通常用来测量位移、振动等物理量。

低频透射式涡流传感器多用于测定材料厚度,其工作原理如图 3-20(a)所示。发射线圈 W_1 和接收线圈 W_2 分别放在被测材料 G 的上下,低频(音频范围)电压 e_1 加到线圈 W_1 的两端后,在周围空间产生一交变磁场,并在被测材料 G 中产生涡流 i,此涡流损耗了部分能量,使贯穿 W_2 的磁力线减少,从而使 W_2 产生的感应电势 e_2 减小。e_2 的大小与 G 的厚度及材料性质有关。实验与理论证明,e_2 随材料厚度 h 的增加而按负指数规律减小,如图 3-20(b)所示。因而由 e_2 的变化便可测得材料的厚度。

涡流传感器的测量电路一般有阻抗分压式调幅电路及调频电路。

涡流测振仪用分压式调幅电路的原理如图 3-21 所示。它由晶体振荡器、高频放大器、检波器和滤波器组成。由晶体振荡器产生高频振荡信号作为载波信号。由传感器输出的信号经与该高频载波信号作调制后输出的信号 e 为高频调制信号,该信号经放大器放大后再经检波与滤波即可得到气隙 δ 的动态变化信息。

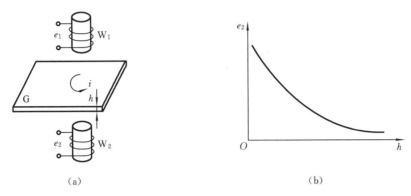

图 3-20　低频透射式涡流传感器的工作原理及输出特性

（a）工作原理；（b）输出特性

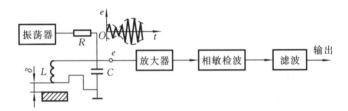

图 3-21　涡流传感器分压调幅电路

图 3-21 中涡流传感器 L 与固定电容 C 构成一谐振回路，其谐振频率

$$f = \frac{1}{2\pi\sqrt{LC}} \tag{3-35}$$

当谐振频率 f 与振荡器提供的振荡频率相同时，输出电压 e 最大。测量时，线圈阻抗随间隙 δ 而改变，此时 LC 回路失谐，输出信号 $e(t)$ 虽仍为振荡器的工作频率的信号，但其幅值随 δ 而发生变化，它相当于一个调幅波，电阻 R 的作用是进行分压，当 R 远大于谐振回路的阻抗值 $|Z|$ 时，输出的电压值则取决于谐振回路的阻抗值 $|Z|$。

不同的间隙 δ 或谐振频率 f 与输出电压 e 之间的关系见图 3-22。表示间隙 δ 与输出电压 e 之间的关系，由图可见，该曲线是非线性的，图中直线段是有用的工作区段。

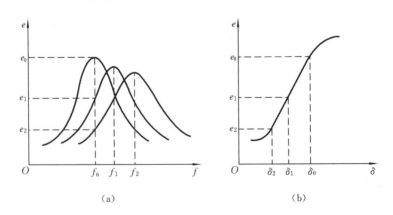

图 3-22　阻抗分压式调幅电路的谐振曲线及输出特性

（a）谐振曲线；（b）输出特性

与电容式传感器相似，涡流传感器也可用调频电路作测量电路，参看图 3-13。该法同样

把传感器线圈接成一个 LC 振荡回路。当被测量使涡流传感器电感量发生变化时,振荡器的振荡频率发生变化。与调幅电路不同的是将回路的谐振频率作为输出量。随着间隙 δ 的变化,线圈电感 L 亦将变化,由此使振荡器的振荡频率 f 发生变化。采用鉴频器对输出频率作频率/电压转换,即可得到与 δ 成正比的输出电压信号。

涡流式电感传感器由于结构简单、使用方便、分辨率高、不受油污等介质的影响以及可实现非接触式测量等一系列优点,已经在位移、振动、材料的无损探伤等诸多领域得到广泛应用。其测量的范围和精度取决于传感器的结构、尺寸、线圈匝数以及激磁频率等诸因素。可测量的距离可为 $0 \sim 30$ mm,线性度误差为 $1\% \sim 3\%$,分辨率最高可达 $0.05~\mu m$。

图 3-23 是电涡流传感器的应用实例。

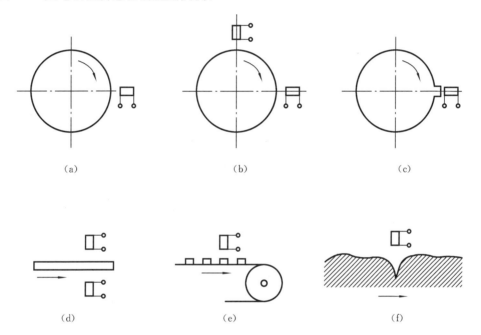

图 3-23 电涡流传感器应用实例

（a）轴振摆测量；（b）轴心轨迹测量；（c）转速测量；（d）材料厚度测量；

（e）物件计数；（f）表面探伤

3.5 压电式传感器

压电式传感器是一种有源传感器,亦称发电型传感器或能量转换型传感器。它是基于某些材料的压电效应为转换原理而工作的。

3.5.1 压电效应

压电效应最早是由法国人皮埃尔·居里和雅克·居里于 1880 年发现的。某些材料在承受机械应变作用时,内部就产生极化现象,从而在材料的相应表面会产生电荷;当外力除去后,又重新恢复到原来的状态,这种现象称为压电效应。反之,当在这些材料的极化方向上施加电场时,这些晶体物质也会产生变形,这种现象称为逆压电效应(又称电致伸缩效应)。压电式传感器就是利用了材料的正压电效应,通常均简称压电效应。

具有压电效应的材料称为压电材料。常见的压电材料有两类：压电单晶体有石英、酒石酸钾钠、电气石等；多晶压电晶体则有钛酸钡、锆钛酸钡、锆钛酸铅、铌镁酸铅等。多晶压电晶体又称压电陶瓷，是人工制造的压电材料。此外，近十几年还发展了有机高分子单晶或多晶聚合物，即高分子压电薄膜。

不同的压电材料，其产生压电效应的物理机理并不完全相同。下面以石英和压电陶瓷为例介绍压电效应产生的原因。

1. 石英晶体的压电效应

石英晶体是常用的压电材料之一。图 3-24(a)所示是天然石英晶体的常见外形。石英晶体的外形呈六面体结构，可用三根互相垂直的轴表示其晶轴，其中竖轴 z 轴称为光轴，穿过棱柱的棱线并垂直于光轴的 x 轴称为电轴，垂直于棱面的 y 轴称为机械轴。

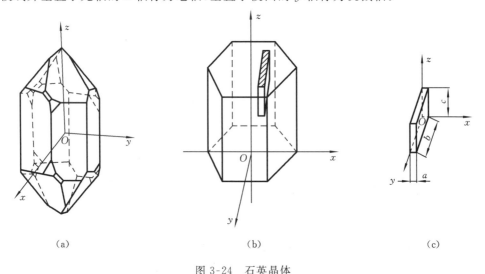

（a）　　　　　　　　（b）　　　　　　　　（c）

图 3-24　石英晶体

(a) 天然石英晶体的常见外形；(b) 切出平行六面体；(c) 六面体的尺寸

从石英晶体切出一个平行六面体，使它的晶面分别平行于电轴、光轴和机械轴，如图 3-24(b)所示。平行六面体的厚度、长度、宽度分别为 a、b、c，如图 3-24(c)所示。当沿 x 轴方向对它施加一个外力 F_x 时，晶体就发生极化现象，在受力表面产生电荷，如图 3-25(a)所示；当沿 y 轴方向对它施加一个外力 F_y 时，同样在垂直于 x 轴的表面产生电荷，但电荷极性与图 3-25(a)中情况相反，如图 3-25(b)所示。当沿 y 轴方向相对两平面切向加力时，同样在垂直于 x 轴的表面产生电荷，如图 3-25(c)所示。当以上情况的受力方向相反时，电荷极性也相反。当沿 z 轴方向施加外力时，不论力的大小方向如何，晶体表面均不产生电荷。沿 x 轴方向受力所产生的压电效应称为纵向压电效应，沿 y 轴方向受力所产生的压电效应称为横向压电效应。沿相对两平面切向加力产生的压电效应称切向压电效应。

石英晶体压电效应的产生是由于晶体的晶格在机械力的作用下发生变形引起的，这与其内部结构和组成有关。石英晶体的化学式是 SiO_2，它的每个晶格中有 3 个硅离子（带正电荷），6 个氧离子（带负电荷），1 个硅离子和 2 个氧离子交替排列（氧离子是成对出现的）。此现象可由图 3-26 来加以说明。当石英不受外力时，晶格如图 3-26(a)所示，正、负离子正好分布在正六边形的顶角上，此时正、负电荷中心重合，晶体表面不呈现带电状态。而当沿 x 轴方向施加压力时，晶格发生变形，硅离子的正电荷中心下移，氧离子的负电荷中心上移，如图 3-26(b)所示。此时，由于正、负离子的相对位置发生变化，正、负电荷中心不再重合，于是在垂直

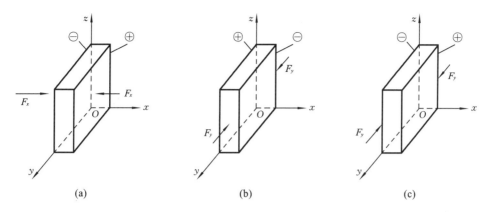

图 3-25 压电效应模型

（a）沿 x 轴向加载；（b）沿 y 轴向加载；（c）沿 y 轴向相对两平面切向加载

于 x 轴的上表面出现负电荷，下表面出现正电荷。反之，当沿 y 轴方向施加压力（或者沿 x 轴方向施加拉力）时，情况恰好相反，如图 3-26(c)所示。此时，x 轴的下表面出现负电荷，上表面出现正电荷。如果沿 z 轴方向施加作用力，因为晶体在 x 轴和 y 轴方向产生的变形相同，所以，正、负电荷中心仍保持重合，晶体不会产生压电效应。

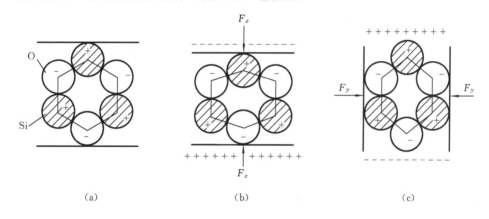

图 3-26 石英晶体压电效应示意图

（a）未加载；（b）纵向加载；（c）横向加载

2. 压电陶瓷的压电效应

压电陶瓷是人工制造的多晶压电材料，具有类似铁磁材料磁畴结构的电畴结构。电畴是分子自发形成的区域，它有一定的极化方向，从而存在一定的电场。在无外电场作用时，各个电畴在晶体中杂乱分布，它们的极化效应被相互抵消，因此原始的压电陶瓷呈中性，不具有压电性质。图 3-27(a)所示为钛酸钡压电陶瓷未极化时的电畴分布情况。

为了使压电陶瓷具有压电效应，必须在一定温度下通过强电场的作用，对其作极化处理，经处理后，电畴的极化方向发生转动，趋向于按外电场的方向排列，从而使材料得到极化，如图 3-27(b)所示。极化处理之后，陶瓷材料内部仍存在有很强的剩余极化强度，这样在陶瓷材料极化的两端就出现束缚电荷，一端为正电荷，另一端为负电荷，此束缚电荷吸引了一层来自外界的数量相等符号相反的自由电荷，因此其对外不呈现极性。当在极化方向上施加压力时，压电陶瓷有微小缩短，使已极化的电畴又有所转向，电场极化强度发生变化，使两极上电荷数量发生变化，这就是压电陶瓷的压电效应。

（a）　　　　　　　　　　　　　　　　　　（b）

图 3-27　钛酸钡压电陶瓷电畴结构

（a）未极化；（b）已极化

3. 压电方程与压电系数

根据压电效应原理，压电元件表面的电荷密度 Q 与作用在压电元件的平面上的力成正比。此比例系数即压电系数或称压电常数，它与材质、切片方向及力的作用方向有关。

一般采用数字下标表示压电晶体平面或受力方向，即用 1、2、3 分别表示 x、y、z 三个轴的方向，而以 4、5、6 表示沿 x、y、z 三个轴向的切向作用。下标符号的顺序，如 d_{ij} 表示 j 方向受力而在 i 方向上得到电场。

例如，当平行于 x 轴的力 F_x 作用在压电转换元件的平面上时，压电元件表面的电荷密度 Q 为

$$Q = d_{11}\sigma_1 = d_{11}\frac{F_x}{A_x} \tag{3-36}$$

式中：d_{11} 为压电系数，即晶体承受单位力作用时产生的电荷量；σ_1 为 A_x 面上的应力。

式（3-36）表明，在压电晶体弹性变形的范围之内，电荷密度与作用力之间的关系是线性的。

3.5.2　压电式传感器的等效电路

为了测量压电晶片两工作面上产生的电荷，要在此两个面上做电极，通常用金属蒸镀法蒸镀上一层金属薄膜，材料多为银或金，从而构成两个相应的电极，如图 3-28（a）所示。当晶片受外力作用而在两极上产生等量而极性相反的电荷时，便形成了相应的电场。因此压电传感器可视为一个电荷发生器，也是一个电容器，其电容量为

$$C_a = \frac{\varepsilon_r \varepsilon_0 A}{\delta} \tag{3-37}$$

式中：ε_r 为压电材料相对介电常数，石英的 $\varepsilon_r = 4.5$；ε_0 为真空介电常数，$\varepsilon_0 = 8.85 \times 10^{-12}$ F/m；A 为压电片面积；δ 为压电片厚度。

因此，压电传感器可以等效为一个与电容相并联的电荷源，如图 3-28（b）所示。等效电路中电容器上的开路电压 U_a、电荷量 Q 以及电容量 C_a 之间的关系为

$$U_a = \frac{Q}{C_a} \tag{3-38}$$

压电式传感器也可等效为一个与电容相串联的电压源，如图 3-28（c）所示。

实际压电式传感器中往往用两个或两个以上的晶片进行并联或串联。串联时（见图 3-29（a）），正电荷集中在上极板，负电荷集中在下极板，串联法传感器本身电容小，输出电压大，适用于以电压作为输出信号的场合，并要求测量电路有很高的输入阻抗。并联时（见图

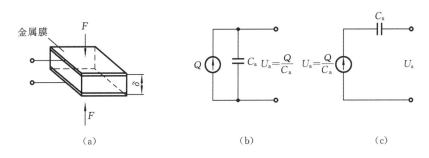

图 3-28　压电传感器的等效电路

(a) 压电元件；(b) 等效电荷源；(c) 等效电压源

3-29(b))两晶片负极集中在中间极板上，正电极在两侧的电极上，并联时电容量增大，输出电荷量大，时间常数大，宜于测量缓变信号，适用于以电荷量输出的场合。

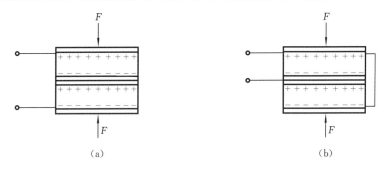

图 3-29　压电元件的串、并联

(a) 串联；(b) 并联

压电式传感器在实际使用时总要与测量仪器或测量电路连接，由于压电式传感器本身所产生的电荷量很小，而传感器本身的内阻又很大，因此，压电式传感器连接入后续测量电路，还必须考虑连接电缆的等效电容 C_c、前置放大器的输入电阻 R_i、输入电容 C_i 以及压电式传感器本身的漏电阻 R_a。这样压电式传感器在测量系统中的实际等效电路如图 3-30 所示。

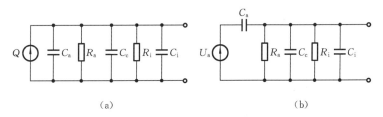

图 3-30　压电式传感器的实际等效电路

(a) 电荷源；(b) 电压源

压电元件在传感器中必须有一定的预紧力，以保证作用力变化时，压电元件始终受到压力。其次要保证压电元件与作用力之间的全面均匀接触，以获得输出电压(或电荷)与作用力的线性关系。但预紧力也不能太大，否则会影响其灵敏度。

3.5.3　测量电路

压电式传感器由于本身所产生的电荷量很小，而内阻又很大，因此其输出信号十分微弱，这给后续测量电路提出了很高的要求。为了顺利地进行测量,要将压电传感器先接到高输入阻抗的前置放大器,经阻抗变换后再采用一般的放大、检波电路处理,方可将输出信号提供给指示及记录仪表。

前置放大器的主要作用有两点:一是将传感器的高阻抗输出变换为低阻抗输出;二是放大传感器输出的微弱电信号。

前置放大器电路有两种形式。一种是电压放大器(见图 3-31),其输出电压与输入电压

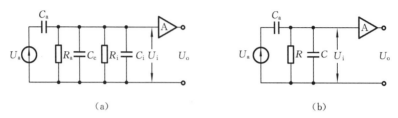

$$(a) \qquad\qquad (b)$$

图 3-31　电压放大器电路原理图及其等效电路

(a) 电压放大器电路原理图;(b) 等效电路

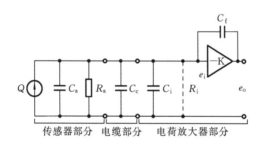

图 3-32　电荷放大器等效电路

(即传感器的输出)成正比,但输出电压还与电容 C 密切关联,由于电容 C 中包括电缆的分布电容 C_c 和放大器输入电容 C_i,那么电缆过长或位置变化均会造成输出的不稳定变化,从而影响仪器的灵敏度。另一种是带电容反馈的电荷放大器(见图 3-32),当略去漏电阻 R_a 和放大器输入电阻 R_i 时,则有

$$Q = e_i(C_a + C_c + C_i) + (e_i - e_o)C_f = e_iC + (e_i - e_o)C_f \tag{3-39}$$

式中:e_i 为放大器输入端电压;e_o 为放大器输出端电压;C_f 为放大器反馈电容。

根据 $e_o = -Ke_i$,K 为放大器开环放大增益,则有

$$e_o = \frac{-KQ}{(C + C_f) + KC_F} \tag{3-40}$$

当放大器的开环放大增益足够大时,其输出端电压

$$e_o = \frac{-Q}{C_f} \tag{3-41}$$

式中:C_f 为放大器反馈电容;Q 为压电传感器产生的电荷量。

由式(3-41)可知,在一定条件下,电荷放大器的输出电压与压电传感器产生的电荷量成正比,与电缆引线所形成的分布电容无关。从而电荷放大器彻底消除了电缆长度的改变对测量精度带来的影响,因此是压电传感器常用的后续放大器。尽管电荷放大器的优点十分明显,但其电路构造复杂,因而造价较高。

电压放大器与电荷放大器相比,电路简单、价格便宜,但是,电缆分布电容对传感器测量精

度影响很大,故而在某些场合限制了其应用。电荷放大器电路较复杂,但电缆长度变化的影响几乎可以忽略不计,故而电荷放大器的应用日益增多。

3.5.4 压电式传感器的应用

压电式传感器具有使用频带宽、灵敏度高、结构简单、工作可靠、质量轻等优点,在工程上有着广泛的应用。压电式传感器常用于振动(加速度)、力、压力及能转换为动态力的测量,也用于超声波探头等。

压电加速度传感器通常被广泛用于振动测量。其主要特点是输出电压大、体积小以及固有频率高,这些特点对测振都是十分必要的。压电加速度传感器按其晶片受力状态可分为压缩式和剪切式两种类型。图 3-33(a)所示为压缩式压电加速度传感器结构,它主要由基座、两片并联的压电晶片、质量块、弹簧和外壳组成。基座固定在被测物体上,基座的振动使质量块产生与振动加速度方向相反的惯性力,惯性力作用在晶片上,使压电晶片的表面产生交变电压输出,这个输出电压即与加速度成正比,经后续测量电路处理后即可得到加速度的信息。图 3-33(b)为环形剪切式压电加速度传感器结构。此外,还有三角剪切式等结构形式。

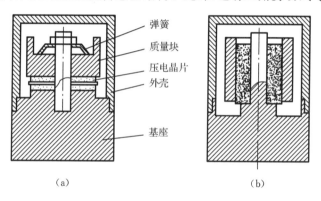

（a）   （b）

图 3-33 压电加速度传感器
（a）压缩式;（b）剪切式

3.6 磁电式传感器

磁电式传感器是一种基于电磁感应原理,将被测物理量转换为感应电动势的装置,亦称电磁感应式或电动力式传感器,是一种机-电能量变换型传感器,属于无源传感器,亦称发电型传感器。传感器本身不需外部供电电源。

根据法拉第电磁感应定律,对于一个匝数为 N 的线圈,当穿过该线圈的磁通 Φ 发生变化时,线圈中产生的感应电动势为

$$e = -N \frac{\mathrm{d}\Phi}{\mathrm{d}t} \tag{3-42}$$

由此可见,线圈感应电动势的大小取决于线圈的匝数和穿过线圈的磁通变化率。而磁通变化率又与磁场强度、磁路磁阻以及线圈相对于磁场的运动速度有关。如果改变其中任何一个因素,都会导致线圈中产生的感应电动势发生变化,从而可得到相应的不同结构形式的磁电式传感器。这就是磁电式传感器的变换原理。磁电式传感器一般可分为动圈式、动铁式和变磁通式。动铁式运用相对较少,这里主要介绍动圈和变磁通式磁电传感器。

3.6.1 动圈式磁电传感器

动圈式磁电传感器又称恒定磁通式，它可分为线速度型、角速度型两种。图 3-34(a) 所示为线速度型磁电传感器的工作原理。在永久磁铁及壳体（一般用磁导率高的材料如软铁）组成的具有恒定磁通的环形磁场中，放置一个可动线圈，线圈通过弹簧与传感器壳体耦合，当线圈在磁场中垂直于磁场方向做直线运动时，它所产生的感应电动势

$$e = NBLv\sin\theta \tag{3-43}$$

式中：N 为有效线圈匝数，指在均匀磁场内参与切割磁力线的线圈匝数；B 为磁场的磁感应强度；L 为单匝线圈有效长度；v 为线圈相对于磁场的运动速度；θ 为线圈运动方向与磁场方向的夹角。

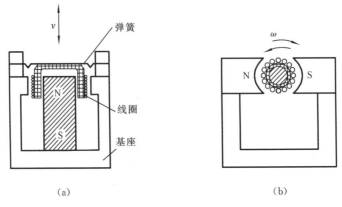

(a)　　　　　　　　　　　　　　　　　(b)

图 3-34　动圈式磁电传感器
(a) 线速度型；(b) 角速度型

当线圈方向与磁场方向垂直即 $\theta = 90°$ 时，式(3-43)可写为

$$e = NBLv \tag{3-44}$$

由式(3-44)可知，当传感器结构参数确定后，B、L、N 均为常数，感应电动势 e 与线圈相对于磁场的运动速度成正比。由于直接测到的是线圈的运动速度，故这种传感器亦称速度传感器。这就是常见的磁电式速度计的工作原理。依此原理可做成测量振动用的磁电式速度传感器。

图 3-34(b) 所示为角速度型传感器工作原理。线圈在磁场中转动时所产生的感应电动势为

$$e = kNAL\omega \tag{3-45}$$

式中：ω 为线圈转动的角频率；A 为单匝线圈的截面积；k 为取决于结构的系数。

式(3-45)表明，当传感器结构参数一定时，N、B、A 均为常数，感应电动势只与线圈相对磁场的角速度成正比。基于此原理可做成用于测量轴的角速度的传感器。但工程实际中用类似原理测量轴的角速度很少直接采用这种原理，而是用测速发电机（可参看电工学相关内容）。

磁电式速度传感器又分绝对速度传感器和相对速度传感器。图 3-35 所示为一磁电式绝对速度传感器。使用时，将传感器壳体基座牢固地安装在被测物待测振动的部位，当基座振动时，传感器内的线圈也随之按照一定的运动规律相对于基座一起振动。此类速度传感器广泛用于振动测量。

将动圈式磁电传感器中产生的感应电动势 e 经电缆接入电压放大器。感应电动势经放大、检波后即可推动指示仪表，若经微分或积分电路，又可得到相应的被测对象的振动位移和振动加速度。

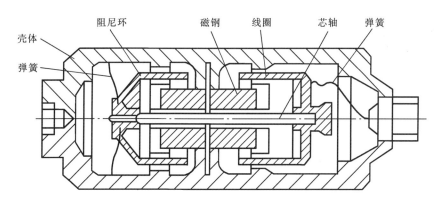

图 3-35　磁电式绝对速度传感器

3.6.2　变磁通式磁电传感器

变磁通式又称变磁阻式。变磁通式磁电传感器的工作原理是:线圈与磁铁固定不动,通过运动着的被测物体(导磁材料)改变磁路的磁阻,从而引起磁力线增强或减弱,使线圈产生感应电动势。此种传感器主要由永久磁铁及线圈组成,其结构原理如图 3-36 所示。图 3-36(a)为开路变磁通式,线圈和永久磁铁静止不动,测量齿轮(导磁材料制成)安装在被测轴上,随轴一起转动,每转过一个齿,传感器磁路磁阻就变化一次,线圈产生的感应电动势的变化频率等于测量齿轮上齿轮的齿数和转速的乘积。图 3-36(b)为闭合磁路变磁通式,被测转轴带动椭圆形测量齿轮在磁场气隙中转动,使气隙平均长度周期性变化,因而磁路磁阻也周期性变化,磁通同样周期性变化,则在线圈中产生感应电动势,其频率 f 与测量齿轮的转速 n(r/min)成正比。

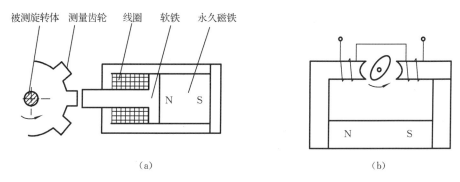

（a）　　　　　　　　　　　　　　（b）

图 3-36　变磁通磁电感应式传感器
(a) 开路变磁通式;(b) 闭合变磁通式

变磁通式传感器对环境条件要求不高,能在 $-150\sim90$ ℃的温度下工作,不影响测量精度,也能在油、水雾、灰尘等条件下工作。但它的工作频率下限较高,约为 50 Hz,上限可达 100 Hz。

3.7　光电式传感器

光电式传感器是一种将光信号变化转换为电信号的传感器。在工程中用这种传感器测量其他非电量时,只需将这些非电量(如转速、位置、浑浊度等)的变化转换成光信号的变化,然后通过光电元件将相应的光信号转换成电信号。这种测量方法具有结构简单、非接触、反应快、精度高、不易受电磁干扰等优点，因而得到广泛应用。

光电式传感器的工作基础是光电效应。其按作用原理主要分为以下几类。

第一类，在光线作用下能使电子逸出物体表面的称为外光电效应。基于外光电效应的光电元件有光电管、光电倍增管等。

第二类，在光线作用下能使物体电阻率发生改变的称为内光电效应，又称光电导效应。基于光电导效应的光电元件有光敏电阻。另外，还常常把阻挡层光电效应也归入内光电效应中。在光线作用下能使物体产生一定方向电动势的称为阻挡层光电效应，基于阻挡层光电效应的光电元件，主要有光电池、光电晶体管（如光敏二极管、光敏三极管）等。

光电式传感器通常由光源、光通路、光电转换元件和测量电路几部分组成，如图 3-37 所示。

图 3-37　光电式传感器的组成

3.7.1　光的性质与常用光源

1. 电磁波谱

光是一种电磁波，不同波长的光分布如图 3-38 所示，这些光的频率（波长）虽然不同，但都具有反射、折射、散射、衍射、干涉和吸收等性质。由光的粒子学说可知，光可以看成由一连串具有一定能量的粒子（称为光子）所构成，每个光子具有的能量

$$E = hf \tag{3-46}$$

式中：h 为普朗克常量，$h = 6.626 \times 10^{-34}$ J·s；f 为光的频率。

由此可见，光的频率越高，即波长越短，光子的能量就越大。

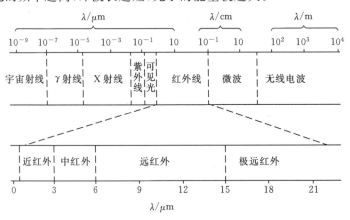

图 3-38　电磁波谱图

2. 常用光源及其特性

1）白炽光源

这类光源最常用的是钨丝灯泡，其辐射近似为黑体辐射。辐射波长范围很大，从可见光到红外波段。使用时，常加滤色片来获得不同段频率的光。

白炽光源廉价,使用方便,容易获得;缺点是稳定性差,寿命短(通常只有几百小时),可作为某些传感器的光源。

2) 气体放电光源

气体放电光源常用的有碳弧灯、低压或高压水银弧灯、钠弧灯、氙弧灯等。水银弧灯的光色近似于日光。钠弧灯发出的光呈黄色,发光效率特别高(200 lm/W)。氙弧灯功率最大,光色也与日光相似。

这类光源辐射需要维持一定的温度,且其光谱结构特性还与气体成分相关。其中,原子辐射光谱呈现许多分离的明线条,称为线光谱。分子辐射光谱是一段一段的带,称为带光谱。

3) 气体激光器

常见的气体激光器有氦氖、二氧化碳和氩离子激光器等。氦氖激光器是一种最常用的气体激光器。它有三个主要输出波长:$0.63~\mu m$、$1.15~\mu m$ 和 $3.39~\mu m$。它是一种廉价、低功率($0.1\sim100~mW$)、高相干光源。其特点是:易实现单模工作,线宽很窄,辐射密度很高,与单模光导纤维耦合效率高。

二氧化碳激光器的工作波长为 $10.6~\mu m$,工作在远红外波段,输出功率较大,常用在探测大气成分的光雷达中。

氩离子激光器工作波长为 $0.516~\mu m$,具有很高的亮度,但价格昂贵,效率低。

4) 固态激光器

固态激光器主要是指固态钕离子激光器等。这类激光器体积小,坚固耐用,高功率,高辐射密度,发射光谱均匀且窄,允许单模工作。

5) 半导体激光器

半导体激光器体积小巧,坚固耐用,寿命长($10^6\sim10^7~h$),可靠性高,辐射密度适中,工作电源简单。半导体激光器是光导纤维传感器等最重要的光源。这类光源有非相干辐射的发光二极管(LED)和相干辐射的半导体激光二极管(LD)等。

(1) 发光二极管(LED)。发光二极管分表面发光、端面发光和超辐射三种型号。其共同特点是辐射光的相干长度只有几微米,输出随正偏电源变化近似于线性,可直接进行幅度调制,例如,表面发光型 LED 的调制频率达几兆赫,端面发光型 LED 超过 100 MHz。

作为光导纤维传感器的光源时,表面发光型 LED 是多模光导纤维系统的良好光源,但不适用于干涉型光导纤维传感器或其他单模光导纤维系统。端面发光型 LED 辐射密度大(约为表面发光型的两个数量级),因此更适合于多模或单模光导纤维传感器。超辐射 LED 是一种细长条结构的高输出功率端面发光型 LED,具有较好的定向输出光。

(2) 半导体激光二极管(LD)。LD 是一种通用的高功率密度光源,辐射功率大都在 10 mW 左右。其突出特点是方向性相当强,辐射密度高达 $10^8~W/(sr\cdot cm^2)$。工作波长在 $850\sim900~nm$,平均寿命超过 $10^6~h$。

3. 光敏传感器光源的选择原则

以上光源都可作为光敏传感器的光源。光敏传感器对光源的基本要求是相同的,即要有适当特性的、功率足够大的光到达光电转换器件,以确保检测系统有足够高的信噪比。因此,选择光源时,应遵循以下原则。

(1) 根据检测系统要求,选择的电源辐射强度要足够大,并且要求在光敏元件的工作波长上有最大的辐射功率。

（2）光源波长与光敏元件工作波长相匹配，以便获得最大的光电转换效率。

（3）所选光源的稳定性要好，室温下能长期稳定地工作。

3.7.2　外光电效应和光电管

在光照作用下，物体内的电子逸出物体表面向外发射的现象，称为外光电效应，亦称光电子发射效应。一般在金属中都存在着大量的自由电子，普通条件下，它们在金属内部做无规则的自由运动，不能离开金属表面。当物体中电子吸收的入射光子能量超出逸出功 A_0 时，电子就会逸出物体表面，产生光电子发射，入射光子的能量为

$$hf = \frac{1}{2}mv_0^2 + A_0 \tag{3-47}$$

式中：m 为电子质量；v_0 为电子逸出速度。

式（3-47）称为爱因斯坦光电效应方程。它阐明了光电效应的基本规律：光子能量必须大于逸出功才能产生光电子；入射光的频谱成分不变，照射的光越强，产生的光电子越多。

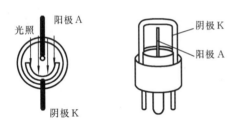

图 3-39　真空光电管的结构示意图

基于外光电效应的器件属于光电发射型器件，主要有光电管、光电倍增管等。光电管有真空光电管和充气光电管。真空光电管的结构如图 3-39 所示。在一个真空的玻璃泡内装有两个电极，一个是光电阴极，一个是光电阳极。光电阴极 K 由半圆筒形金属片制成，用于在入射光照下发射电子，通常采用逸出功小的光敏材料（如铯 Cs）。阳极 A 为位于阴极轴心的一根金属丝，它的作用一方面是有效接受阴极发射的电子，另一方面是避免入射光对阴极的辐射。光线照射到光敏材料上便有电子逸出，这些电子被具有正电位的阳极所吸引，在光电管内形成空间电子流，在外电路中就产生电流。若外电路串入一定阻值的电阻，则在该电阻上的电压降或电路中的电流大小都与光强成函数关系，从而实现光电转换。

光电管的特性主要取决于光电阴极材料，不同的阴极材料对不同波长的光辐射有不同的灵敏度，表征光电阴极特性的主要参数是它的频谱灵敏度、域波长和逸出功。

3.7.3　内光电效应及相应的光电元件

物体（通常为高电阻率的半导体材料）受光照射吸收光子能量后，产生电阻率降低而易于导电或产生光电动势的现象称为光电导效应，为了与外光电效应对应，光电导效应又称为内光电效应。内光电效应与外光电效应不同，外光电效应产生于物体表面层，在光照作用下，物体内部的自由电子逸出到物体外部。而内光电效应则不发生电子逸出，在光照作用下物体内部原子吸收能量释放电子，这些电子仍停留在物体内部，从而使物体的导电性能发生变化。

属于内光电效应的光电转换元件主要有光敏电阻、光敏二极管、光敏三极管和光电池。

1. 光敏电阻

光敏电阻又称光导管，是一种均质半导体光电元件，具有灵敏度高、体积小、质量轻、光谱响应范围宽、机械强度高、耐冲击和振动、寿命长等优点，所以被广泛用作自动化技术中的开关式光电信号传感元件。

光敏电阻的结构与工作原理如图 3-40 所示,光敏电阻由一块两边带有金属电极的光电半导体组成,使用时在它的两电极上施加直流或交流工作电压。在无光照射时,光敏电阻 R_g 呈高阻态(兆欧数量级),回路中仅有微弱的暗电流通过。在有光照射时,光敏材料吸收光能,使电阻率变小,光敏电阻 R_g 呈低阻态(千欧数量级),从而在回路中有较强的亮电流通过。光照越强,阻值越小,亮电流越大。当光照停止时,光敏电阻又逐渐恢复原值呈高阻态,电路又只有微弱的暗电流通过。

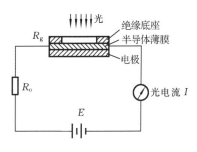

图 3-40　光敏电阻的结构与工作原理

光敏电阻的材料种类很多,适用的波长范围也不一样,如硫化镉、硒化镉适用于可见光范围,氧化锌、硫化锌适用于紫外光范围,硫化铅、碲化铝等材料则适用于红外线范围。

如图 3-41 所示,光敏电阻结构简单,通常采用涂敷、喷涂等方法在陶瓷绝缘衬底上涂上光导电层,在光导电层上蒸镀金属形成梳状电极,然后接出引脚并用带有玻璃的外壳严密地封装起来(见图 3-41(d)),以减小湿度对灵敏度的影响。除金属封装外,常见的还有一种无外壳,但在其表面涂上一层防潮树脂(见图 3-41(b))的光敏电阻。

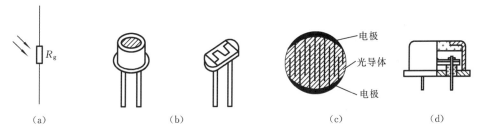

图 3-41　光敏电阻

(a) 符号;(b) 外形;(c) 梳状电极;(d) 内部结构

光敏电阻没有极性,它的工作偏压可以是直流电压,也可以是交流电压。

光敏电阻主要有下列特性指标。

(1) 光电流、暗电流、暗电阻。光敏电阻在未受到光照时呈现的阻值称为暗电阻,此时流过的电流称暗电流。光敏电阻在某一光照条件下呈现的阻值称亮电阻,此时流过的电流称亮电流。亮电流与暗电流之差为光电流。光电流的大小表征光敏电阻灵敏度的大小。一般希望暗电阻大、亮电阻小,这样暗电流小、亮电流大,相应的光电流便大。光敏电阻的暗电阻大多很大,一般为兆欧级,而亮电阻则在千欧级。

(2) 光照特性。光敏电阻的光电流 I 与光通量 $\varPhi$ 的关系曲线称为光敏电阻的光照特性。一般来说,光敏电阻的光照特性呈非线性,如图 3-42 所示,且不同材料的光照特性均不一样。

(3) 光谱特性。对不同波长的入射光,光敏电阻的相对灵敏度是不一样的。因此在选用光敏电阻时应当把光敏电阻元件与光源结合起来考虑,才能获得所希望的效果,如图 3-43 所示。

(4) 频率特性。光敏电阻的光电流对光照强度的变化有一定的响应时间,通常用时间常数来描述这种响应特性。光敏电阻自光照停止到光电流下降至原值的 63% 时所经过的时间称为光敏电阻的时间常数。

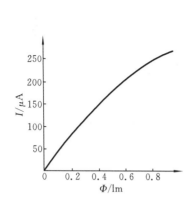
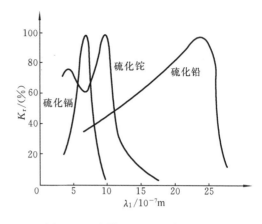

图 3-42　光敏电阻的光照特性曲线　　　图 3-43　光敏电阻的光谱特性曲线

（5）光谱温度特性。和其他半导体材料一样，光敏电阻的光学与电学性质也受温度的影响。温度升高时，暗电阻和灵敏度下降。温度的变化也影响到光敏电阻的光谱特性。因此，为提高光敏电阻对较长波长光照（如远红外光）的灵敏度，需要采取降温措施。

2. 光敏二极管

光敏晶体管分为光敏二极管和光敏三极管。

光敏二极管与光敏电阻相比有响应速度快、频率响应好、可靠性高、体积小、质量轻等优点，某些光敏二极管（如 PN 结光敏二极管、雪崩型光敏二极管等）的灵敏度也很高，广泛应用于可见光和红外光的探测，以及用于自动控制、自动计数、自动报警等领域。

光敏二极管是一种利用受光照射时载流子增加的 PN 结型半导体光电器件，光敏二极管的结构与一般二极管相似，它的 PN 结位于管的顶部，便于直接受到光照射。其工作原理、外形与符号如图 3-44 所示。

光敏二极管在电路中呈反向偏置状态，如图 3-44（b）所示。在无光照时，光敏二极管呈现很大的反向电阻，可达兆欧级，只有少数载流子在反向偏压下流过 PN 结，形成微小的暗电流（反向饱和电流），一般为纳安数量级；但有光照射时，PN 结受光子轰击吸收其能量，产生电子-空穴对，在结电场作用下，电子向 N 区运动，空穴向 P 区运动，形成光电流，方向与反向电流一致，光照越强光电流越大，光照射的反向电流基本上与光强成正比。因此，光敏二极管不受光照射时，反向处于截止状态，受光照时反向处于导通状态。

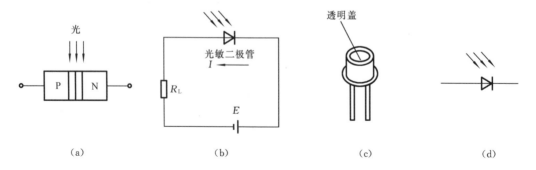

图 3-44　光敏二极管工作原理、连接、外形与符号
（a）工作原理；（b）连接；（c）外形；（d）符号

光敏二极管的照度-光电流特性称为光敏二极管的光照特性。通常硅光敏二极管的光电流与照度基本上成线性关系。在一定照度下,输出的光电流(或相对灵敏度)随光波波长的变化而变化,这就是光敏二极管的光谱特性。如果照射在光敏二极管上的是波长一定的单色光,则当它们具有相同的入射功率时,输出的光电流会随波长而变化。对于采用一定半导体材料和工艺做成的光敏二极管,其必须对应一定波长范围(即光谱)的入射光才会有响应。

3. 光敏三极管

光敏三极管有 NPN 和 PNP 两种类型,结构与一般晶体三极管相似。由于光敏三极管是光致导通的,因此它的发射极一般做得很小,以扩大光的照射面积。当光照射到光敏三极管的 PN 结附近时,PN 结附近便产生电子-空穴对,这些电子-空穴对在内电场作用下做定向运动从而形成光电流。这样便使 PN 结的反向电流大大增加。由于光照射发射极所产生的光电流相当于三极管的基极电流,因此集电极的电流为光电流的 β 倍,故光敏三极管的灵敏度比光敏二极管的灵敏度要高。

光敏三极管的结构外形与光敏二极管相似,大多数光敏三极管的基极无引出线,仅有集电极和发射极两端引线。图 3-45 为 NPN 型光敏三极管的符号、等效电路及外形。

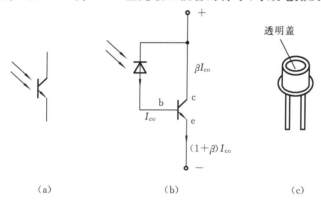

图 3-45　光敏三极管符号、等效电路及外形
(a) 符号；(b) 等效电路；(c) 外形

光敏晶体管主要有下列特性。

1) 光照特性

图 3-46 所示为硅光敏二极管和硅光敏三极管的光照特性曲线,可以看出,两条曲线均近似为直线,但相对而言,二极管的线性度要好于三极管的线性度。光敏三极管在小照度时光电流随照度的增加增加较小,在光照度较大(几千勒克斯)时有饱和现象(图中未示出),这是因为三极管的电流放大倍数在小电流和大电流时都下降。

2) 伏安特性

图 3-47 所示为硅光敏二极管和三极管的伏安特性,显然在不同的照度下,其伏安特性就和一般的晶体管在不同基极电流时的输出特性一样。另外,光敏三极管的光电流比相同管型的二极管的光电流大数百倍。

3) 光谱特性

图 3-48 所示为硅和锗光敏三极管的光谱特性曲线。当入射波长超过峰值波长再增加时,相对灵敏度下降。这是由于光子能量太小,不足以激发电子-空穴对。当入射波长过分短时,灵敏度也会下降,这是因为光子在半导体表面附近激发的电子-空穴对不能达到 PN 结。从图

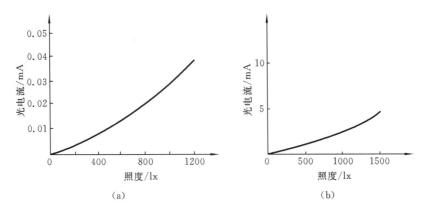

图 3-46　光敏管的光照特性

(a) 硅光敏二极管；(b) 硅光敏三极管

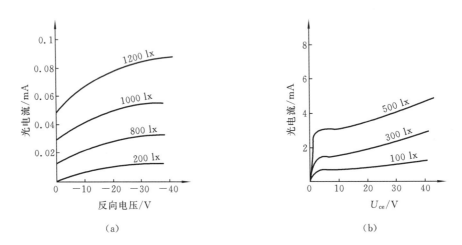

图 3-47　光敏管的伏安特性

(a) 硅光敏二极管；(b) 硅光敏三极管

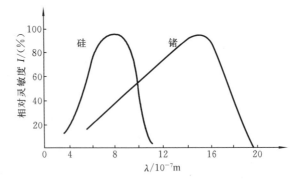

图 3-48　光敏三极管的光谱特性曲线

中还可看到，硅管的峰值波长为 $0.9~\mu m$ 左右，锗管的峰值波长为 $1.5~\mu m$ 左右。另外锗管的暗电流比较大，因此锗管的性能较差。故在可见光下或探测炽热物体时，较多采用硅管。在红外区探测时采用锗管较合适。

4）响应时间

光敏晶体管的输出响应有一定的响应时间,一般锗管的响应时间常数为 2×10^{-4} s 左右,锗管为 10^{-3} s 左右。

4. 光电池

光电池是一种利用光生伏特效应把光能直接转换成电能的半导体器件。

光生伏特效应是指半导体材料 PN 结受到光照后产生一定方向的电动势的效应,因此光生伏特型光电器件是自发电式的,属有源器件。以可见光作光源的光电池是常用的光生伏特型器件,硒和硅是光电池常用的材料,也可以使用锗。

光电池的作用原理:当光照射到光电池的 PN 结的 P 型面上时,如果光子能量 hf 大于半导体材料的禁带宽度,则 P 型面每吸收一个光子便激发一个电子-空穴对。在 PN 结的电场作用下,N 区的光生空穴将被拉向 P 区,P 区的光生电子被拉向 N 区。结果在 N 区便会积聚负电荷,在 P 区积聚正电荷。这样,在 N 区和 P 区间便形成电势区。若将 PN 结两端用导线连接起来,电路中便会有电流通过,方向从 P 区流向外电路至 N 区(见图 3-49)。

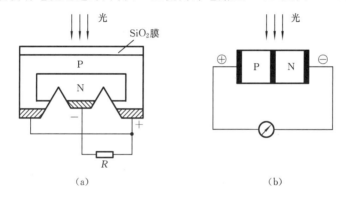

图 3-49　光电池的结构原理

硅太阳能电池具有轻便、简单,不会产生气体或热污染,易于适应环境等特点。因此凡是不能铺设电缆的地方都可采用太阳能电池,它尤其适合用于为宇宙飞行器的各种仪表提供电源。

3.7.4　光电元件的测量方法及应用

光电测量方法灵活多样,可测参数众多,加之激光光源、光栅、光学码盘、CCD 器件、光导纤维等的相继出现和成功应用,使得光电传感器在检测和控制领域得到了广泛的应用。光电元件的输出可分为模拟量输出和开关量输出两大类。

1. 模拟量输出

这类应用中光电元件(如光敏电阻、光敏二极管、光敏三极管等)将被测量转换成连续变化的电量。按测量方式的不同光电元件的测量方式主要有以下四种(见图 3-50)。

1）被测物体本身是辐射源

由被测物体本身发出的光通量射向光敏元件,如图 3-50(a)所示。光电高温计、光电比色高温计、红外探测与遥感等均属于此类,其中,被测物的光通量和光谱的强度分布都是被测物本身温度的函数。

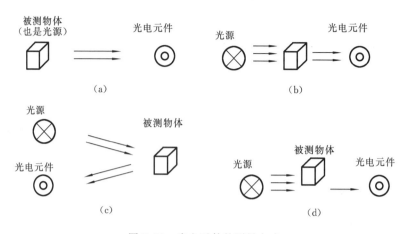

图 3-50　光电元件的测量方式

(a)被测物体本身是辐射源；(b) 被测物体位于恒定光源与光电元件之间；

(c) 恒定光源的光通量投射到被测物体上，再从被测物体表面反射到光电元件上；

(d) 被测物体位于恒定光源与光电元件之间

2）被测物体位于恒定光源与光电元件之间，吸收部分光源

根据被测物体对光的吸收程度或对其谱线的选择来测定被测物体介质中的被测参数，如测量气体、液体的透明度、混浊度；分析气体成分、测定液体中某种物质含量等，如图 3-50(b)所示。

3）恒定光源的光通量投射到被测物体上，再从被测物体表面反射到光电元件上

根据反射的光通量多少测定被测物体表面性质和状态，例如，测量零件表面粗糙度、表面缺陷、表面位移及表面白度、露点、湿度等，如图 3-50(c)所示。

4）被测物体位于恒定光源与光电元件之间，阻挡部分光源

根据被测物体阻挡光通量的多少来测定被测参数，如测定长度、厚度、线位移、角位移、角速度等，如图 3-50(d)所示。

2. 开关量输出

这类光电传感器测量系统把被测量转换成断续变化的电量（如光电流），系统输出为开关量。为此，首先要求光电元件灵敏度高，而对光照特性的线性要求是次要的。这类光电传感器大多数是在光电继电器式的装置中，例如，用于产品或零件的自动计数、光控开关、光电编码器、光电报警装置、角位移测量、转速测量、光电耦合器等方面。图 3-51(a)为光电传感器测量轴的转速的原理，图 3-51(b)为光电耦合器原理。

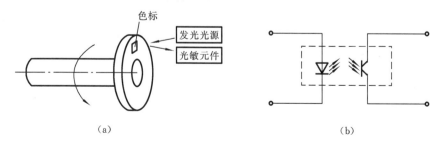

图 3-51　光电传感器应用举例

(a) 光电传感器测量轴的转速的原理；(b) 光电耦合器原理

3.8 数字式传感器

数字式传感器是指把被测参量转换成数字量输出的传感器。它是测量技术、微电子技术和计算技术的综合产物,是传感器技术的发展方向之一。常用数字式传感器包括开关量传感器、光栅式传感器、磁栅式传感器、码盘、谐振式传感器、转速传感器、感应同步器等。广义来说,所有模拟式传感器的输出都可经过数字化而得到数字量输出,这种传感器可称为数字式传感器或广义数字式传感器。本节主要介绍开关量传感器、光栅传感器、数字式编码器和感应同步器。

3.8.1 开关量传感器

在自动测控系统中,通常常有对被测对象进行开、关两种状态的检测需求,进而给控制系统提供开关状态信号,控制系统根据开关状态信号做出进一步的处理。开关量传感器发出的信号是接点信号,有断开和闭合两种状态,比如液位开关就是一种常见的开关量传感器。当液位低于设定值时,液位开关断开(或闭合);当液位高于设定值时,液位开关闭合(或断开)。自动化生产线中通过光电开关对输送带上通过的零件进行检测,检测到的开关信号传送给主控单元进行计数。模拟量传感器发出的是连续信号,用电压、电流、电阻值等表示被测参数的大小。比如温度传感器、压力传感器等都是常见的模拟量传感器,这类传感器可以通过在控制系统中设置门限值数据处理程序,也可以当作开关量传感器使用。

常见开关量传感器有机械式行程开关和非接触式开关量传感器,其中非接触式开关量传感器(又称感应开关、接近开关)由于响应快、无火花放电、寿命长等优点在自动化系统中应用广泛。根据感应开关的基本工作原理分类,常见的类型有磁性接近开关、电感式接近开关、电容式接近开关、光学接近开关(也叫红外感应开关)、超声接近开关、微波接近开关等,其中磁性接近开关常用的有干簧管、霍尔开关等。在这主要介绍干簧管、电感式接近开关,其他类型感应开关参见其他章节。

1. 干簧管

干簧管(磁簧开关)是一个通过磁场操作的电开关。

1) 干簧管的结构组成与基本工作原理

干簧管基本结构组成一般包括两片软磁性的金属簧片,簧片密封在抽成真空或者充惰性气体的玻璃管内;两片簧片中间有一定的间隔,簧片端部有采用特殊合金镀层处理的触点。如图 3-52 所示。

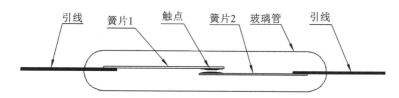

图 3-52 干簧管结构组成

以单触点常开型干簧管为例,当干簧管不受磁场影响时,两片簧片不会接触,干簧管处于断开状态;当受磁场影响时,在两个簧片附近产生不同极性的磁场,两个簧片分别被磁化为不同极性,两簧片吸合力增大,当两个簧片间吸合力大于簧片本身弹力时,两簧片吸合导通;当磁场逐渐消失时,软磁体簧片逐渐退磁,当簧片自身弹力大于吸合力时,两簧片断开,电路开路。

2）干簧管特点与应用

干簧管结构中簧片与触点密封在惰性气体中,因此簧片受潮湿、氧化影响小,相对于普通行程开关、微动开关,其工作更可靠;结构简单,体积小,成本低,安装空间紧凑,对结构设计的要求小。但是磁控干簧管通常采用磁铁作为标识物,通过磁场控制开关,一般磁铁会受到高温影响而失磁。干簧管触点容量有限,通常应用在一些非接触的电路控制上,如安防系统中门窗开闭检测,水位开关,在家用电器如洗衣机、电磁炉等门上装干簧管,可以检测门开启关闭状态。在自动化生产线中也可以用干簧管进行计数、限位等。

2. 电感式接近开关

1）电感式接近开关基本组成及工作原理

常用电感式接近开关是基于涡流传感器基本原理发展而来的用于开关量检测的检测元件。电感式接近开关由三大部分组成:振荡器、开关电路及放大输出电路,图 3-53 所示为电感式接近开关工作组成示意图。其中振荡器产生一个交变磁场,当金属导体检测目标接近这一磁场,并达到感应距离范围时,检测目标内产生涡流,从而导致振荡衰减,直至停振。振荡器振荡及停振的变化被后级放大电路处理并转换成开关信号,触发驱动控制器件,从而实现非接触式检测的目的。

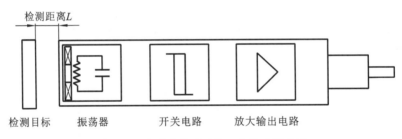

图 3-53　电感式接近开关工作组成示意图

2）电感式接近开关的工作参数

电感式接近开关工作参数较多,在此仅介绍几个常用的重要参数。

①检测（动作）距离:按照规定的要求移动标准检测物,使检测物基准检测面相对于接近开关感应面运动（通常为接近或远离）,当接近开关产生状态变化时标准检测物基准检测面与接近开关感应面之间的距离。该距离大小与传感器直径、安装方式、被测物体材质等因素有关,一般直径越大的感应开关检测距离也越大。

②工作距离:也称设定距离,是指实际工作时设定的检测面与被测对象之间的整定距离。一般工作距离小于检测距离,以保证工作可靠,通常设定为检测距离的 0.8 倍,实际使用时还要根据实际情况进行调整。

③复位距离:接近开关与被测物体相对运动使开关动作后又反向运动使接近开关再次复位时接近开关与被测物体之间的距离。

④回滞距离:又称回差,是指检测距离与复位距离之间的差值绝对值。回差越小,感应开关对外界的抗干扰能力越强。

⑤动作频率:每秒内被测物体快速进入动作距离又离开复位距离时接近开关能够准确可靠工作的次数。动作频率反映了接近开关高速工作的能力。

3）电感式接近开关分类及接线方式

电感式接近开关分类方法很多:根据输出类型有 PNP 型和 NPN 型;根据电源形式分类,

常用的有直流电源型和交流电源型两类;根据安装端部状态分类,有齐平式(屏蔽型)和非齐平式(非屏蔽型)两类;根据输出接点的开闭类型分类,有常开型、常闭型和常开常闭型;根据外观形状分类,有圆柱形、方形和环形三种;按照引线数量分类,通常有 2 线型、3 线型、4 线型、5 线型。图 3-54 所示为电感式接近开关实物。

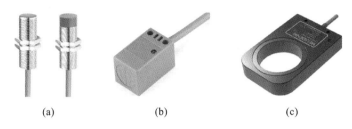

图 3-54 电感式接近开关实物

(a) 圆柱形;(b) 方形;(c) 环形

电感式接近开关在使用时根据需要选用相应类型,根据后级负载类型不同,接法稍有差别。图 3-55 所示为常用直流三线制电感式接近开关接线图。

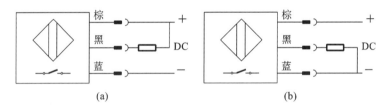

图 3-55 直流三线制电感式接近开关接线图

(a) NPN 常开型;(b) PNP 常开型

4) 电感式接近开关的特点与应用

电感式接近开关具有以下特点:

①结构简单,无主动电接点,工作可靠,防尘防油,寿命长;

②动态响应性好;

③非接触式测量,抗干扰性能好;

④输出开关信号,可以直接与 PLC 等控制单元连接,易于实现自动化控制;

⑤检测标志物必须是金属导体。

电感式接近开关检测对象的范围没有电容式接近开关的广泛,电容式接近开关不仅能够检测金属导体,还能够检测半导体、绝缘体,甚至粉末和液体。

电感式接近开关在现代自动化生产线中得到了广泛应用,如转速测量、工件计数、工件定位等。

3.8.2 光栅传感器

光栅传感器主要用于长度和角度的精密测量以及数控装置的位置检测,可实现大量程、高精度和动态测量,且易于实现测量及数据处理的自动化,具有较强的抗干扰能力。

1. 光栅的结构与分类

光栅传感器一般由光源、透镜、光栅副(包括主光栅、指示光栅)和光电接收元件组成,其结构如图 3-56 所示。光电接收元件常采用光电池或光敏三极管。光栅上的刻线称为栅线,栅线

的宽度为 a，缝隙宽度为 b，一般取 $a=b$，$a+b=W$ 称为光栅的栅距或节距，如图 3-57 所示。

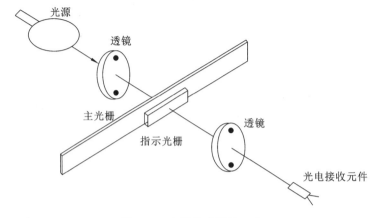

图 3-56　光栅传感器的组成

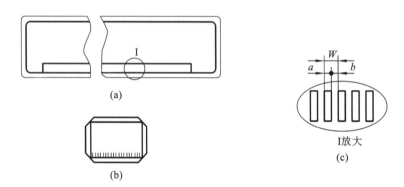

图 3-57　光栅

　　光栅按其工作原理不同可分为物理光栅和计量光栅。物理光栅利用光的衍射现象进行工作，主要用于光谱分析和光波长的测量。计量光栅利用莫尔条纹原理工作，主要用于长度、角度、速度、加速度和振动相关物理量等的测量。以下所述光栅是指计量光栅。

　　2. 光栅的工作原理

　　光栅传感器是根据莫尔条纹原理制成的。把光栅常数相等的主光栅和指示光栅相对叠合在一起，并留很小的间隙，且两者之间保持很小的夹角（θ），于是在与栅线近乎垂直的方向上出现明暗相间的条纹，这种明暗相间的条纹称为莫尔条纹，如图 3-58 所示。由图中可以看出，莫尔条纹的斜率为

$$\tan\alpha = \tan\frac{\theta}{2}$$

式中：α 为亮（暗）纹的倾斜角；θ 为两光栅的栅线夹角。

　　莫尔条纹间距 L 为

$$L = AB = \frac{BC}{\sin\frac{\theta}{2}} = \frac{W}{2\sin\frac{\theta}{2}} \approx \frac{W}{\theta} \tag{3-48}$$

　　由此可见，莫尔条纹间距 L 由栅距 W 和栅线夹角 θ 决定。对于给定栅距的光栅，θ 越小，L 越大。通过调整 θ，可使 L 获得任何需要的值。莫尔条纹具有如下性质：

　　① 放大作用。当光栅相对移动一个栅距 W 时，莫尔条纹上下移动一个莫尔条纹间距 L。

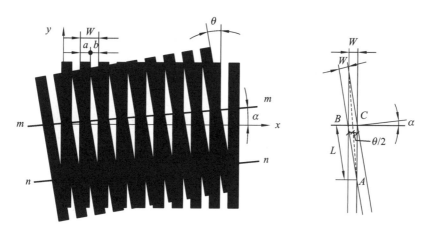

图 3-58 莫尔条纹工作原理

由式(3-48)可知,θ 越小,L 越大,相当于将被测位移放大了 $\dfrac{1}{\theta}$ 倍。

② 平均效应。莫尔条纹是由光栅的大量栅线共同形成的,对光栅的刻线误差有平均作用,能在很大程度上消除栅距的局部误差和短周期误差的影响。

3. 光栅的辨向与细分技术

1) 辨向原理

在实际应用中,位移具有两个方向,即选定一个方向后,位移有正负之分,因此用一个位移传感器光电元件测定莫尔条纹信号确定不了位移方向。为了辨向,计量光栅通常采用在相距 $\dfrac{L}{4}$ 位置设置两个光电元件 1 和 2,得到两个相位差 $\dfrac{\pi}{2}$ 的莫尔条纹正弦信号 u_1 和 u_2,然后送到辨向电路中去处理。辨向电路能够实现光栅正向移动时 u_1 超前 u_2 $\dfrac{\pi}{2}$,反向移动时 u_2 超前 u_1 $\dfrac{\pi}{2}$,通过电路辨向可确定光栅运动方向,从而实现位移的准确测量。辨向电路原理可参阅相关书籍,本节从略。

2) 细分技术

细分技术就是当光栅每移动一个栅距时,输出若干个计数脉冲,减小脉冲当量可提高分辨率。常用细分方法有直接细分法、电阻桥细分法等。图 3-59 所示为直接细分法(机械细分法)的原理图。在一个莫尔条纹间距 L 内并列放置四个光电器件,当光栅移动一个栅距 W 时,四个光电器件依次输出相位差为 $90°$ 的电压信号,即一个莫尔条纹周期内可发出四个脉冲,实现

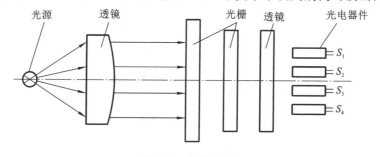

图 3-59 直接细分法

四细分。直接细分法对莫尔条纹信号波形要求不高,电路简单,但受光电器件安放位置的限制,细分数不能太高。电阻桥细分法可实现很高的细分数,具体原理可参阅相关书籍,本节从略。

3.8.3　数字式编码器

1. 分类

数字式编码器以其高精度、高分辨率和高可靠性而被广泛应用于各种位移测量。根据检测原理,数字式编码器可分为光学式、磁电式、感应式和电容式编码器。根据其刻度方法及信号输出形式,可分为增量式、绝对式以及混合式编码器。按结构形式可分为直线式和旋转式编码器。由于旋转式编码器是用于角位移测量的最有效和最直接的数字式编码器,它的转轴通常与被测旋转轴连接,随被测轴一起转动,能将被测轴的角位移转换成二进制编码或一串脉冲,故这里主要介绍旋转式编码器。

旋转式编码器有两种基本类型:绝对式编码器和增量式编码器。绝对式编码器按照角度进行编码,可直接把被测转角位置用数字代码表示出来,不受停电重启等因素影响,并能方便地与数字系统(如微机等)连接,所以绝对式编码器是直接输出数字量的传感器。而增量式编码器是根据相对于零点标志通过对增量脉冲进行计数完成角度测量的,所以测量系统初次启动或者断电后重启需要通过回零复位操作才能建立起始零点。

2. 绝对式编码器

绝对式编码器按结构可分为接触式、光电式和磁电式三种,其中最简单的是接触式编码器。按照编码器绝对位置测量量程又分为单圈式绝对编码器和多圈式绝对编码器,其中单圈式绝对编码器可以对 360°范围内的角度位置进行编码标识。以下介绍均为单圈式绝对编码器。

1) 接触式编码器

图 3-60 所示为四位二进制接触式编码器。它在一个不导电基体上安装许多有规律的导

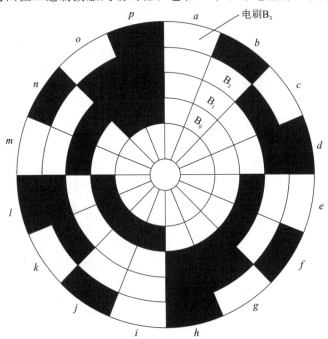

图 3-60　接触式编码器示意图

电金属区,其中涂黑的部分为导电区,用"1"表示,其他部分为绝缘区,用"0"表示。码盘分成 4 个码道,在每个码道上都有一电刷,电刷经取样电阻接地,信号从电阻上取出。由于码盘是与被测轴连在一起的,而电刷位置是固定的,当码盘随被测轴一起转动时,电刷和码盘的位置就发生相对变化。若电刷接触到导电区域,则该回路中的取样电阻上有电流通过,产生压降,输出为"1"。反之,若电刷接触到的是绝缘区域,则不能形成回路,取样电阻上无电流通过,输出为"0"。这样,无论码盘处在哪个角度,该角度均有由 4 个码道上的"1"和"0"组成的四位二进制编码与之对应。该四位二进制接触式编码器可输出 16 种不同的四位二进制数码,一个编码器的码道数目决定了该编码器的分辨率,位数越多,可分辨的角度越小,对码盘和电刷的制作与安装要求越严格,当码道多到一定位数后,编码器将难以制作。

2）光电式绝对编码器

图 3-61 为光电式绝对编码器结构示意图。与接触式编码器码盘类似,在圆形码盘上沿径向有若干同心码道,每条码道由按照一定规律布置的透光和不透光的扇形区相间组成。在码盘的一侧是光源,另一侧对应每一码道设置有光敏元件,由于各码道的透光与不透光,通过狭缝光路使各光敏元件中受光的输出"1"电平,不受光的输出"0"电平,由此而组成 n 位二进制编码。每一时刻的位置由 n 位二进制编码对应标识。

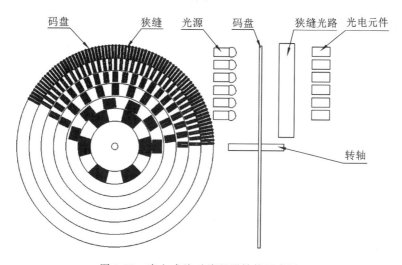

图 3-61　光电式绝对编码器结构示意图

3）磁电式旋转编码器

磁电式旋转编码器是根据磁电原理,利用敏感元件检测磁场旋转量的一类编码器。一般是采用磁阻或者霍尔元件对变化的磁性材料的角度或者位移变化进行测量,并转化为电阻或者电压的电信号,通过放大电路对变化量进行放大,处理后输出脉冲信号或者模拟量信号,达到测量的目的。一般结构组成包括磁盘、敏感元件、信号调节电路、结构件等。敏感元件类型常见的有霍尔（Hall）元件、各向异性磁电阻 AMR（anisotropic magneto resistance）元件、巨磁电阻 GMR（giant magneto resistance）元件及隧道磁电阻 TMR（tunnel magneto resistance）元件,通常做成了集成化的芯片,市场有专业化厂商芯片供货,如 AS5600、AS5147、AS5304、AS5311 等。按照磁盘磁极数目磁电式编码器分为单磁极式、单圈多磁极式、多圈多磁极式三类。图 3-62 所示为霍尔元件作为敏感元件的磁电式编码器结构原理示意图。

其中单磁极式编码器的核心结构如图 3-62(a)所示,上方为永磁体,下方为霍尔芯片,芯片

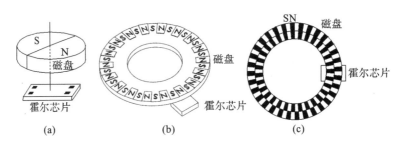

图 3-62　磁电式编码器结构原理示意图

(a) 单磁极式；(b) 单圈多磁极式；(c) 多圈多磁极式

上的 4 个阴影为霍尔器件。根据霍尔效应，在永磁体磁场的作用下，4 个霍尔器件可以感应出相应的电压值，当永磁体匀速旋转一周，4 个霍尔器件感应到的电压为四路相位相差 90°正弦波信号，从而可根据返回电压的大小，得到磁铁转角值。只要芯片一上电，即可返回该位置下的电压值，因此无需电池即可记录当前位置。这种芯片既可以当作绝对式编码器使用（通过串行总线输出），也可以当作增量式编码器使用。单磁极式编码器一般为轴式测量，要求编码器安装在被测轴的轴端面。

单圈多磁极式核心结构如图 3-62(b) 所示，主要由均匀分布的若干环形磁栅的磁盘和传感器组成。磁盘已磁化成 N-S 交替分布的磁极。工作时，下方的传感器检测磁盘旋转时磁场的变化，并将此信息转换为正弦波电压信号。这种编码器为增量输出，通常可以做成中空结构，在机器人关节等场合应用，可以实现内部布线。

多圈多磁极式磁电编码器主要由环形磁栅和敏感元件组成。环形磁栅采用一定的编码方案。如图 3-62(c) 所示为环形磁栅由两个同心的，N-S 交替排布的磁道构成。两个磁道的磁极数量不同，通常相差一个磁极。围绕磁盘，内轨道和外轨道之间的磁极对准在不断变化。在磁盘周围的任何给定位置，内磁极和外磁极之间的偏移角都是唯一的。编码器工作时，位于内外轨道的两个磁场传感器分别产生一个正弦信号。这两个信号之间的相位差对于磁盘周围的每个位置都是唯一的。通过信号调节电路将这种模拟相位差转换为数字信号，每一个数字信号对应磁环上唯一的旋转位置。

相对于光电编码器，受磁栅间距比光栅间距大的影响，一般磁电式编码器分辨率低于光电编码器，但是磁电编码器克服了光学编码器容易受灰尘、振动、污染、温度、腐蚀等外界环境因素影响的缺点，安装和维修较光电编码器更为容易。因此，磁编码器是替代光学编码器的一个很好选择，高性能磁电编码器在数控机床、机器人、纺织、雷达等领域得到了广泛应用。

3. 增量式编码器

增量式编码器直接利用光电转换原理输出三组方波脉冲 A、B 和 C_0 相；A、B 两组脉冲相位差 90°从而可以方便地判断出旋转方向，而 C_0 相代表码盘每转 1 圈产生一个脉冲，称为"一转脉冲"或"零标志脉冲"，用于基准点定位，如图 3-63 所示。它的优点是原理构造简单，机械平均寿命可在几万小时以上，抗干扰能力强，可靠性高，适合于长距离传输。其缺点是无法输出轴转动的绝对位置信息，系统掉电后位置信息丢失。

增量式编码器的应用如下。

（1）测量转速。增量编码器除直接用于测量相对角位移外，常用来测量转轴的转速。最简单的方法就是在给定的时间内对编码器的输出脉冲进行计数，它测量的是平均转速。通过改变控制逻辑也可测量瞬时转速。

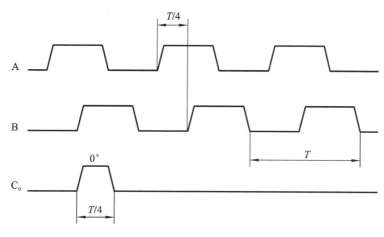

图 3-63 增量式编码器的输出波形

（2）测量线位移。在某些场合,用旋转式增量编码器来测量线位移是一种有效的方法。这时,需利用一套机械装置把线位移转换成角位移,测量系统的精度将取决于机械装置的精度。

3.8.4 感应同步器

1. 感应同步器工作原理与分类

感应同步器是利用电磁原理将线位移和角位移转换成电信号的一种装置。根据用途,可将感应同步器分为直线式和旋转式两种,分别用于测量线位移和角位移,其基本结构是两个矩形线圈或圆形线圈,定尺上有连续感应绕组,滑尺上装有正弦和余弦分段励磁绕组,它们相当于变压器的初、次级绕组,通过两个绕组间的互感量随位置的变化来检测位移量,图 3-64 所示为直线式感应同步器绕组示意图,图 3-65 所示为旋转式感应同步器绕组示意图。

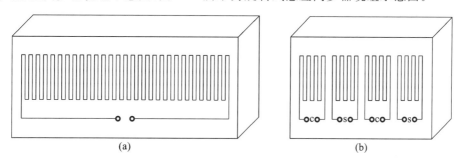

图 3-64 直线式感应同步器绕组示意图
（a）定尺；（b）滑尺

2. 直线式感应同步器

直线式感应同步器的构造如图 3-66 所示,其定尺和滑尺可利用印刷电路板的生产工艺,用覆铜板制成,且定尺和滑尺绕组的节距相等,均为 2τ。从图中可以看出,如果把定尺绕组和滑尺绕组对准,那么滑尺绕组正好和定尺绕组相距 1/4 节距。感应同步器的定尺和滑尺分别安装在机床中两个相对移动的部件上(如工作台和床身),当工作台移动时,滑尺做相对平行移动,两个绕组间的互感量随位置变化而发生变化。

3. 旋转式感应同步器

旋转式感应同步器由定子基板、定子绕组、转子基板、转子绕组、绝缘粘胶剂、屏蔽膜和气

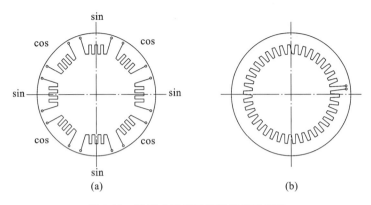

图 3-65　旋转式感应同步器绕组示意图

（a）定子；（b）转子

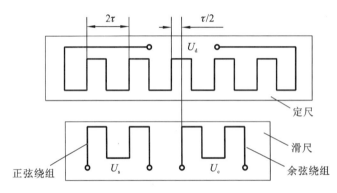

图 3-66　直线式同步感应器构造示意图

隙组成，如图 3-67 所示。旋转式感应同步器绕组由辐射状的导片组成，转子上的绕组是单相连续绕组，其径向导片数也称为极数。定子绕组是分段绕组，分为正弦和余弦两组交替排列，各自串联形成两相绕组。感应同步器有鉴相型和鉴幅型两种工作方式。

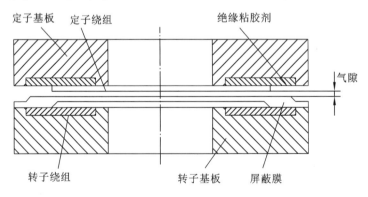

图 3-67　旋转式感应同步器

　　鉴相型感应同步器是根据感应输出电压的相位来检测位移量的，供给滑尺的正、余弦绕组的激磁信号是频率、幅值相同，相位相差 90° 的交流激磁电压，即

　　正弦绕组激磁电压：

$$u_s = U_m \sin\omega t \tag{3-49}$$

　　余弦绕组激磁电压：

$$u_c = U_m \sin(\omega t + \frac{\pi}{2}) = U_m \cos\omega t \tag{3-50}$$

式中：U_m 为激磁电压幅值。

当滑尺移动距离 x 时，定尺上的感应电压为

$$e_s = -k_s U_m \cos\omega t \sin\theta \tag{3-51}$$

$$e_c = k_c U_m \sin\omega t \cos\theta \tag{3-52}$$

式中：k_s 和 k_c 分别是正弦、余弦绕组与定尺绕组间的耦合系数；θ 为与位移 x 等值的电角度，$\theta = \dfrac{2\pi x}{W}$，$W$ 为节距。应用叠加原理，定尺绕组中总的感应电动势为

$$e_0 = e_s + e_c = k_c U_m \sin\omega t \cos\theta - k_s U_m \cos\omega t \sin\theta \tag{3-53}$$

当 $k_s = k_c = k$ 时，式(3-53)可以写成

$$e_0 = k U_m \sin(\omega t - \theta) = E_m \sin(\omega t - \theta) \tag{3-54}$$

式(3-54)表明定尺绕组中的感应电动势 e_0 的相位是感应同步器相对位置 θ（或位置 x）的函数，通过鉴别定尺感应输出电压的相位，即可测量定尺和滑尺之间的相对位移。因此，这种方法称为鉴相法。

鉴幅型感应同步器是根据定尺输出的感应电势的振幅变化来检测位移量的。此时滑尺的正弦绕组和余弦绕组分别通以同频率、同相位，但不同幅值的激磁电压，即

正弦绕组激磁电压：

$$u_s = U_m \sin\alpha \sin\omega t \tag{3-55}$$

余弦绕组激磁电压：

$$u_c = U_m \cos\alpha \sin\omega t \tag{3-56}$$

式中：α 为激磁电压的相位角，则在定尺绕组中产生的总的感应电动势为

$$\begin{aligned} e_0 = e_s + e_c &= k U_m \sin\alpha \cos\theta \cos\omega t - k U_m \cos\alpha \sin\theta \cos\omega t \\ &= k U_m \sin(\alpha - \theta) \sin\omega t = E_m \sin(\alpha - \theta) \sin\omega t \end{aligned} \tag{3-57}$$

由式(3-57)可知，若相位角 α 已知，则只要测量出 e_0 的幅值，便可间接地求出 θ 值，从而求出被测位移 x 的大小。因此，这种方法称为鉴幅法。

4. 感应同步器的特点与应用

感应同步器利用电磁耦合原理实现位移检测，具有明显的优势：可靠性高，抗干扰能力强，对工作环境要求低，在没有恒温控制和环境不好的条件下能正常工作，适用于恶劣的工业现场环境。

感应同步器适用于大位移静态与动态测量，广泛应用于高精度伺服转台、雷达天线、火炮和无线电望远镜的定位跟踪、精密数控机床以及高精度位置检测系统中。例如用于三坐标测量机、数控机床及高精度重型机床及加工中心测量装置等。

3.9　其他常用传感器

3.9.1　磁敏传感器

利用半导体材料的磁敏特性作为传感器传感元件工作原理的有霍尔元件、磁阻元件、磁敏管等，这里主要介绍前两类。

1. 霍尔效应传感器

1) 霍尔效应

早在 1879 年，人们就发现了霍尔效应，但是由于这种效应在金属中十分微弱，当时并没有引起重视。1948 年以后，人们陆续找到了霍尔效应比较显著的半导体材料，才逐渐使霍尔效应及其应用受到了普遍重视。

如图 3-68 所示，将霍尔元件置于磁场 B 中，如果在 a、b 端（激励电极）通以电流 I，在 c、d端（霍尔电极）就会出现电位差即霍尔电势，这种现象称为霍尔效应。

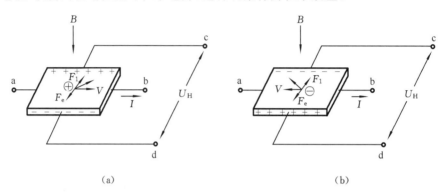

图 3-68   霍尔效应

(a) P 型霍尔片；(b) N 型霍尔片

关于霍尔效应的产生：任何带电质点在磁场中沿垂直于磁力线方向运动时，都要受到磁场力（洛伦兹力）的作用，其大小取决于质点的电荷 q、运动速度 v、磁场的磁感应强度 B 及 v 与 B之间的夹角 α，即

$$F = qvB\sin\alpha \tag{3-58}$$

如果将 P 型半导体薄片放入磁场中，通以固定电流，由于 P 型半导体的载流子是空穴，它的运动方向与电流相同。根据法拉第左手定则，如图 3-68(a) 所示，空穴在磁场中受力方向是从 d指向 c，空穴在这个力的作用下向 d 端运动，结果使 d 端空穴密度增加，而 c 端空穴密度减小，这样在 c、d 端之间形成一电场，c 端为正，d 端为负。此电场对空穴也施加一电场力，其方向指向 d 端，阻止空穴进一步向 d 端运动。当 d 端空穴积累到一定程度，使得作用于空穴的电场力正好等于作用于空穴的洛伦兹力时，便达到平衡状态，这时 c 端的空穴密度就不再增加。于是c、d 端之间就形成一个稳定的电场，相应的电势 U_H 就称为霍尔电势，且霍尔电势的大小与控制电流 I，磁场磁感应强度 B 成正比，即

$$U_H = K_H IB\sin\alpha \tag{3-59}$$

式中：α 为电流与磁场方向的夹角；K_H 为霍尔常数，取决于材质、温度、元件尺寸。

如果换成 N 型半导体材料薄片，由于其载流子是电子，因此在磁场、电流方向相同的情况下，所产生的霍尔电势与 P 型半导体所产生的霍尔电势方向相反，如图 3-68(b) 所示。

根据式(3-59)，如果改变 B 或 I，或者两者同时改变，就可使 U_H 值变化。运用这一特性就可把被测参数转换为电压变化。

2) 霍尔元件及应用

基于霍尔效应工作的半导体器件称为霍尔元件，霍尔元件有分立型和集成型两种。分立型元件是由单晶体材料制成的，多采用 N 型半导体材料（如锑化铟 InSb 等）。霍尔元件越薄，K_H 就越大，薄膜霍尔元件厚度为几微米左右。霍尔元件由霍尔片、四根引线和壳体组成，如图

3-69 所示,霍尔片是一块薄片(一般为 4 mm×2 mm×0.1 mm),在它的长度方向两端面上焊有两根引线,称为控制电流端引线或激励电极;在它的另外两侧端面的中间以点的形式对称地焊有两根霍尔引线,称为霍尔电极。霍尔元件的壳体用非导磁金属、陶瓷或环氧树脂封装。

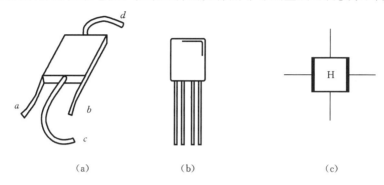

（a）　　　　　　　　　　（b）　　　　　　　　　　（c）

图 3-69　霍尔元件

（a）结构；（b）外形；（c）符号

集成型霍尔传感器是利用硅集成电路工艺制造的,它的敏感部分与测量电路制作在同一基片上。集成型霍尔传感器主要有开关型传感器和线性输出型集成霍尔传感器两种。

图 3-70 所示为一种典型的开关型集成霍尔传感器,它包括敏感、放大、整形、输出四部分。其工作原理是:当外界磁场作用于霍尔片上时,其敏感部分产生一定的霍尔电势;此信号经差分放大器放大,再输入施密特触发器,整形后形成方波;该方波可控制输出管的导通与截止,输出端为 1、0 两种状态。整个集成电路制作在约 1 mm² 的硅片上,外部由陶瓷片封装,轮廓尺寸一般为 6 mm×5.2 mm×2 mm,如图 3-70(b)所示。另一种与此对应的是线性输出型集成霍尔元件,电路由敏感、放大、输出等部分组成,输出为模拟电压信号。

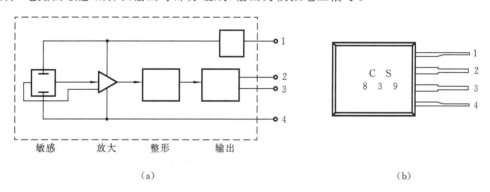

敏感　　　放大　　　整形　　　输出

（a）　　　　　　　　　　　　　　　　（b）

图 3-70　开关型集成霍尔传感器

（a）集成电路方框图；（b）外形图

集成元件与分立元件相比,不仅体积大大缩小,而且灵敏度也提高了。

霍尔元件在工程中有着广泛的应用。将霍尔元件置于永久磁场中,通以恒定电流,随着被测物理量的变化,输出的霍尔电动势随之变化。图 3-71(a)所示为角位移传感器,图3-71(b)所示为导磁产品零件计数,图 3-71(c)所示为测量转轴的转速。可以看出,工程中总是将霍尔元件置于磁场中,当被测物理量以某种方式改变了霍尔元件的磁感应强度时,霍尔电动势就会变化。此类应用还包括精确定位、接近开关、无损探伤。图 3-72 所示是集成霍尔元件用于钢丝绳无损探伤的实例。图中永久磁铁对钢丝绳局部磁化,当有断丝时,在断口处出现漏磁场,

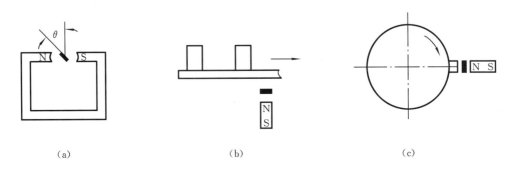

图 3-71　霍尔传感器应用举例

（a）角位移传感器；（b）导磁产品零件计数；（c）测量转轴的转速

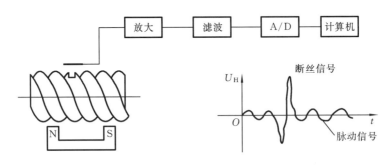

图 3-72　霍尔传感器无损探伤仪工作原理

霍尔元件经过此磁场时，即将霍尔电动势转换为一个脉动的电压信号，对此信号进行放大、滤波、A/D 转换后，用计算机进行信号分析，识别出断丝根数及位置。

2. 磁阻元件

磁阻元件类似霍尔元件，但它的工作原理是半导体材料的磁阻效应（或称高斯效应）。它与霍尔效应的区别如下：霍尔电势是指垂直于电流方向的横向电压，而磁阻效应则是沿电流方向的电阻变化。

产生磁阻效应的原理是：在分析霍尔效应时没有考虑实际运动中载流子速度的统计分布，而认为载流子都按同一速度运动形成电流。实际上，载流子的速度是不完全相同的，因而，在洛伦兹力作用下一些载流子会往一边偏转。所以，半导体片内电流分布是不均匀的，改变磁场的强弱就影响电流密度的分布，故表现为半导体片的电阻变化。

磁阻效应与材料性质及几何形状有关，一般迁移率大的材料磁阻效应显著；元件的长宽比愈小，磁阻效应愈大。

磁阻元件可用于位移、力、加速度等参数的测量。

3.9.2　气敏传感器

1. 气敏传感器及其分类

气敏传感器是一种将检测到的气体成分和浓度转换为电信号的传感器。在现代社会的生产和生活中，人们会接触到各种各样的气体，需要进行检测和控制。比如为了确保安全，需要对各种可燃性气体、有毒性气体进行检测。

气敏传感器的种类较多，主要包括检测敏感气体种类的气敏传感器、检测敏感气体量的真空度气敏传感器以及检测气体成分的气体成分传感器。前者主要有半导体气敏传感器和固体电解质气敏传感器,后者主要有高频成分传感器和光学成分传感器。由于半导体气敏传感器具有灵敏度高、响应快、使用寿命长和成本低等优点,因此应用很广。这里将着重介绍半导体气敏传感器。

2. 半导体气敏传感器工作原理

半导体气敏传感器是利用半导体气敏元件与气体接触后,半导体性质变化来检测特定气体的成分或者测量其浓度的。

半导体气敏传感器大体上可分为电阻式和非电阻式两类,其中电阻式居多。电阻式半导体气敏传感器常用氧化锡(SnO_2)、氧化锰(MnO_2)等金属氧化物制成气敏电阻元件。一般认为,气敏电阻的气敏特性与气体的表面吸附有关,这种表面吸附会使半导体的表面能态发生改变,从而引起材料电导率的变化。

N 型半导体发生负离子吸附或 P 型半导体发生正离子吸附,都会导致多数载流子减少,表面电导率降低,电阻增大;N 型半导体发生正离子吸附或 P 型半导体发生负离子吸附,则导致多数载流子增加,表面电导率增高,电阻减小。实际上,常用的气敏半导体材料无论是 N 型还是 P 型,对氧气多发生负离子吸附,而对氢、一氧化碳、碳化氢等还原性气体多发生正离子吸附。

化学吸附是影响电导率的主要因素。化学吸附随温度升高而增加,并在某一温度下达到最大值。因此通常需要在气敏元件上加装加热丝使之在灵敏度峰值附近工作,以获得较高的灵敏度和较快的响应。当它们吸收了可燃气体的烟雾,如氢、一氧化碳、烷、醚、苯以及天然气、沼气等时,会发生还原反应,电阻发生变化。利用半导体材料的这种特性,将气体的成分和浓度变换成电信号,进行监测和报警。

3. 半导体气敏元件及应用

半导体气敏元件按制造工艺分为烧结型、薄膜型和厚膜型。实际应用中以烧结型最为普遍,它的结构分直热式和旁热式两种,图 3-73(a)所示为烧结型旁热式气敏元件的外形结构,图 3-73(b)所示为其在电路中的符号,引脚 5、6 为加热电极,另外四个为敏感元件的电极。工作时加热电极应通电几分钟,待温度稳定后传感器才能正常工作。

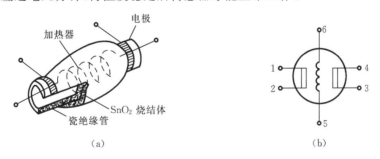

（a）　　　　　　　　　　　　　　（b）

图 3-73　旁热式气敏传感器结构及符号

(a) 结构;(b) 符号

图 3-74 所示为典型气敏元件 SnO_2 的阻值-浓度关系。从图中可以看出,元件对不同气体的敏感程度不同,如对乙醚、氢气等具有较高的灵敏度,而对甲烷的灵敏度较低。一般随气体的浓度增加,元件阻值明显增大,在一定范围内成线性关系。

3.9.3　湿敏传感器

湿度是指空气中水蒸气含量的多少。湿度测试广泛应用于烟草、造纸、照相材料、食品等

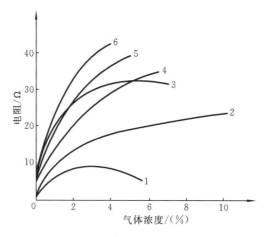

图 3-74　气敏元件的电阻值-气体浓度关系

1—甲烷；2——氧化碳；3—正己烷；4—轻汽油；5—氢；6—乙醚

行业，湿度对包装材料的性能也有很大的影响。

　　湿度检测比较困难，检测方法也较落后。早期人们使用干湿球湿度计、氯化锂湿度计等，前者要定期加水，后者每隔 3 个月要清洗、干燥、涂布药品等。

　　随着现代工业技术的发展，纤维、造纸、电子、建筑、食品、医疗等行业提出了高精度、高可靠性和控制湿度的要求，因此各种湿敏元件不断出现，如氯化锂湿敏元件、半导体陶瓷湿敏元件、热敏电阻湿敏元件、高分子膜湿敏元件等。这里仅介绍工业湿度测量中常用的高分子膜湿度传感器的工作原理。

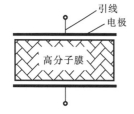

图 3-75　电容式湿度传感器

　　高分子膜湿度传感器是利用高分子膜吸收或放出水分会引起电导率或电容变化的特性来测量环境相对湿度的装置。图 3-75 所示是一种电容式湿度传感器，它通过测定电容器的容量值变化来测量环境中的相对湿度，其中，电极是极薄的金属蒸镀膜，透过电极，高分子膜吸收或放出水分。

3.9.4　光纤传感器

　　光纤传感器是目前发展得极快的一种传感器。

　　光纤传感器和其他传感器相比具有抗电磁干扰能力强（不怕电磁干扰）、灵敏度高（有的甚至高出几个数量级）、质量轻、体积小（光纤直径只有几十微米到几百微米）、柔软等特点。它对军事、航天航空技术和生命科学等的发展起着十分重要的作用，应用前景十分广阔。

　　1. 光纤及其传光原理

　　光纤是由光透射率高的电介质（如石英、玻璃、塑料等）构成的光通路，是由折射率 n_1 较大（光密介质）的纤芯，和折射率 n_2 较小（光疏介质）的包层构成的双层同心圆柱。光纤除了纤芯、包层之外还有涂敷层及护套，涂敷层为硅酮或丙烯酸盐以保护光纤不受损害，增加光纤的机械强度。通常由许多根单条光纤组成光缆。

　　光的全反射现象是研究光纤传光原理的基础。根据几何光学原理，当光线以较小的入射角 θ 由光密介质 1 射向光疏介质 2（即 $n_1 > n_2$）时（见图 3-76(a)），则一部分入射光将以折射角 β 折射入介质 2，其余部分仍以 θ 反射回介质 1。

　　若光线以较大入射角 θ_1 由光密介质 n_1 入射向光疏介质 n_2，如图 3-76(b)所示，则一部分光

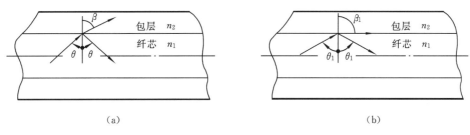

图 3-76 光纤内的传光原理示意图

(a) 较小入射角；(b) 较大入射角

以折射角 β_1 折射入光疏介质，一部分反射回光密介质。

当入射角 θ_1 足够大，大于临界角 $\sin\theta_c = \dfrac{n_2}{n_1}$ 时，光线就不会透过其界面而全部反射到光密介质内部，即发生全反射。这样光线就不会射出纤芯，不断地在纤芯和包层界面产生全反射而向前传播。

2. 光纤传感器的原理

光纤传感器是一种把被测量的状态转变为可测的光信号的装置。按工作原理，一般将光纤传感器分为两大类：结构型光纤传感器和物性型光纤传感器。

1) 结构型光纤传感器原理

结构型光纤传感器是由光源、光检测元件、光纤传输回路及测量电路所组成的测量系统，其中光纤仅作为光的传播媒质，所以又称为传光型或非功能型光纤传感器。

图 3-77(a)所示为反射式光纤位移传感器的工作原理。由光源发出的光经发射光导纤维束传输到被测目标表面，目标表面反射光由与发射光导纤维束扎在一起的接收光导纤维束传输至光敏元件，光纤位移传感器根据接收光导纤维束的光强度变化来测量被测表面距离的变化。其工作位移-输出关系如图 3-77(b)所示。对于一定数值孔径的光导纤维束，光导纤维探头紧贴被测目标表面时，反射光不能进入接收光导纤维，接收光导纤维无光信号输出；当被测表面逐渐离开光导纤维探头时，发射光导纤维照亮的被测面积也逐渐增大，反射到接收光导纤维的光强开始增加，并且有一个线性增大的输出光强信号；当整个接收光导纤维被全部反射光照亮时，输出信号达到最大值。当被测表面继续远离时，由于反射光照亮的面积大于接收光导纤维束的探头面积，一部分反射光进入不了接收光导纤维束，加之距离较远，接收到的光强逐渐减小，光敏输出器的输出信号逐渐减弱。一般光导纤维探头和被测目标之间保持在一个较小的距离范围内，通常为 0.127～2.54 mm。若要扩大测量范围，则需在光导纤维的探头前加一个专门的光学透镜系统。

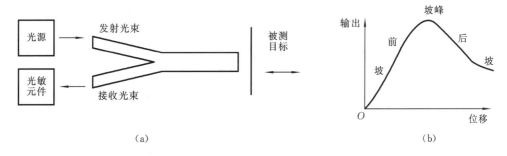

图 3-77 反射式光纤位移传感器的工作原理及位移-输出关系

(a) 工作原理；(b) 位移-输出关系

2）物性型光纤传感器原理

物性型光纤传感器又称全光导纤维传感器或功能型光纤传感器。光纤在其中既是导光媒介，又是传感元件，是将"传光"和"感知"合为一体的传感器。在这类光纤中，光在光纤内受到调制，使其某些性质如光强、相位、偏振态等发生变化以实现对被测量的测量。其优点是结构紧凑、灵敏度高，但必须用特殊光纤和先进的检测技术，因而成本高。

图 3-78 所示为光纤传感器测流速的工作原理，测量系统主要由多模光纤、光源、铜管、光电二极管及测量电路组成。多模光纤插入顺流而置的铜管中，由于流体流动，光纤发生机械变形，从而使光纤中传播的各模式光的相位发生变化，光纤的发射光强出现强弱变化，其振幅的变化与流速成正比。

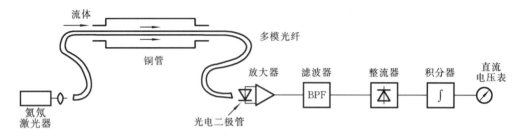

图 3-78　光纤传感器测流速的工作原理

光纤传感器应用相当广泛，尤其是在一些特殊场合的应用如易燃易爆等危险、恶劣环境下的测量，在高压、电磁感应条件下的测量，在机器设备内部的狭小空间中的测量，在远距离传输中的测量等。

3.10　传感器的选用

传感器种类繁多，各自工作原理不同。选用时需要考虑的事项主要有以下几个方面。

3.10.1　与性能有关的事项

1. 灵敏度与量程范围

传感器的灵敏度越高，可以感知的变化量就越小，即被测量稍有微小变化，传感器即有较大的输出。但灵敏度越高，与测量信号无关的外界噪声也越容易混入，且噪声越容易被放大。因此，对传感器往往要求有较大的信噪比。

传感器的量程范围是和灵敏度紧密相关的一个参数。当输入量增大时，除非有专门的非线性校正措施，否则传感器不应在非线性区域工作，更不能在饱和区域内工作。对于有些需在较强的噪声干扰下进行的测试工作，被测信号叠加干扰信号后也不应进入非线性区。此外，过高的灵敏度会影响其适用的测量范围。被测量是向量时，传感器在被测量方向上的灵敏度愈高愈好，而横向灵敏度愈小愈好；如果被测量是二维或三维向量，那么对传感器还应要求交叉灵敏度愈小愈好。

2. 线性范围

任何传感器都有一定的线性范围，在线性范围内输出与输入成比例关系。线性范围愈宽，则表明传感器的工作量程愈大。

为了保证测量的精确度，传感器必须在线性区域内工作。例如，机械式传感器的弹性元件,其材料的弹性极限是决定测量量程的基本因素,超过弹性极限时将产生非线性误差。

然而,任何传感器都不容易保证其绝对线性,在某些情况下,在许可限度内传感器也可以在其近似线性区域应用。例如,变极距型电容、电感传感器,均在初始间隙附近的近似线性区内工作,因此选用时必须考虑被测物理量的变化范围,令其非线性误差在允许范围以内。

3. 响应特性

传感器的响应特性必须在所测频率范围内尽量保持不失真。实际传感器的响应总有一定延迟,但延迟时间越短越好。

一般光电效应、压电效应等物性型传感器,响应时间短,工作频率范围宽。而结构型传感器,如电感、电容、磁电式传感器等,由于受到结构特性的影响,其固有频率低。

在动态测量中,传感器的响应特性对测试结果有直接影响,选用时应充分考虑到被测物理量的变化特点,如稳态、瞬变、随机等因素。

4. 稳定性

传感器的稳定性是指经过长期使用以后,其输出特性不发生变化的性能。影响传感器稳定性的因素是时间与环境。

为了保证稳定性,在选用传感器之前应对使用环境进行调查,以选择合适的传感器类型。例如,对于电阻应变式传感器,湿度会影响其绝缘性,从而会影响其零漂,长期使用还会产生蠕变现象。又如,对于变极距型电容传感器,环境湿度改变或油剂侵入间隙时,电容器介质的性质会改变。光电传感器的感光表面有灰尘或水泡时,其感光性质会改变。磁电式传感器或霍尔效应元件等,在电场、磁场中工作时也会带来测量误差。滑线电阻式传感器表面的灰尘将会引入噪声。

在有些机械自动化系统或自动检测装置中,所用的传感器往往在比较恶劣的环境下工作,灰尘、油剂、温度、振动等的干扰很严重,这时传感器的选用必须优先考虑稳定性因素。

5. 精确度

传感器的精确度表示传感器的输出与被测量的对应程度。因为传感器处于测试系统的输入端,因此,传感器能否真实地反映被测量,对整个测试系统具有直接影响。

然而,传感器的精确度也并非愈高愈好,因为还要考虑到经济性。传感器精确度愈高,价格越昂贵,因此应从实际出发来选择传感器。首先应了解测试目的,是定性分析还是定量分析。如果属于相对比较性的试验研究,只需获得相对比较值即可,此时对传感器的精确度要求可低些。然而对于定量分析,为了获得精确量值,传感器就必须有足够高的精确度。

3.10.2　其他选用原则

传感器在实际测试条件下的工作方式也是选用传感器时应考虑的重要因素,因为测量条件、使用条件、成本因素等不同,对传感器的要求也不同。

在机械系统中,运动部件的被测参数(如回转轴的转速、振动、扭矩),往往需要采用非接触式测量。因为对部件的接触式测量不仅会造成对被测系统的影响,且有许多实际困难,如测量头的磨损、接触状态的变动、信号难以采集等,这些都不易妥善解决,也易于造成测量误差。而采用电容式、涡流式等非接触式传感器会带来很大方便。若选用电阻应变计进行非接触式测量,则需配用遥测应变仪。

另外,为实现自动化过程的控制,要求检测系统具有真实性与可靠性。因而对传感器及测试系统都有一定特殊要求。例如,在加工过程中,若要实现表面粗糙度的自动检测,以往的干涉法、触针式轮廓检测法等都不能应用,而代之以激光检测法。

1. 与测量条件有关的事项

(1) 测量的目的。

(2) 被测量的选择。

(3) 测量的范围。

(4) 超标准过大的输入信号的出现次数。

(5) 输入信号的频率带宽。

(6) 测量所需要的时间。

2. 与使用条件有关的事项

(1) 设置场所。

(2) 环境条件(如温度、湿度、振动等)。

(3) 测量全过程所需要的时间。

(4) 传感器与其他设备的距离及连接方式。

(5) 传感器所需的功率容量。

3. 与购买和维修有关的事项

(1) 价格。

(2) 交货日期。

(3) 服务与维修制度。

(4) 零配件的储备。

(5) 保修期限。

本章重点、难点和知识拓展

本章重点:传感器的工作原理、结构特点、输入输出特性及典型应用等。

本章难点:传感器的工作原理及输入输出特性。

知识拓展:传感器技术是关于传感器设计、制造及应用的综合技术。它是信息技术(传感与控制技术、通信技术和计算机技术)的三大支柱之一。传感器位于测试系统的最前端,起着信号转换与获取的重要作用。传感器本身种类繁多,涉及物理学、材料学、电工学等多种学科的知识。在掌握了传感器的工作原理及特性的基础上,应紧密结合课程实验,并通过不断实践来消化吸收理论知识。随着材料学、计算机技术、微电子技术的发展,各种新型传感器将不断出现,传感器的智能化也成为当今世界传感器的发展趋势。

思考题与习题

3-1　一应变片的电阻 $R=120\ \Omega$,灵敏系数 $S=2.05$,当被测应变为 $800\ \mu m/m$ 时,

(1) 求 $\Delta R/R$ 和 ΔR;

（2）若电源电压 $U=3$ V，惠斯登电桥初始平衡，求输出电压 U_o。

3-2　何谓霍尔效应？利用霍尔效应可进行哪些参数测量？

3-3　何谓结构型传感器？何谓物性型传感器？试述两者的应用特点。

3-4　为什么高频工作的电容式传感器连接电缆的长度不能任意变动？

3-5　为什么常用等强度悬臂梁作为应变式传感器的力敏元件？现用一等强度梁：有效长 $l=150$ mm，固定支撑处宽 $b=18$ mm，厚 $h=5$ mm，弹性模量 $E=2\times10^5$ MPa，贴上 4 片等阻值、$S=2$ 的电阻应变计，并接入四等臂差动电桥构成称重传感器。试问：

（1）悬臂梁上如何布片？又如何接桥？为什么？

（2）当电桥的输入电压为 3 V，输出电压为 2 mV 时，称重量为多少？

3-6　简述涡流传感器的特点，举例说明其应用。

3-7　什么是内光电效应？基于内光电效应工作的传感器有哪些？

3-8　什么是压电效应？说明石英晶体的压电特性。

3-9　电感式传感器有哪几类？主要有哪些典型应用？

3-10　在数控机床中，为设定机床直线移动坐标轴极限位置，采用哪种传感器合适？为什么？

3-11　在微米级定位精度数控机床中，为实现闭环检测，在电动机轴处检测电动机转速采用哪种传感器适合？在直线运动件末端采用哪种传感器检测位移量较为合适？

3-12　细分技术的作用是什么？

第4章　信号的调理与显示记录

奔驰在祖国大地上的"复兴号"CR系列高铁列车是我国具有自主知识产权的新一代高速铁路机车组。机车转向架及车轮中的轴承温度的实时监测关系到列车的寿命及运行安全。其中CRH3型系列动车组的轴箱轴承温度传感器是采用Pt100温度传感器。通过温度传感器的把轴承温度信号转换成微弱的电信号，经过其内部的前置放大、温度补偿、输出放大环节、A/D转换后，输出到列车CCU（中央控制单元），CCU根据温度数据进行自动处理或者转换成模拟或数字温度信号并传输给列车数据显示与记录系统，利用指针式或者数字式仪表显示出来，供驾驶员观察。

4.1　电　桥

电桥是采用桥式电路的电测量仪器。如图4-1所示为电桥的基本形式，由四条支路（又称桥臂）形成的封闭回路（即桥体）和相关辅助设备组成。辅助设备主要有电源和检测仪表。各支路由电参数元件组成，它们的四个连接点A、B、C、D称为顶点。电源接在两个相对顶点间，检测仪表接在另两个相对顶点间。桥式测量电路于1833年首先由S. H. 克里斯蒂发明。电桥一词原意是指连接两个相对顶点的支路，特别是检测仪表支路，如同在相对顶点间架设的一座小桥。后来，电桥一词被用来泛指整个线路。复杂的电桥电路还包括更多数量的桥臂。

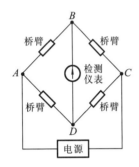

图 4-1　电桥的基本形式

电桥主要用于测量电路元件（如电阻、电感、电容等）的量值或它们的变化量，也用于测量非电量，并转换成电压或电流进行输出。电桥电路结构简单，具有较高的精确度和灵敏度，可以预调平衡，易于消除温度和环境的影响，所以广泛应用在测量装置中。最早出现的电桥是测电阻用的直流电桥。随后，为了测交流元件的参数和进行高准确度的测量及对数字信号的处理等，先后发展出种类繁多、用途各异的经典交流电桥、感应耦合比例臂电桥、有源电桥、数字电桥和智能化电桥等，并在测试技术领域中得到广泛的应用。

4.1.1　直流电桥

直流电桥是指采用直流电源供电的桥式电路。

1. 工作原理

如图4-2所示，电桥的四个桥臂接电阻R_1、R_2、R_3、R_4，顶点A、C之间接直流电源，顶点B、D之间接指示仪表或放大器，且当指示仪表或放大器输入电阻较大时，B、D端可视为开路。

根据戴维南定理简化该电路，并利用直流电路欧姆定律计算后可得，电桥输出端电压为

$$u_o = \frac{R_1 R_3 - R_2 R_4}{(R_1 + R_2)(R_3 + R_4)} u_i \qquad (4-1)$$

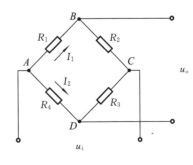

图 4-2　直流电桥

若 $R_1R_3=R_2R_4$，则电桥输出电压 $u_o=0$，称电桥处于平衡状态。若各桥臂具有相应的电阻增量 ΔR_1、ΔR_2、ΔR_3、ΔR_4 时，则由式(4-1)得

$$u_o = \frac{(R_1+\Delta R_1)(R_3+\Delta R_3)-(R_2+\Delta R_2)(R_4+\Delta R_4)}{(R_1+\Delta R_1+R_2+\Delta R_2)(R_3+\Delta R_3+R_4+\Delta R_4)}u_i \tag{4-2}$$

当采用等臂电桥，即 $R_1=R_2=R_3=R_4=R$ 时，式(4-2)可简化为

$$u_o = \frac{R(\Delta R_1+\Delta R_3-\Delta R_2-\Delta R_4)+\Delta R_1\Delta R_3-\Delta R_2\Delta R_4}{(2R+\Delta R_1+\Delta R_2)(2R+\Delta R_3+\Delta R_4)}u_i \tag{4-3}$$

一般测量中，ΔR 往往很小，即 $\Delta R\ll R$，所以式(4-3)分母中的 ΔR 项和分子中 ΔR 高次项可略去，则式(4-3)可简化为

$$u_o = \frac{\Delta R_1+\Delta R_3-\Delta R_2-\Delta R_4}{4R}u_i \tag{4-4}$$

式中：ΔR_1、ΔR_2、ΔR_3、ΔR_4 均为代数量。

由式(4-4)可以得出如下结论。

(1) $\Delta R\ll R$ 时，电桥输出电压 u_o 与各桥臂电阻变化量的代数和成正比，所以电桥输出电压可以反映被测量引起的电阻值变化量。若桥臂电阻变化由电阻应变片阻值的变化产生，即 $\Delta R/R=S\varepsilon$，则电桥的输出电压与应变呈线性关系。式(4-4)可写为

$$u_o = \frac{\varepsilon_1-\varepsilon_2+\varepsilon_3-\varepsilon_4}{4}Su_i \tag{4-5}$$

式中：S 为电阻应变片的灵敏系数。

(2) 若相邻两桥臂的应变极性一致，即同为拉应变或压应变时，输出电压为两者之差；若相邻两桥臂的应变极性不同，则输出电压为两者之和。若相对两桥臂应变的极性一致，输出电压为两者之和；反之，为两者之差。这就是电桥的和差特性。

(3) 供桥电压 u_i 越高，输出电压 u_o 越大，即提高供桥电压可以提高电桥灵敏度。但是，当 u_i 增大时，电阻应变片通过的电流也增大，若超过电阻应变片所允许通过的最大工作电流时，应变片就会出现蠕变和零漂甚至损坏。

(4) 增大电阻应变片的灵敏系数 S，可提高电桥的输出电压。

根据工作时电桥中参与工作的桥臂数，电桥有半桥单臂、半桥双臂、全桥三种接桥方式，如图 4-3 所示。

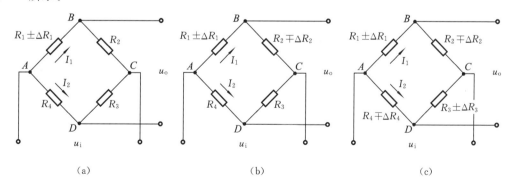

图 4-3　直流电桥连接方式

(a) 半桥单臂；(b) 半桥双臂；(c) 全桥

假设图中均为全等臂电桥，即 $R_1=R_2=R_3=R_4=R$，下面分析三种连接方式的电压输出。

(1) 半桥单臂。工作中只有一个桥臂电阻值随被测量而变化，则输出电压为

$$u_{\text{o}} = \frac{\Delta R}{4R} u_{\text{i}} \qquad\qquad (4\text{-}6)$$

（2）半桥双臂。工作中有两个桥臂（相邻或相对）电阻值随被测量而变化，即 $R_1 \pm \Delta R_1$、$R_2 \mp \Delta R_2$ 或者 $R_1 \pm \Delta R_1$，$R_3 \pm \Delta R_3$。当电阻变化量均为 ΔR 时，则输出电压为

$$u_{\text{o}} = \frac{\Delta R}{2R} u_{\text{i}} \qquad\qquad (4\text{-}7)$$

（3）全桥。工作中四个桥臂电阻值都随被测量而变化，即 $R_1 \pm \Delta R_1$，$R_2 \mp \Delta R_2$，$R_3 \pm \Delta R_3$，$R_4 \mp \Delta R_4$。当电阻变化量均为 ΔR 时，则输出电压为

$$u_{\text{o}} = \frac{\Delta R}{R} u_{\text{i}} \qquad\qquad (4\text{-}8)$$

由式(4-6)、式(4-7)、式(4-8)可知，采用不同的接桥方式，电桥输出电压灵敏度不同，全桥接法的灵敏度最高。

2. 电桥的和差特性及其应用

由式(4-4)及其结论可知电桥的和差特性，即相邻两桥臂电阻变化使各自引起的输出电压相减；相对两桥臂电阻变化使各自引起的输出电压相加。和差特性表明了桥臂电阻变化对输出电压的影响。利用和差特性，在实际应用中可以合理布置应变片进行温度补偿，提高电桥的灵敏度。

例 4-1　如图 4-4 所示为一受拉力、弯矩综合作用的构件，请合理布置电阻应变片 R_1、R_2、R_3、R_4 的位置和电桥连接，画出相应的电桥测试电路，要求：①只测力 F 而不受弯矩 M 的影响；②只测弯矩 M 而不受力 F 的影响。

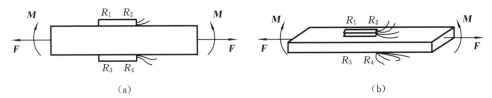

（a）　　　　　　　　　　　　　　　　（b）

图 4-4　布片示意图

（a）只测力不受弯矩的影响；（b）只测弯矩不受力的影响

解　按如图 4-4 所示进行布片。

① 采用半桥双臂接法，上下侧对应处贴应变片各一片，对臂接桥，另外，两臂（对臂）接常值电阻。

② 采用全桥接法，同侧应变片接到电桥相对桥臂。

接桥方式分别如图 4-5(a)、(b)所示。

3. 电桥的工作方式

电桥有平衡和不平衡两种工作方式。

（1）平衡方式。此方式如图 4-6 所示，检测仪表 G 支路两端的电位差为零，且该支路中的电流为零。因而检测仪表又称指零仪表。如以被测元件为一个桥臂，而其他各臂由标准元件组成，通过可调元件 R_5 调整电桥电路的平衡，就可直接读出或计算出被测参数的量值。工作在平衡方式的电桥，其特点之一是测量结果不受电源电压高低和变化的影响。这种工作方式多用于对测量准确度要求较高的情况，且只适用于静态量的测量。

（2）不平衡方式。此方式检测仪表支路两端的电位差不为零，该支路中有电流通过。检

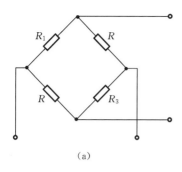 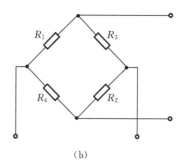

（a）   （b）

图 4-5 接桥方法

（a）半桥双臂接法；（b）全桥接法

测仪表的指示数值是被测参数变化的函数。这种工作方式多用于非电量的电测和生产过程中的检测。

4. 直流电桥的特点

直流电桥具有高稳定度直流电源易得、输出可以用直流仪表测量、对导线要求较低、平衡电路简单的优点，但是它也具有直流放大器比较复杂、易受零漂和接地电位影响的缺点。

5. 电桥的测量误差及其补偿

对于电桥来说，误差主要来源于非线性误差和温度误差。

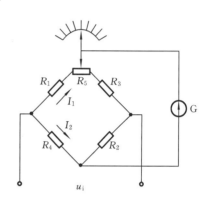

图 4-6 平衡电桥

当采用半桥单臂接法时，其输出电压近似正比于 $\Delta R/R$，这主要是因为输出电压的非线性造成的，减少非线性误差的方法是采用半桥双臂接法和全桥接法。这时，不仅消除了非线性误差，而且输出灵敏度也成倍提高。

温度误差是由温度变化引起的阻值变化所造成的，即半桥双臂接法中 $\Delta R_1 \neq \Delta R_2$，全桥接法中 $\Delta R_1 \neq \Delta R_2$ 或者 $\Delta R_3 \neq \Delta R_4$。减少温度误差的方法是在贴应变片时尽量使各应变片的温度一致或者加温度补偿片进行补偿。

4.1.2 交流电桥

如果电桥输入电源 u_i 为交流电压，则电桥称为交流电桥。交流电桥的阻抗可以是电阻、电容和电感，如图 4-7 所示。

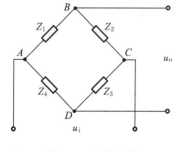

图 4-7 交流电桥

按照直流电桥的推导方法，同样可得交流电桥输出公式

$$u_o = \frac{Z_1 Z_3 - Z_2 Z_4}{(Z_1 + Z_2)(Z_3 + Z_4)} u_i \qquad (4-9)$$

所以交流电桥平衡条件为

$$Z_1 Z_3 = Z_2 Z_4 \qquad (4-10)$$

即两相对桥臂的阻抗之积相等。若桥臂阻抗以指数形式表示，即 $Z_i = r_i e^{j\varphi_i}$，$i=1,2,3,4$。则式（4-10）可写为

$$r_1 r_3 e^{j(\varphi_1+\varphi_3)} = r_2 r_4 e^{j(\varphi_2+\varphi_4)} \qquad (4-11)$$

由复数性质知，等式两端的模和相角分别相等，故有

$$\left.\begin{array}{c} r_1 r_3 = r_2 r_4 \\ \varphi_1 + \varphi_3 = \varphi_2 + \varphi_4 \end{array}\right\} \tag{4-12}$$

式（4-12）为交流电桥平衡条件的另一种表达形式，即相对桥臂阻抗模之积相等，且相角之和也相等。因此，交流电桥设有电阻平衡装置和电容平衡装置，分别用于调整模和相角平衡。

4.1.3　数字电桥

随着微电子技术与计算机软件技术的发展，20 世纪 70 年代产生了将模拟电路、数字电路与计算机技术结合在一起的带微处理器的数字电桥。数字电桥利用数字技术来测量阻抗参数，它将传统的模拟量转换为数字量，利用计算机或微处理器进行数字运算、传递和处理等。

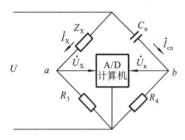

图 4-8　数字电桥原理图

图 4-8 所示为数字电桥的基本原理图。其中 Z_x 为被测阻抗，C_n 为标准电容，R_3、R_4 两端电压为 U_x 和 U_n，使用相敏检波器（PSD）分别测出 U_x 和 U_n 对应于参考相量 U 的同相量分量和正交分量，然后经模/数转换（A/D）器将其转化为数字量，再由计算机进行复数运算，即可得到组成被测阻抗 Z_x 的电阻值与电抗值。

数字电桥的测量对象为阻抗元件的参数，包括交流电阻 R、电感 L 及其品质因数 Q、电容 C 及其损耗因数 D 等。因此，又常称数字电桥为数字式 LCR 测量仪。其测量用频率自工频到约 100 kHz。基本测量误差为 0.02％，一般测量误差在 0.1％左右。实际中数字电桥通常应用于对阻抗量具的检定与传递及对阻抗元件的常规测量。目前，商品化的数字电桥很多，一般带有标准接口，可根据被测值的准确度对被测元件进行自动分挡，也可用于自动测试系统，对元件生产线的产品进行自动检验，以实现生产过程的质量控制。数字电桥正向高准确度、多功能、高速、集成化及智能化等方面发展。

4.2　信号的调制与解调

在测试过程中，一些被测量（如力、位移等）经过传感器变换后，通常为一些缓变的微弱电信号。而这些微弱电信号在传输过程中抗干扰能力较弱，所以一般通过直流或交流放大，来满足信号传输及后续处理的需要。但是在对这些信号采用直流放大时，由于受零漂与级间耦合的影响，容易产生失真，所以一般采用先把缓变的微弱信号转变为频率适当的交流信号，采用交流放大器进行放大，然后再恢复为原来的信号，这个过程就是调制与解调。调制是指利用某种信号（如被测信号）来控制并改变某一高频振荡信号的某个参数（如幅值、频率或相位等）使其随着该信号的变化而变化的过程。调制是各种通信系统的重要基础，广泛用于广播、电视、雷达、测量仪表等电子设备。解调则是指从已调波中恢复出调制信号的过程，即调制的逆过程。

在调制过程中，将控制高频振荡的低频信号称为调制波或调制信号，将载送低频信号的高频振荡波称为载波或被调信号，而经过调制后所得到的高频振荡波称为已调波或已调信号。

调制的种类很多，分类方法也不一致。按调制信号的形式可分为模拟调制和数字调制。按载波的种类可分为脉冲调制、正弦波调制和强度调制等。按被调制参数的不同分为调幅（AM）、调频（FM）和调相（PM）。不同的调制方式有不同的特点、性能和应用领域。图 4-9 显示了调幅和调频的情况。本节主要介绍调幅、调频及其解调。

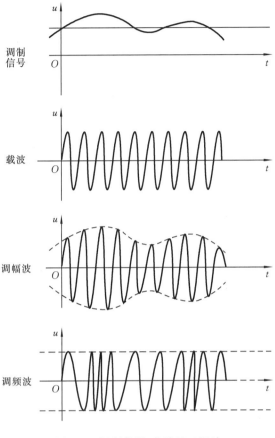

图 4-9 调制信号、载波及已调波

4.2.1 调幅及其解调

1. 调幅原理

调幅是将一个高频振荡信号（载波）与被测信号（调制信号）相乘，使高频振荡信号的幅值随被测信号的变化而变化。调幅的目的是便于缓变信号的放大和传送。

如果 $x(t) \leftrightarrow X(f)$、$y(t) \leftrightarrow Y(f)$，由傅里叶变换的性质可知，在时域中两个信号相乘，则在频域中这两个信号卷积，即 $x(t)y(t) \Leftrightarrow X(f) * Y(f)$。

假设调制信号为 $x(t)$，其最高频率成分为 f_m，载波信号为 $y(t) = \cos 2\pi f_0 t$，且 $f_0 \gg f_m$，则调幅波为 $x_m(t) = x(t)\cos 2\pi f_0 t$。

由于

$$\cos 2\pi f_0 t \Leftrightarrow \frac{1}{2}\delta(f+f_0) + \frac{1}{2}\delta(f-f_0) \tag{4-13}$$

则由其他函数与 δ 函数的卷积性质，有

$$x(t)\cos 2\pi f_0 t \Leftrightarrow \frac{1}{2}X(f+f_0) + \frac{1}{2}X(f-f_0) \tag{4-14}$$

所以，调幅使被测 $x(t)$ 的频谱从 $f=0$，向左、右迁移了 $\pm f_0$，而幅值降低了一半，如图4-10所示。但 $x(t)$ 中所包含的全部信息都完整地保存在调幅波中。载波频率 f_0 称为调幅波的中

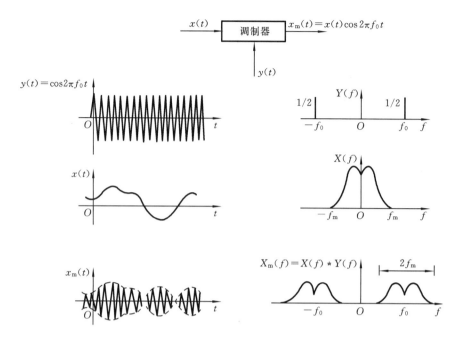

图 4-10　调幅过程

心频率。调幅以后，原信号 $x(t)$ 中所包含的全部信息均转移到以 f_0 为中心，宽度为 $2f_m$ 的频带范围之内，即将有用信号从低频区推移到高频区。因为信号中不包含直流分量，可以用中心频率为 f_0、通频带宽为 $\pm f_m$ 的窄带交流放大器放大，然后再通过解调从放大的调制波中取出有用的信号。所以调幅过程就相当于频谱"搬移"过程。由此可见，调幅的目的是为了便于缓变信号的放大和传送，而解调的目的是为了恢复被调制的信号。如在通信应用中，由于不同的信号被调制到不同的频段，因此，在一根导线中可以传输多路信号。为了减小放大电路可能引起的失真，信号的频宽（$2f_m$）相对于中心频率（载波频率 f_0）应越小越好。从调幅原理看，载波频率 f_0 必须高于原信号中的最高频率 f_m 才能使已调波仍保持原信号的频谱图形而不致重叠。实际载波频率通常至少数倍甚至数十倍于调制信号频率。

2. 同步解调

若把调幅波 $x_m(t)$ 再次与载波 $y(t)$ 相乘，即 $x_m(t)y(t)=x(t)\cos 2\pi f_0 t\cos 2\pi f_0 t=\dfrac{x(t)}{2}+\dfrac{1}{2}x(t)\cos 4\pi f_0 t$，则频域图形将再一次进行"搬移"，即

$$x(t)\cos 2\pi f_0 t\cos 2\pi f_0 t\Leftrightarrow \frac{1}{2}X(f)+\frac{1}{4}X(f+2f_0)+\frac{1}{4}X(f-2f_0) \tag{4-15}$$

这一结果如图 4-11 所示。若用一个低通滤波器滤除中心频率为 $2f_0$ 的高频成分，将可以复现原信号的频谱（但其幅值减少了一半，这可用放大处理来补偿），这一过程称为同步解调。"同步"是指解调时所乘的信号与调制时的载波信号具有相同的频率和相位。

3. 交流电桥调幅

交流电桥就是采用音频载波电源供桥的一个调幅器。

设供桥电源为一正弦交流电压，波形如图 4-12(a) 所示。其表达式为

$$e_0 = E_0\sin\omega t \tag{4-16}$$

式中：E_0 为载波电压的最大幅值；ω 为载波电压的角频率。

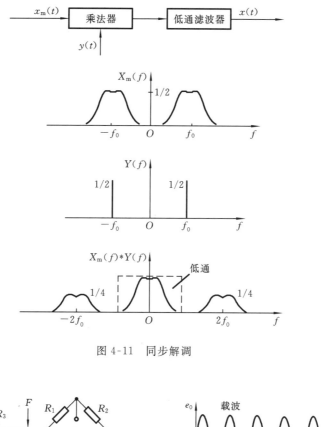

图 4-11 同步解调

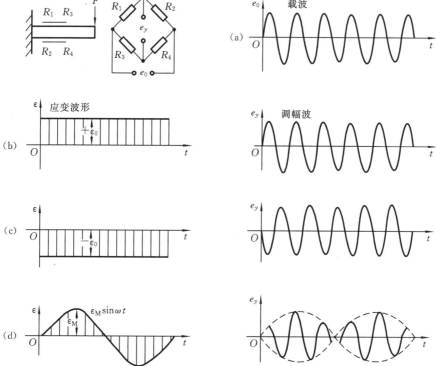

图 4-12 交流电桥输出的电压波形

当采用全桥接法时，四个桥臂均接入应变片，电桥输出为

$$e_y = \frac{\Delta R}{R} E_0 \sin\omega t \qquad (4\text{-}17)$$

由于

$$\frac{\Delta R}{R} = S\varepsilon$$

则得

$$e_y = SE_0 \varepsilon \sin\omega t \qquad (4\text{-}18)$$

式中：S 为应变片的灵敏系数；ε 为应变片的应变。

式(4-18)就是电桥输出的调幅波表达式。可以看出，原来幅值为 E_0、频率为 ω 的等幅载波，经过电桥调幅后，幅值变为 $SE_0\varepsilon$，即载波的幅值被应变所调制，而且随着调制信号 ε 正负半周的改变，调幅波的相位也随着改变。当调制信号 ε 为正时，调幅波与载波同相；当 ε 为负时，调幅波与载波反相。不论调制信号频率 ω 怎样低，需要交流放大器放大的却是"搬移"到接近载波频率 ω 的频率分量，以实现不失真放大。由此可见，调幅的过程实际上就是频率的搬移过程。

电桥的调幅原理，不仅对纯电阻电桥，而且对电感电桥或电容电桥也同样适用。

电桥的输出信号（已调波）送入交流放大器放大，只要已调波的频率在放大器工作频带内，则交流放大器的输出是一个放大了的调幅波。因此，必须对已调波进行调解，恢复被测信号的原形。

4．整流检波与相敏检波

检波就是对调幅波进行解调还原出调制信号的过程。普通的二极管整流检波器仅可检出调幅波的幅值。而如图 4-12 所示的调幅波，其幅值的包络线反映了应变的大小，而相位则包含了应变方向（拉伸或者压缩）信息，两者都有意义。通常，采用相敏检波器进行检波，既能辨别调制信号的极性（相位），又能反映调制信号的幅值。

相敏检波器利用载波作参考信号来鉴别调制信号的极性。当调幅波与载波同相时，相敏检波器的输出电压为正；当调幅波与载波反相时，其输出电压为负。输出电压的大小仅与信号电压成比例，而与载波电压无关，从而实现了前面提出的既能反映被测信号的幅值又能辨别极性的两个目标。图 4-13 所示为相敏检波器的鉴相与选频特性。

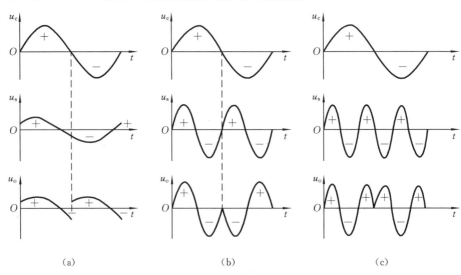

（a）　　　　　　　（b）　　　　　　　（c）

图 4-13　相敏检波器的鉴相与选频特性

（a）同频有相位差；（b）二倍频；（c）三倍频

常用的相敏检波电路有半波相敏检波电路和全波相敏检波电路。图 4-14(a)所示为一全波相敏检波电路。该电路由四个特性一致的二极管连接成环状，e_x 为信号电压，由变压器 T_1 加到 b、d 两端，在 a、c 两端，由变压器 T_2 送进一个参考电压 e_0，它取自调幅器的载波振荡器，其频率与载波的频率相同，其幅值是信号电压的 2 倍以上。R_f 为负载电阻，R 是保证线路对称而接入的平衡电阻。

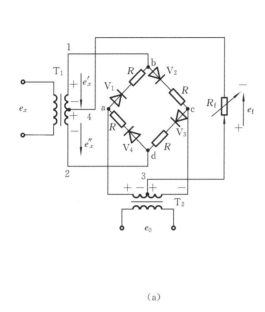

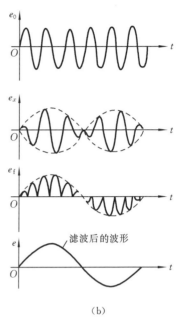

(a)   (b)

图 4-14 全波相敏检波电路

(a) 电路图；(b) 波形图

参考电压 e_0 相当于一个控制开关，只起控制二极管 V_1、V_2、V_3、V_4 的导通与截止的作用，如图 4-15 所示。在参考电压 e_0 的正半周，V_1、V_2 导通，V_3、V_4 截止，相当于图中开关 S 往右接通电路 1、3 点；在 e_0 的负半周，V_3、V_4 导通，V_1、V_2 截止，相当于图中开关 S 往左接通电路 2、3 点。而检波器的输出 e_f 仅与 e_x 的大小及相对于 e_0 的相位有关，若信号电压 e_x 为零时，虽然有参考电压 e_0，但输出电压 e_f 为零；若信号电压 e_x 不为零时，一定有输出电压 e_f 不为零。当 e_x 与 e_0 同相时，不论 e_0 为正半周还是负半周，开关 S 总是使电流从点 3 流向点 4。同理，当 e_x 与 e_0 反相时，输出 e_f 为负。

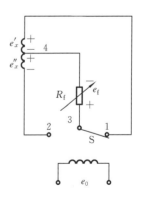

图 4-15 全波相敏检波器动作原理图

相敏检波的输出波形为峰波，如图 4-14 所示，其包络线就是调制信号。通过低通滤波后即可得到低频调制信号（即被测信号）。动态电阻应变仪即是具有电桥调幅与相敏检波的典型应用实例。

4.2.2 调频及其解调

利用调制信号控制高频振荡波的频率使其随调制信号而变化的过程称为调频，也即利用信号电压幅值控制振荡器振荡信号的频率，而其幅值不变。随着信号电压的变化，振荡信号频率在载波频率(中心频率)附近变化,所以调频波是随信号变化疏密不等的等幅波。为了保证测试精度,一般载波中心频率应远高于信号中的最高频率成分。

调频信号具有抗干扰能力强,易于远距离传输,不易错乱、跌落和失真等优点,并且容易实现数字处理。

调频常用振荡电路来实现,如 LC 振荡回路、变容二极管调制器、压控振荡器等。其中压控振荡器电路形式多样,并且市场上有集成化的压控振荡器芯片出售。在此仅介绍 LC 谐振电路调频原理。

1. LC 谐振电路及其调频工作原理

LC 谐振电路是由电容、电感(或电阻)元件串联或并联构成的电路。通过电感耦合后从稳定的高频振荡器取得电路电源。电路的阻抗由电路参数和电源频率共同决定。图 4-16 所示为由电感和电容并联后接高频振荡电源构成的并联谐振电路。当电路发生并联谐振时,阻抗值达到最大,电流流过时电路两端输出的电压值也最大,电流与电压同相。

电路谐振频率为

$$f_n = \frac{1}{2\pi\sqrt{LC}} \tag{4-19}$$

式中:f_n 为谐振电路谐振频率(Hz);L 为电感量(H);C 为电容量(C)。

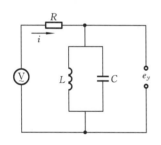

图 4-16 并联谐振电路

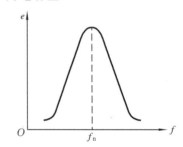

图 4-17 电压谐振曲线

电路未发生谐振时,即处于失谐状态时,振荡器的振荡频率 f 与谐振频率 f_n 不同。由图 4-17 可知,随振荡频率 f 的变化,谐振电路的电压输出也会变化。

并联谐振电路在测试中可以用于以下几个方面。

(1) 利用 f_n 随 L、C 变化而变化的性质,把电容或电感传感器的电容或电感变化接入谐振电路,即可实现频率调制,这种调频方法称为直接调频法。

(2) 利用电路在失谐时的频率-电压幅值关系,可以把调频波转换为调幅波。

如图 4-18 所示,在谐振电路中并联电容或电感,电容或电感随被测信号而变化,作为调制信号。高频电源就是调频波的载波,谐振电路输出电压就成为调频波。

若电容传感器的电容 C_1 作为谐振电路的调谐电容,设 C_1 的初始值为 C_0,当被测信号为 $x(t)$ 时,则传感器电容量 C_1 为

$$C_1 = C_0 + \Delta C = C_0 + K_x C_0 x(t) \tag{4-20}$$

式中:K_x 为比例系数。

当没有信号输入时,$x(t)=0$,谐振电路的谐振频率为

$$f = \frac{1}{2\pi\sqrt{L(C+C_0)}} \tag{4-21}$$

当有信号输入时,$x(t)\neq 0$,谐振电路的谐振频率为

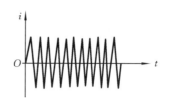

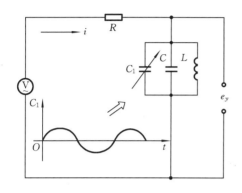

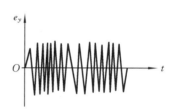

图 4-18 谐振电路作调频器

$$f = \frac{1}{2\pi \sqrt{L(C+C_1)}} \qquad (4-22)$$

谐振频率绝对变化量由式(4-22)微分求得

$$\mathrm{d}f = -\frac{f}{2}\frac{\mathrm{d}C_1}{C+C_1} \qquad (4-23)$$

在载波频率 f_0 附近有 $C_1 = C_0$,故

$$\Delta f = -\frac{f_0}{2}\frac{\Delta C_0}{C+C_0} \qquad (4-24)$$

电路谐振频率的表达式

$$f = f_0 + \Delta f = f_0[1 - K_f x(t)] \qquad (4-25)$$

式中:$K_f = \dfrac{C_0 K_x}{2(C+C_0)}$。

当无信号输入时,谐振电路输出电压为

$$e_{y0} = E\cos(2\pi f_0 t + \varphi)$$

当有信号输入时,谐振电路输出电压为

$$e_y = E\cos(2\pi f t + \varphi) = E\cos\{2\pi f_0[1 - K_f x(t)]t + \varphi\} \qquad (4-26)$$

由式(4-26)可知,当有信号 $x(t)$ 输入时,谐振电路的输出为等幅波,但电压频率受输入信号的调制而达到了调频目的。

2. 调频波的解调

调频波的解调又称为鉴频,即将信号的频率变化再变换为电压幅值的变化。鉴频的方法也有许多,常用的有变压器耦合的谐振回路法,如图 4-19 所示。图中 L_1、L_2 是变压器耦合的原、副线圈,它们和 C_1、C_2 组成并联谐振回路。e_f 为输入的调频信号,在回路的谐振频率 f_n 处,线圈 L_1、L_2 的耦合电流最大,副边输出电压 e_a 也最大;e_f 频率离 f_n 越远,线圈 L_1、L_2 的耦合电流越小,副边输出电压 e_a 就越小,从而将调频波信号频率的变化转化为电压幅值的变化。

频率调制相对于幅值调制的一个重要优点是改善了信噪比。调频波之所以改善了信号传输过程中的信噪比,是因为调频信号所携带的信息包含在频率变化之中,并非振幅之中,而干

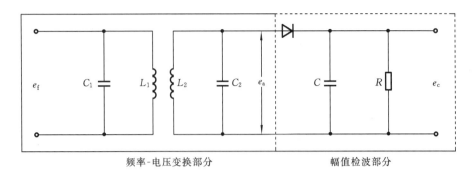

频率-电压变换部分　　　　　　　幅值检波部分

图 4-19　变压器耦合谐振回路鉴频

扰波的干扰作用则主要表现在振幅之中。这种由干扰引起的幅值变化，往往可以通过限幅器而有效地消除。

调频方法也存在严重缺点：调频波通常要求很宽的频带，甚至为调幅所要求带宽的 20 倍；调频系统较之调幅系统结构复杂，因为频率调制是一种非线性调制，它不能运用叠加原理。因此，分析调频波要比分析调幅波困难，一般仅对调频波进行近似的分析。

4.3　滤　波　器

4.3.1　概述

在测试信号中，往往存在干扰噪声，另外，有时只需对某频率范围内的信号进行后续的分析处理。因此，对不需要的信号必须进行滤除，而使用的工具就是滤波器。

滤波器是一种选频装置，可以使信号中特定的频率成分通过，而极大地衰减其他频率成分。在测试装置中，利用滤波器的这种选频作用，可以滤除干扰噪声或进行频谱分析。

广义地讲，任何一种信息传输通道（媒质）均可视为是一种滤波器。因为，任何装置的响应特性都是激励频率的函数，都可用频域函数描述其传输特性。因此，构成测试系统的任何一个环节，诸如机械系统、电气网络、仪器仪表，甚至连接导线等，都将在一定频率范围内按其频率特性对所通过的信号进行变换与处理。

随着数字滤波技术的发展，其应用日益广泛，但模拟滤波在自动检测、自动控制，以及电子测量仪器中仍具有重要用途。本节主要介绍滤波器电路的基本原理，这些电路可以构成各种模拟滤波器。

4.3.2　滤波器的分类

（1）按所处理信号的形式可分为模拟滤波器和数字滤波器。

（2）按电路是否需要电源可分为有源滤波器和无源滤波器，根据元件组成又可分为 LC、RC，以及由特殊元件构成的无源滤波器和 RC 有源滤波器等。

（3）按传递函数的阶数可分为一阶滤波器、二阶滤波器和高阶滤波器。

（4）按滤波器的选频作用可分为低通滤波器、高通滤波器、带通滤波器和带阻滤波器。

这些滤波器中低通滤波器和高通滤波器是滤波器的两种最基本的形式，其他的滤波器都可以分解为这两种类型的滤波器。图 4-20 所示为四种滤波器的幅频特性曲线。

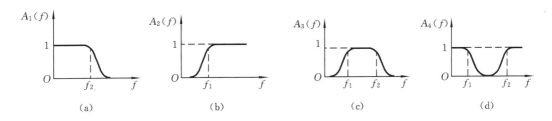

图 4-20　四种滤波器的幅频特性曲线

(a) 低通滤波器幅频特性曲线；(b) 高通滤波器幅频特性曲线；

(c) 带通滤波器幅频特性曲线；(d) 带阻滤波器幅频特性曲线

4.3.3　滤波器的特性

1. 理想滤波器

理想滤波器是指能使通带内信号的幅值和相位都不失真,阻带内的频率成分都衰减为零的滤波器,其通带和阻带之间有明显的分界线。这也就是说,理想滤波器在通带内的幅频特性应为常数,相频特性的斜率为常值,在通带外的幅频特性应为零。

理想低通滤波器的频率响应函数为

$$H(f) = \begin{cases} A_0 e^{-j2\pi f t_0}, & |f| < f_c \\ 0, & 其他 \end{cases} \qquad (4\text{-}27)$$

式中: f_c 为滤波器的截止频率。

分析式(4-27)所表示的频率特性可知,该滤波器在时域内的脉冲响应函数 $h(t)$ 为 sinc 函数,如图 4-21 所示。脉冲响应的波形沿横坐标左、右无限延伸,从图中可以看出,在单位脉冲输入滤波器之前,即在 $t<0$ 时,滤波器就已经有响应了。显然,这是一种非因果关系,在物理上是不可能实现的。这说明,在截止频率处呈现直角锐变的幅频特性,或者说在频域内用矩形窗函数描述的理想滤波器是不可能存在的。实际滤波器的频域图形不会在某个频率上完全截止,而会逐渐衰减并延伸到无穷大。

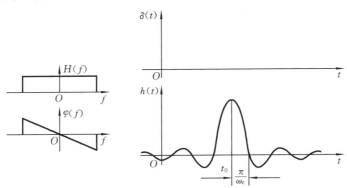

图 4-21　理想滤波器的幅频、相频特性及其脉冲响应

2. 实际滤波器参数

理想滤波器是不存在的。实际滤波器的通带和阻带之间没有明显的界线,而是存在一个过渡带。在过渡带内的频率成分不会被完全抑制,只会受到不同程度的衰减。当然,希望过渡带越窄越好,也就是希望对通带外的频率成分衰减得越快、越多越好。因此,在设计实际滤波

器时，总是通过各种方法使其尽量逼近理想滤波器。图 4-22 所示是一个典型的实际带通滤波器幅频特性曲线。

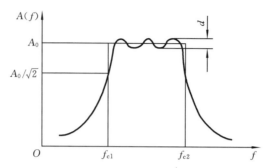

图 4-22　实际带通滤波器幅频特性曲线

与理想滤波器相比，需要用更多的参数来描述实际滤波器的特性，主要参数有纹波幅度、截止频率、带宽、品质因数和倍频程选择性等。

1）纹波幅度 d

在一定频率范围内，实际滤波器的幅频特性可能呈波纹变化。其波动幅度 d 与幅频特性的平均值 A_0 相比，越小越好，一般应远小于 -3 dB。

2）截止频率 f_c

幅频特性值等于 $\dfrac{A_0}{\sqrt{2}}$ 所对应的频率称为滤波器的截止频率。以 A_0 为参考值，$\dfrac{A_0}{\sqrt{2}}$ 对应于 -3 dB点，即相对于 A_0 衰减了 -3 dB。若以信号的幅值平方表示信号功率，则所对应的点正好是半功率点。

3）带宽 B 和品质因数 Q 值

上、下两截止频率之间的频率范围称为滤波器带宽，或 -3 dB 带宽，单位为 Hz。带宽决定着滤波器分离信号中相邻频率成分的能力——频率分辨力。对于带通滤波器，通常把中心频率 $f_0(f_0 = \sqrt{f_{c1} \cdot f_{c2}})$ 和带宽 B 之比称为滤波器的品质因数 Q。例如，一个中心频率为 500 Hz 的滤波器，若其 -3 dB 带宽为 10 Hz，则称其 Q 值为 50。Q 值越大，表明滤波器的频率分辨力越强。

4）倍频程选择性 W

在两截止频率外侧，实际滤波器有一个过渡带，这个过渡带的幅频曲线倾斜程度表明了幅频特性衰减的快慢，它决定着滤波器对带宽以外频率成分衰减的能力，常用倍频程选择性来表示。所谓倍频程选择性，是指在上截止频率 f_{c2} 与 $2f_{c2}$ 之间，或者在下截止频率 f_{c1} 与 $f_{c1}/2$ 之间幅频特性的衰减量，即频率变化一个倍频程时的衰减量，为

$$W = -20\lg \frac{A(2f_{c2})}{A(f_{c2})} \quad \text{或} \quad W = -20\lg \frac{A\left(\dfrac{f_{c1}}{2}\right)}{A(f_{c1})}$$

倍频程衰减量以 dB/oct(octave，倍频程)表示。显然，衰减越快（即 W 值越大），滤波器的选择性越好。对于远离截止频率的衰减率也可用 10 倍频程衰减量来表示，即dB/10oct。

4.3.4　实际 RC 无源滤波器

在测试系统中，常用到 RC 滤波器。因为在这一领域中，信号频率相对来说不高。而 RC

滤波器电路简单,抗干扰性强,有较好的低频性能,并且所用标准的阻容元件易得,价格便宜,所以在工程测试领域中经常用到的滤波器就是 RC 滤波器。

1. RC 低通滤波器

RC 低通滤波器电路及其特性曲线如图 4-23 所示。

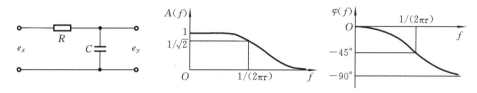

图 4-23　RC 低通滤波器电路及其特性曲线

设滤波器的输入电压为 e_x,输出电压为 e_y,由电工学知识建立电路的微分方程为

$$RC \frac{\mathrm{d}e_y}{\mathrm{d}t} + e_y = e_x$$

这是一个典型的一阶系统。令 $\tau = RC$,称为时间常数。对上式进行拉氏变换,有

$$H(s) = \frac{1}{\tau s + 1}$$

则频率响应为

$$H(f) = \frac{1}{\mathrm{j}2\pi f\tau + 1}$$

其幅频、相频特性分别为

$$A(f) = |H(f)| = \frac{1}{\sqrt{1 + (2\pi f\tau)^2}} \tag{4-28}$$

$$\varphi(f) = -\arctan(2\pi f\tau) \tag{4-29}$$

分析可知,当 f 很小时,$A(f) \approx 1$,信号将不受衰减的影响而通过;当 f 很大时,$A(f) \approx 0$,信号完全被阻挡,不能通过。其幅频、相频特性曲线如图 4-23 所示。

2. RC 高通滤波器

RC 高通滤波器电路及其特性曲线如图 4-24 所示。

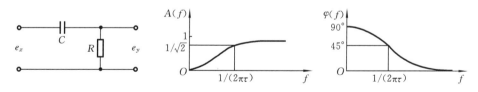

图 4-24　RC 高通滤波器电路及其特性曲线

设滤波器的输入电压为 e_x,输出电压为 e_y,根据电工学知识建立电路的微分方程为

$$e_y + \frac{1}{RC}\int e_y \mathrm{d}t = e_x$$

同理,令 $\tau = RC$,对上式进行拉氏变换,有

$$H(s) = \frac{\tau s}{\tau s + 1}$$

则频率响应为

$$H(f) = \frac{j2\pi f\tau}{j2\pi f\tau + 1}$$

其幅频、相频特性分别为

$$A(f) = \mid H(f) \mid = \frac{2\pi f\tau}{\sqrt{1 + (2\pi f\tau)^2}} \tag{4-30}$$

$$\varphi(f) = \arctan\left(\frac{1}{2\pi f\tau}\right) \tag{4-31}$$

分析可知，当 f 很小时，$A(f) \approx 0$，信号完全被阻挡，不能通过；当 f 很大时，$A(f) \approx 1$，信号将不受衰减的影响而通过。其幅频、相频特性曲线如图 4-24 所示。

3. RC 带通滤波器

带通滤波器可以看成是低通滤波器和高通滤波器的串联，其电路及其特性曲线如图 4-25 所示。

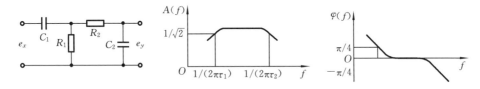

图 4-25　RC 带通滤波器电路及其特性曲线

其幅频、相频特性分别为

$$H(s) = H_1(s)H_2(s) \tag{4-32}$$

式中：$H_1(s)$ 为高通滤波器的传递函数；$H_2(s)$ 为低通滤波器的传递函数，所以有

$$A(f) = \frac{2\pi f\tau_1}{\sqrt{1 + (2\pi f\tau_1)^2}} \cdot \frac{1}{\sqrt{1 + (2\pi f\tau_2)^2}} \tag{4-33}$$

$$\varphi(f) = \arctan\left(\frac{1}{2\pi f\tau_1}\right) - \arctan(2\pi f\tau_2) \tag{4-34}$$

这时极低和极高的频率成分都完全被阻挡，不能通过；只有位于频率通带内的信号频率成分能通过。分别调节高、低通环节的时间常数，就可以得到不同的上、下截至频率和带宽的带通滤波器。

但是要注意，当高、低通两级串联时，应消除两级耦合时的相互影响，因为后一级将成为前一级的"负载"，而前一级又是后一级的信号源内阻。实际上两级间常用射极输出器或者运算放大器进行隔离。所以实际的带通滤波器常常是有源滤波器。有源滤波器由 RC 调谐网络和运算放大器组成。其中运算放大器既可作为级间隔离作用，又起到信号幅值的放大作用。有关有源滤波器内容可参阅相关资料。目前，市场上已有较多有源滤波器集成芯片出售，可以使测试系统设计与应用简化。

4.3.5　模拟滤波器的应用

模拟滤波器在测试系统或专用仪器仪表中是一种常用的变换装置。例如，带通滤波器用作频谱分析仪中的选频装置，低通滤波器用作数字信号分析系统中的抗频混滤波，高通滤波器用于声发射检测仪中剔除低频干扰噪声，带阻滤波器用作电涡流测振仪中的陷波器。

4.3.6　数字滤波

数字滤波是指用数字处理方式选择信号频率的一种信号处理方法。本质上是由数字乘法器、加法器和延时单元组成的一种计算方法。随着计算机技术和大规模集成电路技术的发展，数字滤波已可用计算机软件或大规模集成数字硬件电路实时实现。从系统观点上来看，数字滤波是一个离散时间系统（按预定的算法，将输入离散时间信号转换为所要求的输出离散时间信号的特定功能装置）。应用数字滤波处理模拟信号时，首先须对输入模拟信号进行限带、抽样和模数转换。数字滤波输入信号的抽样率应大于被处理信号带宽的两倍，其频率响应具有以抽样频率为间隔的周期重复特性，且以折叠频率即 1/2 抽样频率点镜像对称。为得到模拟信号，数字滤波处理的输出数字信号须经数模转换、平滑处理。

按照算法分类，数字滤波有直接卷积滤波和递归滤波等；按照滤波功能分类，数字滤波有低通、高通、带通、带阻和全通等类型。它可以是时不变的或时变的、因果的或非因果的、线性的或非线性的。应用最广的是线性、时不变数字滤波器。数字滤波具有高精度、高可靠性、可程控改变特性或复用、便于集成、不受周围环境温度的影响等优点。数字滤波在语音、图像、医学生物信号处理及其他应用领域都得到了广泛应用。

表 4-1 所示为模拟滤波与数字滤波的对比。

表 4-1　模拟滤波与数字滤波的对比

对 比 项 目	模 拟 滤 波	数 字 滤 波
输入输出	模拟信号	数字信号
系统	连续时间	离散时间
系统特性	时不变、叠加、齐次	非移变、叠加、齐次
数学模型	微分方程	差分方程
运算内容	微（积）分、乘、加	延时、乘、加
系统构成	分立元件（如电阻、电容、运放电路等）	软件：程序 硬件：乘、加、延时运算模块
系统函数	$H(s) = \dfrac{Y(s)}{X(s)}$ （s 域） $H(\omega) = \dfrac{Y(\omega)}{X(\omega)}$	$H(z) = \dfrac{Y(z)}{X(z)}$ （z 域） $H(e^{j\omega}) = \dfrac{Y(e^{j\omega})}{X(e^{j\omega})}$

4.4　信号的放大与转换

4.4.1　信号的放大

在工程测试中，输出模拟信号的传感器依然在广泛使用。这些传感器直接输出或者经过电桥变换后输出的信号通常存在电平低、内阻大并且具有较高的共模电压，通常利用信号放大电路处理过后才能进行显示、记录、传输、控制或者进行 A/D 转换。广泛应用于信号放大的电路通常采用由集成电路构成的模拟电子器件——运算放大器，它具有输入阻抗高、增益大、可靠性高、价格低、易应用的特点。运算放大器根据输入与输出之间的关系通常分为同相放大器和反相放大器，并在此基础上发展了多种类型与用途的运算放大器。图 4-26 所示为运算放大器电路原理图。

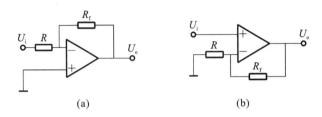

图 4-26　运算放大器

(a) 反相放大器；(b) 同相放大器

图 4-26(a)为反相放大器电路原理图，根据"虚地"原理，其传递函数为

$$G(s) = \frac{U_o}{U_i} = -\frac{Z_f}{Z} \tag{4-35}$$

式中：Z_f 为 R_f 的阻抗；Z 为 R 的阻抗。

反相放大器的增益为

$$G = \frac{U_o}{U_i} = -\frac{R_f}{R} \tag{4-36}$$

若 $R_f = R$，则 $U_o = U_i$，该反相放大器为反向跟随器。由式(4-36)可知，反相放大器可以实现近似比例运算。其输出特性受其输入电阻和反馈电阻影响，其输入电阻减小，输出电压也减少。

图 4-26(b)为同相放大器电路原理图，根据"虚地"原理，可推其增益为

$$G = \frac{U_o}{U_i} = 1 + \frac{R_f}{R} \tag{4-37}$$

在同相放大器中引入了共模电压，需要采用高共模抑制比的运算放大器，才能保证精度。所以同相放大器不如反相放大器应用广泛。在同相放大器中，输入电阻增加，输出电压减少。

利用同相放大器和反相放大器，可以实现比例、加减、积分、微分等应用。目前市场上有较为成熟的集成式运算放大器供应，如通用型集成运放 μA741、LM124/224/324，高精度型集成运放 ADOP-07、ICL7650，高输入阻抗集成运放 LF347/356、CA3140、DG3140 等。

在工程测试中，在对传感器输出的微弱信号的放大，仅适用于信号回路不受干扰的情况。但是实际测试受恶劣工况影响，需要采用具有高共模抑制比、低噪声、高输入阻抗、低漂移的放大器来抑制传感器输出信号中静电、工频、电磁耦合等共模干扰。这种放大器通常称作测量放大器、数据放大器或者仪表放大器。如图 4-27 所示为三运算放大器构成的测量放大器电路，该电路是一种同相并联差动放大器，其增益为

$$G = \frac{R_f}{R}\left(1 + \frac{R_{f1} + R_{f2}}{R_P}\right) \tag{4-38}$$

由式(4-38)可知：

① 在电路参数对称的形式下，测量放大器放大倍数和两个输入端的失调电压无关，输出信号不会受共模干扰影响，即具有抑制共模干扰的特性。

② 通过调节电阻 R_P 可以实现测量放大器放大倍数的调节。

由于测量放大器具有以上特点，所以其在需要进行数据采集、信号调理放大的场合得到了广泛的应用，目前市场供应的集成式测量放大器种类较多。如图 4-28 所示为美国 AD 公司生产的 AD620 测量放大器的引脚图和应用电路图。

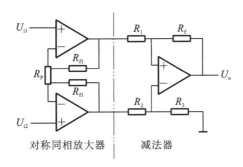

图 4-27　测量放大器

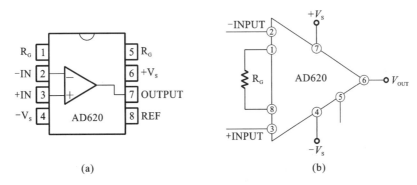

图 4-28　AD620 测量放大器

（a）引脚图；（b）应用电路图

AD620 具有低成本、体积小、功耗低、噪声小、精度高及供电电源范围广等特点，仅需要一个外部电阻 R_G 来设置增益，增益范围为 $1 \sim 1\,000$。故特别适宜应用到诸如传感器接口、心电图监测仪、精密电压电流转换等应用场合。其增益 G 与外接电阻 R_G 的关系为

$$G = 1 + \frac{49.4\ \text{k}\Omega}{R_G} \tag{4-39}$$

集成式测量放大器种类繁多，各具特色。其他常用测量放大器还有 INA114、INA122、AD626、LH0036、LH0038、LM363、AD8225、INA326/327 等。

4.4.2　信号的变换

在各种工程测试系统中，传感器输出通常为交直流的电压或者电流信号。其中由于直流信号具有不受传输线路电感、电容及负载性质的影响，不存在相位问题等特点，所以在过程控制中国际电工委员会（IEC）规定 DC 4～20 mA 的电流信号和 DC 0～5 V 的直流电压信号为模拟信号的统一标准。为满足系统的技术要求，通常需要在电压和电流信号之间进行转换来满足需要。

通常采用运放电路组成需要的电流/电压（I/U）和电压/电流（U/I）转换电路。为了保证转换精度和适应范围，通常要求 I/U 转换器具有较低的输入阻抗及输出阻抗，V/I 转换器具有较高的输入阻抗及输出阻抗。

1. U/I 变换电路

图 4-29 所示为一种负载接地的 U/I 变换电路。该电路利用运放作为比较电路，将输入电压与反馈电压进行比较，通过比较器输出电压控制晶体管构成由输入电压 U_i 控制的恒流源。

其中负载 R_L 一端接地，当 $R_1 = R_2$，$R_3 = R_4 + R_7$ 时，其输出电流为

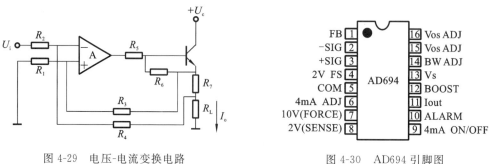

图 4-29　电压-电流变换电路　　　　　　图 4-30　AD694 引脚图

$$I_o = \frac{R_3}{R_1 \cdot R_7} U_i \tag{4-40}$$

由式(4-40)可知，该电路输出电流与电路负载无关。

图 4-30 所示为目前市场上有较为成熟的集成式 U/I 转换芯片 AD694 芯片引脚图。AD694 是一款单芯片电流发射器，可接收高电平信号输入以驱动标准 $4\sim20$ mA 电流环路，从而控制过程控制中常用的阀门、执行器和其他设备。输入信号由一个输入放大器缓冲，可以利用该放大器调整输入信号或者缓冲一个电流模式 DAC 的输出。通过简单的引脚绑定可以选择预校准的 $0\sim2$ V 或 $0\sim10$ V 输入范围；其他范围可以通过外部电阻进行设置。

图 4-31 为 AD694 应用实例电路原理图，物理量测量传感器构成电桥电路，电桥满量程输出通常为 $10\sim100$ mV，AD708 双运放和 AD694 内部的输入输出缓冲放大器构成测量放大器电路对电桥输出信号进行放大，其增益为

$$G = 1 + \frac{2R_s}{R_G} \tag{4-41}$$

图中参考电压 2 V 输出端接到 C 点形成"虚地"，脚 2V FS 也接到该点，相对于"虚地"，AD694 将相对于 U_A 为 $0\sim2$ V 的输入电压转换为 $4\sim20$ mA 的电流，可以确保单电源运放能够在很宽的共模范围内正确地工作。

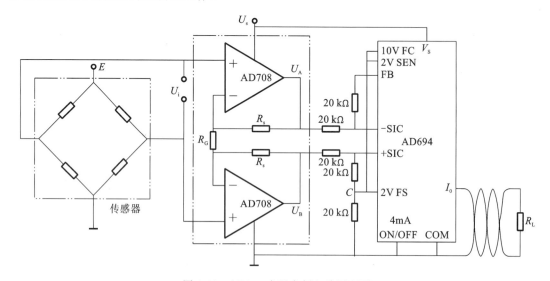

图 4-31　AD694 应用实例电路原理图

另外应用较多的集成式 U/I 转换芯片还有 INA105、XTR105/108/110 等，在实际使用中可根据系统需要进行选择。

2. I/U 变换电路

图 4-32 所示为一同相输入型 I/U 变换电路,根据"虚断"原理,$0\sim10$ mA 的输入电流在电阻 R 上产生输入电压 U_i。若 $R=200$ Ω,则产生 $0\sim2$ V 的输入电压,该电路放大倍数

$$G = 1 + \frac{R_f}{R_1} \tag{4-42}$$

若取 $R_1=100$ kΩ,$R_f=150$ kΩ,则 $0\sim10$ mA 的输入电流对应 $0\sim5$ V 的输出电压。

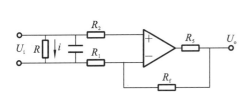

图 4-32　同相输入型 I/U 变换电路

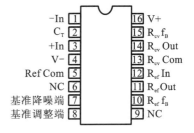

图 4-33　RCV420 引脚图

由于采用同相端输入,所以应该选用具有较高的共模抑制比的运算放大器;从电路结构可知,该电路输入阻抗较低。

利用运算放大器可以灵活组成不同特点的 I/U 变换电路,但是相关厂商也有更为集成的 I/U 变换芯片。图 4-33 为集成式 I/U 变换器 RCV420 引脚图。RCV420 是一款精密电流环接收器芯片,用于将 $4\sim20$ mA 输入信号转换成为 $0\sim5$ V 输出信号,具有很高的性能价格比。它包含一个高级运算放大器、一个片内精密电阻网络和一个精密 10 V 电压基准。其总转换精度为 0.1%,共模抑制比 CMR 达 86 dB,共模输入范围达 ±40 V。图 4-34 为利用 RCV420 构成的通用精密 I/U 变换电路。

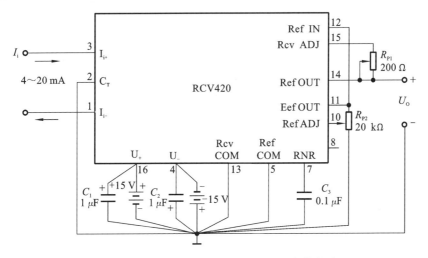

图 4-34　RCV420 构成的通用精密 I/U 变换电路

该电路采用 ±15 V 双电源供电。C_1 和 C_2 为正、负电源的退耦电容,需采用 1 μF 钽电容并且在安装时要尽量靠近 RCV420 的电源引脚。C_T 端、Rcv COM 端和 Ref COM 端必须单点接地并使接地电阻为最小,以免形成地线回路而引起转换误差。当 $I_i=4\sim20$ mA 时,$U_o=0\sim5$ V。C_3 为降噪电容,取 $C_3=0.1$ μF 时,可将基准电压输入端的噪声电压降低到 25 μV(峰-峰值),减小 50%。

4.5　信号的显示与记录

4.5.1　显示与记录仪器的作用和分类

1. 作用

显示与记录仪器用来显示测试系统所获取的信号，并使之变成人们能够直接观察的图形，以及保存测试系统所获取的信号，并使所保存的信息能够借助其他仪器进行分析和重放。

2. 分类

根据显示信号的特征不同，信号显示可分为模拟显示和数字显示。常见显示仪器包括磁电式指示仪表、CRT 显示器、TFT 显示器、数码管、LED、LCD 等。常见的记录仪分类如下。

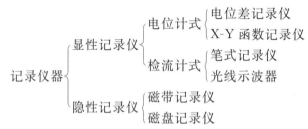

显性记录仪的输出结果，能够立即或经适当后续处理，在记录介质（如纸带、感光纸等）上观察到所测信号的变化情况。

隐性记录仪所记录的信号不能在记录介质上直接观察到，需要通过其他仪器设备才能显示出来。但是，隐性记录仪器所记录的信号可以方便地进行变换和频谱分析等，还可以方便地通过计算机对信号进行再处理，从而获得所测信号携带的多种信息。为实现对各种机械设备的状态监测和故障诊断，要求记录介质容量十分大，显性记录仪器所用的记录介质（如纸带、感光纸等）已远不能满足这种要求。而以磁带或磁盘等作为记录介质的隐性记录仪器正适应了近代控制技术和计算机技术的发展要求，因此，最近几年来得到了迅速发展。

根据记录信号的特征可分为模拟信号记录仪器和数字信号记录仪器。

4.5.2　光线示波器

光线示波器是利用被记录的电流信号控制光束偏移在感光纸上记录信号的仪器。

1. 分类

按记录部分的结构形式分为动圈式光线示波器和动磁式光线示波器。按记录介质类型可分为显影、定影记录式光线示波器（记录带是感光胶片，必须经过显影、定影后才能显示出记录曲线）和直接记录式光线示波器（特殊的记录纸带，这种纸带仅对紫外线敏感而对其他波长的光线不敏感）。目前，应用较广的是动圈式紫外线光源直接记录仪。

2. 工作原理

光线示波器主要由振子、光学系统、记录纸及传动装置、时标装置和电路控制系统等组成，如图 4-35 所示，其主光路示意图如图 4-36 所示。

ZD_2是一个频闪灯，作为时标光源，它由专用的脉冲间隔控制电路使其按一定的时间间隔闪亮一次。所发光线通过狭缝后由反光镜 M_2 反射，经圆柱面透镜 L_2 聚焦在感光纸上，形成一条直线。在记录纸单向均匀走纸时，其上就留下等间隔的横向直线，称为时标线。时标线间隔

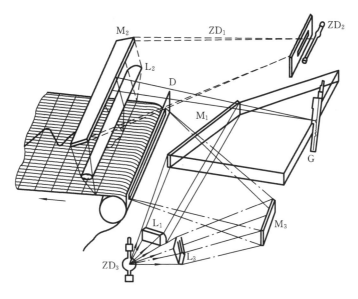

图 4-35   光线示波器组成示意图

反映了频闪灯两次闪亮之间的时间间隔,可作为记录波形的时间度量标尺。常用的 SC16 型光线示波器内有 1 s、0.1 s 和 0.01 s 三种时间间隔。它们分别应用于不同的走纸速度。走纸速度快,时标间隔小;反之,走纸速度慢,时标间隔大。ZD_1 是一超高压汞灯,是主光源。它所发出的光线分两路行进。一路经柱面透镜 L_3 和反射镜 M_3 成为一个薄狭长光带,经光栅 D 投射到记录纸上。光栅 D 是一个具有许多等间距垂直狭缝的透光片,光线通过诸狭缝后在记录纸上形成间隔为 2 mm 的细线和间隔为 10 mm 的粗线,它们作为

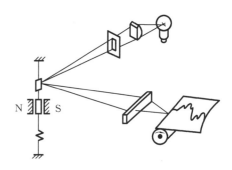

图 4-36   光线示波器主光路示意图

被记录信号幅值计量的分度线。ZD_1 发出的光的另一路作为主要的记录波形用光路。光线经过圆柱面透镜 L_1 聚焦后射向反射镜 M_1,M_1 使光线呈水平狭长光带照射到 FC6 型振子 G 内的小反射镜上(图中只画出了一个振子,实际仪器中可并排放置 16 个振子)。由振子小镜反射出一细长光束射向反射镜 M_2,经圆柱面透镜 L_2 进一步聚焦成一光点投射到记录纸上。振子内小镜随被记录电流大小而改变转动角度的大小,进而使记录纸上的光点移动位置,在纸带匀速走动过程中绘出被记录信号的波形。这一部分主要光路可进一步简化成图 4-36 所示的原理示意图。输入的电流信号使振子处于磁场中的线圈受力矩作用而使小镜片转动,在记录纸上记下信号波形。

4.5.3   伺服式记录仪

电位计式记录仪用来记录已转化成电压的信号。一维电位计式记录仪的原理结构如图 4-37 所示。图 4-37(a)所示其机电结构原理示意图。图中,u_x 为记录的电压信号,u_0 是参考电压。u_x 与 u_0 比较后得到电压差值 u_e。

若 $u_e=0$,伺服电动机的输入电压为零,伺服电动机静止,记录笔不动;若 $u_x \neq u_0$,即 $u_e \neq 0$ 并输入到后续调制、放大、解调电路中,得到 u_e 的放大信号 u_m。将 u_m 送入伺服电动机的驱

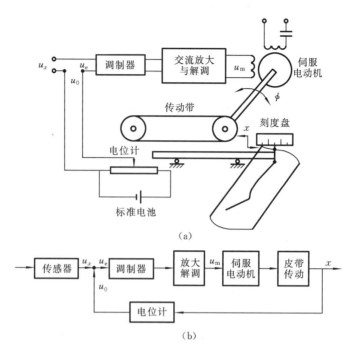

图 4-37　伺服式电压记录仪

动绕组,使电动机转动,再通过机械传动装置将之转化为滑杆的直线运动,滑杆使固定在其上的记录笔和电位计电刷同时做直线运动。滑杆的移动有两个作用,一是使记录笔在记录纸上做与走纸方向垂直的划写运动;另一是调整电位计电刷位置,从而使参考电压 u_0 变化,当 $u_0 = u_x$ 时,$u_e = 0$,伺服电动机的输入电压为零,记录笔在新位置上重新处于静止状态。记录笔移动的距离与 u_x 成正比。若 u_x 是一随时间变化的信号,则电位计电刷位置不断变化,使 u_0 不断跟踪 u_x 的变化,同时记录笔也不断在记录纸上改变位置,这些位置的变化也跟踪 u_x 的变化,从而成为 u_x 数值变化的真实记录。

4.5.4　磁带记录仪

各种显性记录仪记录的信号无法再用其他的电子仪器进行分析和再现,磁带记录仪的出现为克服这一缺点提供了有效途径。磁带记录仪是一种隐性记录仪器,它是通过对磁性材料的磁化进行记录的仪器。

1. 磁带记录仪的特点

(1) 磁带记录仪可将被记录信号长期保存、多次重放,并以电信号输出,便于显性记录仪重现,也便于与计算机或其他信号分析仪器联机使用。这对于后续信号的分析和处理极为有利。

(2) 能变换信号的时基,实现信号的时间压缩或扩展。磁带记录仪有不同的带速,可以实现重放时和记录时的速度不同步,将信号频率进行变换,有利于对信号(如瞬态或缓变过程)的分析研究。

(3) 存储信息密度大,还可多通道同时记录,可保证信号间的时间和相位关系。

(4) 工作频带很宽(可从直流到几兆赫范围)。

(5) 动态范围较大(即可记录的信号变化范围较大),可达 70 dB 以上。

（6）存储信息的稳定性高,对环境（如温度、湿度变化）不敏感,且抗干扰能力强。

此外,磁带记录还可进行复制,抹除原有记录信号,使磁带能重复使用,经济方便。

2．磁带记录仪的结构

图 4-38 所示是磁带记录仪的结构原理图。它由放大器、磁头、磁带、磁带驱动和张紧等机构组成。

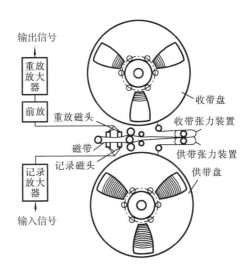

图 4-38　磁带记录仪的结构原理图

放大器包括记录放大器（将待记录信号放大并转换为最适合记录的形式供给记录磁头）和重放放大器（将由重放磁头送来的信号进行放大和交换,然后输出）。磁头将电信号转化为磁带上的磁迹,将信息以磁化形式保存在磁带中;在重放过程中重放磁头将磁带上的磁迹还原为电信号输出。磁头共有三种:记录磁头、重放磁头和消磁磁头。为了使磁带可以在不同的磁带记录仪上重放,就必须使磁头标准化。磁带是磁带记录仪的记录介质,由带基（聚酯薄膜带制成）和磁性敷层（硬磁性材料粉末,以黏合剂将其定向粘敷在带基上）组成。磁带驱动和张紧等机构保证磁带沿着磁头稳速平滑地移动,以便信号的录、放顺利进行。

3．工作原理

1）记录过程

利用磁带记录仪进行信号记录的原理如图 4-39 左侧所示。被记录信号经记录放大器放大后输出电流 I,将该电流送入记录磁头线圈,使铁心磁化。由于磁头左右两拼合面之间用非导磁材料做成工作间隙,磁阻很大,而处于工作间隙下磁带上磁性敷层的磁阻较低,磁路便通过此磁性敷层形成闭合磁路,这时磁带就被磁化,磁化的程度与所施磁场强度成函数关系。在磁带离开磁头后所施磁场强度消失,但由于铁磁材料具有的磁滞特性而使磁带上产生一个剩磁感应强度 B_r,这样,在磁带上的剩磁情况就反映了信号电流 i 变化的情况。磁带磁化曲线如图 4-40 所示。

2）重放过程

已录制信号的磁带在重放磁头下重放信号的原理如图 4-39 右侧所示。具有剩磁的磁带经过重放磁头时,重放磁头的工作间隙将剩磁的表露磁通桥接,与铁心形成闭合磁路,其磁通随磁带上的剩磁,也就是被记录信号幅值而变化,这种磁通的变化就会在重放磁头线圈中产生感应电动势。

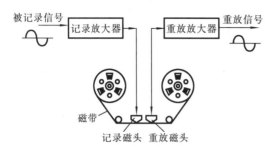

图 4-39　记录与重放过程示意图

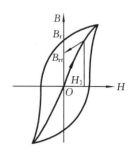

图 4-40　磁带磁化曲线

3）消磁

磁带上录制的信号不需保留时，可用消磁磁头将其抹去，以使磁带能记录新的信息。

4. 记录方式

磁带记录仪的记录方式有模拟记录方式和数字记录方式两种。

1）模拟记录方式

模拟记录方式包括直接记录方式、调频记录方式和脉宽调制方式等。

（1）直接记录方式（DR方式）。这是一种出现最早、用得最为普遍的记录方式。它较多地应用于语言和音乐的记录。直接记录方式的优点是记录仪器结构简单、价格比较便宜。但它存在不宜记录低频信号和磁带磁化的非线性会造成重放时信号严重失真的问题，使其应用受到限制。

（2）调频记录方式（FM方式）。利用频率调制进行记录就是用被记录信号（调制信号）对一个高频振荡信号（载波）进行频率调制后再行记录。当被记录信号为零时，所记录的信号为载波信号；当被记录信号不为零时，则调频的输出（已调制波）将以载波频率为中心频率产生一定的频率偏移，频率偏移的大小又正比于输入信号的幅值。

这种方式可以记录低频以至直流信号，且不会产生信号跌落现象，还可以避免记录特性的非线性影响，从而得到高的线性度，较DR记录方式优越。

（3）脉宽调制方式（PDM方式）。锯齿波信号发生器输出的锯齿波与输入信号在比较器中进行比较后，输出脉宽不等的方波，这样就将输入信号幅值的大小转换成矩形脉冲的宽窄，然后以直接记录的方式记录在磁带上。重放时经过微分成为不等间距的正负脉冲，再经触发整形就恢复成脉冲宽度不等的方波，最后经反变换将脉冲宽度的变化转变为幅值变化的原始波形。

脉宽调制方式有以下优点：可对多路信号作顺序分时采样，因而可在同一磁道上记录多个信号；具有能自行标定、磁带走速不匀影响小和信噪比高等特点，使其测量精度高（可达1%）。但该方式的工作频带较窄，所以特别适合于记录低频信号。

2）数字记录方式（脉冲调制方式）

把待记录信号进行放大，经过采样保持、A/D转换器转换后变成二进制代码脉冲，这些脉冲由磁带记录下来，重放时重放出的脉冲码经由D/A转换器转换为模拟信号，从而恢复被记录波形，或将脉冲码直接输入数据处理装置中去进行处理和分析。

这种方式具有准确可靠，记录带速不稳定对记录精度基本没有影响，记录、重放的电子线路简单，存储信息重放后可直接送入计算机或专用数字式信号处理机进行处理分析的优点。但它在进行模拟信号记录时需作数字化转换，而需要模拟信号输出时，重放后还需作D/A转换，这样就使记录系统复杂化了。另外，数字记录的记录密度低，只有FM记录方式的十分之一。为了保证记录数据的可靠性,需要特种的校核手段。

4.5.5　新型显示与记录仪

随着数字测试技术及微电子技术的发展,一些传统显示与记录仪器逐渐被新型的显示与记录仪器所取代。如传统的紫外光敏记录的光线示波器就逐渐被 CRT 或 TFT 来显示信号的电子示波器所取代,并且内部集成半导体存储单元构成的数字式存储示波器应用更为方便。其他如无纸记录仪、光盘记录仪、磁盘记录仪、半导体元件记录仪、CRT 显示、LCD 显示等也在测试系统中得到广泛的普及应用。

1. 数字存储示波器

图 4-41 所示为某两通道数字存储示波器原理构成框图。数字存储示波器具有波形触发、存储、显示、测量、波形数据实时分析处理、网络通信、软件编程等特点,可以在屏幕上实时显示波形、波形特征参数(如峰-峰值、上升时间、频率、均方根值等),也可以通过通信电缆把波形数据传输给计算机或打印机进行进一步的处理或打印输出,所以在现代测试中应用广泛,逐渐取代了传统的光敏记录示波器。图 4-42 所示为某型号数字存储示波器外观图。

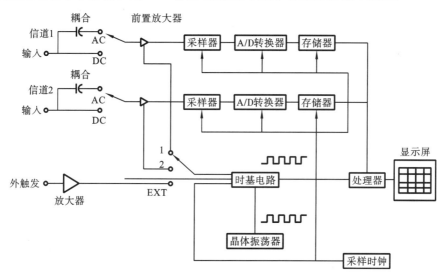

图 4-41　数字存储示波器原理框图

2. 无纸记录仪

无纸记录仪摒弃了传统有纸记录仪中使用的记录笔和记录纸,不需要机械传动结构,提高了记录仪本身的质量,增强了记录仪的稳定性和可靠性,更重要的是降低了记录仪的运行成本。无纸记录仪是将工业现场的各种需要监视记录的输入信号,特别是一些多路长时间巡检与记录的缓变信号,比如流量计的流量信号、压力变送器的压力信号、热电阻和热电偶的温度信号等,通过微处理器进行数据处理,一方面在液晶显示屏上显示各种信息,另一方面又把这些监测得到的信号数据存放在内置大容量存储芯片内,以便在本记录仪上直接进行数据和图形查询、翻阅和打印。无纸记录仪广泛应用于冶金、石油、化工、建材、造纸、食品、制药、热处理和水处理等各种工业现场。随着科技的发展,无纸记录仪扩展了更多的功能,如 PID 调节等,也向着越来越集成化的趋势发展。图 4-43 所示为无纸记录仪外观图。

3. 数字显示系统

在测试系统中,除了使用指针式仪表、示波器等进行模拟量的显示,还有大量的数字信息需要显示,通常使用的数字显示系统有 LED 数码管、CRT、LCD 等,其中 LED 数码管通常用

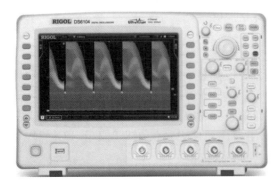

图 4-42 数字存储示波器外观图   图 4-43 无纸记录仪外观图

于字符的显示，如压力管道内的压力值、温度值等，CRT、LCD 主要用于字符、图像显示，如气象监测得到的气象云图等。

数字显示系统通常由计数器、寄存器、译码器、显示器四个部分组成，如图 4-44 所示。

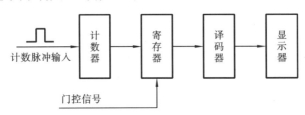

图 4-44 数字显示系统组成框图

1）计数器

计数器主要是对输入脉冲进行计数，完成计数、分频、数控、数据处理等功能。在数字显示系统中应用最多的是 BCD8421 码的二-十进制计数器。

2）译码器

译码器则是进行码制变换，将一种数码转换成另一种数码。在数字显示系统中常用 BCD8421 码二-十进制的七段译码器来驱动数码管。

3）显示器

显示器按照显示内容的不同，可分为数码显示器与图像显示器两种。其中数码显示器按发光材料的不同，可分为发光二极管显示器（简称 LED）和液晶显示器（简称 LCD）。用于图像显示的有 CRT 显示器、TFT 显示器、PDP 显示器等。

（1）发光二极管。发光二极管在正向偏压作用下，将会发射具有一定波长的电磁辐射波。常用的发光二极管材料有两种：镓砷磷化合物（发红光）和镓磷化合物（发绿光或黄光），目前，新型蓝光、白光二极管也广泛应用。用作显示时，二极管由逻辑信号"1"和"0"控制打开和关闭。通常使用 LED 组成数码管用来显示字符信息，如图 4-45 所示为常用的 7 段 LED 数码管（含小数点为 8 段）及其接法原理图。使用 LED 数码管时，要注意区分这两种不同的接法。采用 LED 数码管显示时，数码管的显示亮度及清晰度对显示效果有很大的影响，一般用于简单字符的显示。

（2）液晶显示器。液晶显示器是利用在两块透明电极基板间夹持液晶，当液晶厚度小于数百微米时，界面附近的液晶分子发生取向并保持有序性，当电极基板上施加受控的电场方向后就产生一系列电光效应，液晶分子的规则取向随即相应改变。液晶分子的规则取向形态有平行取向、垂直取向、倾斜取向三种，液晶分子的取向改变，即发生了折射率的异向性，从而产

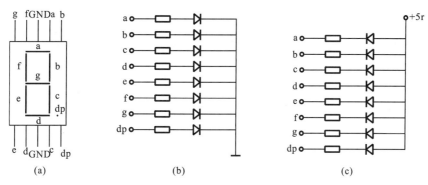

图 4-45   LED 数码管及其接法原理图

（a）LED 数码管；（b）共阴极；（c）共阳极

生光散射效应、旋光效应，双折射效应等光学反应。这就是 LCD 图像电子显示器最基本的成像原理。

液晶图像显示器的特点：极低的工作电压，微功耗 $10^{-6} \sim 10^{-5}$ W/cm^2。平板显示结构，显示信息量大，工作寿命长，无辐射，无污染。但是与 CRT 型彩色图像显示器相比，显示视角相对较小、响应速度较慢。

本章重点、难点和知识拓展

本章重点：电桥，调幅及其解调，实际滤波器。

本章难点：调制与解调，电桥和差特性应用。

知识拓展：在掌握信号调理与显示的基本方法、原理与特点的基础上，通过实验加深认识信号调理的意义。结合典型测量对象的测试，理解信号调理与显示环节在测试系统设计与应用中的作用。

思考题与习题

4-1   信号调理的作用是什么？

4-2   什么是直流电桥的和差特性？直流电桥的和差特性有何作用？

4-3   什么是信号调制？在测控系统中为什么要进行信号调制？常用的信号调制方法有哪几种？什么是解调？

4-4   什么是调制信号？什么是载波？什么是已调波？

4-5   什么是调幅？试写出调幅信号的数学表达式，并画出它的波形。

4-6   什么是调频？试写出调频信号的数学表达式，并画出它的波形。

4-7   什么是相敏检波？为什么要进行相敏检波？

4-8   简述显示与记录仪器的分类。

第5章　信号的分析与处理

汽车驾驶座的振动可能来自汽车发动机、前桥和后桥。由于前桥离发动机很近,因此,主要考虑发动机和后桥振动的影响,可采用信号分析中的互相关分析方法来判断。在发动机、驾驶座及后桥位置上放置三个加速度传感器,对输出并放大的信号进行相关分析,可以看到,发动机与驾驶座振动的相关性较小,而后桥与驾驶座振动的相关性较大。因此可以认为,驾驶座的振动主要是由汽车后桥的振动引起的。

5.1　概　　述

5.1.1　信号分析与处理的概念

测试和控制系统与信号分析、信号处理密切相关。

1. 信号分析

信号分析是将一个复杂信号分解为若干简单信号分量的叠加,并且以这些分量的组成情况去考察信号的特性。通过这样的分解,可以抓住信号的主要成分进行分析、处理和传输,使复杂问题简单化。实际上,这也是解决所有复杂问题最基本、最常用的方法。

信号分析中一个最基本的方法是把频率作为信号的自变量,在频域里进行信号的频谱分析。信号的频谱主要有两类:幅值谱和相位谱。对它们进行分析和研究,是本书基本内容之一。

信号分析技术在测量与控制工程领域有着广泛的应用。在现代测试技术中,动态测试的地位越来越重要。在动态测试过程中,首先要解决传感器频率响应的正确选择问题,为此,必须通过对被测信号的频谱分析,掌握其频谱特性,才能较好地做到这一点。此外,传感器本身动态频率响应的标定,也需要用到频谱的分析和计算,以及快速傅里叶变换(FFT)。

2. 信号处理

信号处理是指对信号进行某种变换或运算(如滤波、变换、增强、压缩、估计等)。广义的信号处理可把信号分析也包括在内。信号处理包括时域处理和频域处理。时域处理中最典型的是波形分析,示波器就是一种最通用的波形测量和分析仪器。把信号从时域变换到频域进行分析和处理,可以获得更多的信息,因而频域处理更为重要。信号频域处理主要指滤波,就是把信号中的有效信号提取出来,它是抑制(削弱)或滤除干扰或噪声的一种处理。

5.1.2　信号分析方法

在信号分析和处理中,一般是把信号作为时间的函数来讨论,并从幅值域、时间域和频率域进行分析的。但是,由于测量信号的类型不同,所以分析方法也有所不同。

1. 确定性信号分析方法

对于确定性信号,主要采用幅值域和频率域两个互为补充的方法分析。

1) 周期性信号分析

通常采用峰值、峰峰值、均值、方差、均方值、均方根值、绝对均值等幅值参数描述,具体参见本书的 1.1 节。周期信号的频域分析,是先将周期信号展开成傅里叶级数的形式,然后分析信号的频率结构,以确定信号中有哪些频率分量,以及哪些成分是主要的。

2）准周期信号分析

准周期信号的幅值域分析只考虑均值和峰值两项。在计算均值时,平均时间要足够长。准周期信号的频域分析与周期信号的频域分析类似,只是在准周期信号离散谱线的位置之间没有整数倍关系,而是任意的。

3）瞬变信号分析

对于瞬变信号,可采用下面几个主要参数描述。

（1）最大幅值:信号的最大取值。

（2）持续时间 T_0:瞬变信号变化过程的时间长度。一般取最大幅值下降 90％的时间为持续时间。

（3）衰减因子 α:瞬变过程变化快慢的一个指标。α 愈大,则衰减愈快。

瞬变信号是非周期性的,因此它的频谱是连续的。当瞬变信号含有衰减振荡时,在对应的频率位置上出现谱峰,这样,根据频谱形状可得到不同非周期瞬变信号的特性。

2. 随机信号分析方法

随机信号不能用精确的数学关系描述,只能用统计平均值来描述。下面介绍平稳的各态历经随机过程的分析方法。均值、均方值、概率密度函数在第 1 章已经介绍过。这里主要介绍联合概率密度函数和自相关函数。

1）联合概率密度函数

联合概率密度函数表示两个随机信号同时落入某一指定范围内的概率。设 $x(t)$ 和 $y(t)$ 为两个随机信号样本记录。联合概率密度可利用 T_{xy}/T 得到。T 为观察时间,T_{xy} 为在观察时间 T 内 $x(t)$ 落入 $(x,x+\Delta x)$,同时 $y(t)$ 落入 $(y,y+\Delta y)$ 区间内的总时间,表示为

$$T_{xy} = \Delta t_1 + \Delta t_2 + \cdots + \Delta t_N = \sum_{i=1}^{N} \Delta t_i$$

联合概率密度函数表示为

$$P(x,y) = \lim_{\substack{\Delta x \to 0 \\ \Delta y \to 0}} \frac{1}{\Delta x \Delta y} \left(\lim_{T \to \infty} \frac{T_{xy}}{T} \right) \tag{5-1}$$

$P(x,y)$ 为实值非负函数。

当需要建立两个相关过程的某一事件发生的概率,或其中一个过程的某一事件发生,而另一个过程的某一事件不发生的概率时,就要用到联合概率密度函数。

2）自相关函数

随机信号中的自相关函数表示某一时刻的数据与另一时刻数据之间联系的紧密性,随机信号的样本 $x(t)$ 在 t 时刻和 $t+\tau$ 时刻的自相关函数定义为

$$R_x(\tau) = \lim_{T \to \infty} \frac{1}{T} \int_0^T x(t) x(t+\tau) \mathrm{d}t \tag{5-2}$$

5.2　相关分析及其应用

5.2.1　相关分析及其物理意义

1. 相关的概念

在测试信号的分析中,相关是一个非常重要的概念。相关是指两个随机变量 x 与 y 之间

在统计意义上的线性关系，即 $y=kx+b$。

　　例如，人的体重 y 和人的身高 x 之间虽然不是严格符合 $y=kx+b$ 这样的线性函数关系，但是通过大量的统计可以发现，身高高一些的人（x 大）其体重也常常要重一些（y 也大）。这两个随机变量之间有一定的线性关系。而人的体重 y 与学历 z 之间却基本上没有线性关系。

　　对于确定性信号来说，两个变量之间可用函数关系来描述，两者一一对应并为确定的数值。两个随机变量之间就不具有这样确定的关系。但是如果这两个变量之间具有某种内在的物理联系，那么，通过大量统计就能发现它们之间还是存在着某种虽不精确却具有相应的表征其特性的近似关系。图 5-1 所示为两个随机变量 x 和 y 组成的数据点的分布情况。图 5-1(a)中变量 x 和 y 有较好的线性关系；图 5-1(b)中 x 和 y 虽无确定关系，但从总体上看，两变量间具有某种程度的相关关系；图 5-1(c)中各点分布很散乱，可以说变量 x 和 y 之间是无关的。

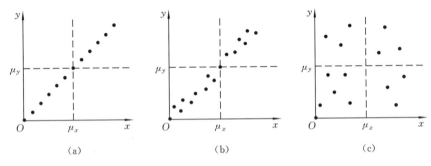

图 5-1　x 与 y 变量的相关性
(a) 线性相关；(b) 某种程度相关；(c) 无关

2. 相关系数

　　为了定量说明随机变量 x 与 y 之间的相关程度，在概率论与数理统计中常用相关系数 ρ_{xy} 表示，其定义式为

$$\rho_{xy} = \frac{E[(x-\mu_x)(y-\mu_y)]}{\sigma_x \sigma_y} \tag{5-3}$$

式中：E 表示数学期望（即平均值）；μ_x、μ_y 是随机变量 x 和 y 的均值；σ_x、σ_y 是随机变量 x 和 y 的标准差。

　　若 x 和 y 严格满足

$$y = kx + b$$

的线性函数关系，则有

$$\rho_{xy} = 1 \quad (k > 0)$$

或

$$\rho_{xy} = -1 \quad (k < 0)$$

　　若 x 和 y 之间完全无关，则 $\rho_{xy} = 0$。

　　信号的相关又称信号的时差（时延），它的特点是在广义积分平均时将信号作了恰当的时延 τ，从而反映信号取值的大小和先后的影响。信号的相关分析进一步完善了信号的时域描述。

5.2.2　自相关函数

　　信号 $x(t)$ 的自相关函数 $R_x(\tau)$ 定义为

$$R_x(\tau) = \lim_{T \to \infty} \frac{1}{T} \int_{-T/2}^{T/2} x(t)x(t+\tau)\mathrm{d}t \qquad (5\text{-}4)$$

式中：τ 为时差(延)(s)，$-\infty < \tau < \infty$。

$R_x(\tau)$ 的估值表达式为

$$\hat{R}_x(\tau) = \frac{1}{T} \int_{-T/2}^{T/2} x(t)x(t+\tau)\mathrm{d}t$$

其测试过程如图 5-2 所示。

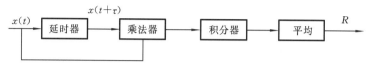

图 5-2　信号自相关的测试过程

自相关函数有下列性质。

(1) 当 $\tau = 0$ 时，信号 $R_x(\tau)$ 就是信号的均方值 φ_x^2，即

$$R_x(0) = \frac{1}{T} \int_{-T/2}^{T/2} x(t)x(t+\tau)\mathrm{d}t = \varphi_x^2$$

(2) $R_x(0) \geqslant R_x(\tau)$，即在 $\tau = 0$ 处取最大值。

(3) $R_x(\tau)$ 为偶函数，即 $R_x(-\tau) = R_x(\tau)$。

证明：令 $t - \tau = \zeta$，则

$$R_x(-\tau) = \lim_{T \to \infty} \frac{1}{T} \int_{-T/2}^{T/2} x(t)x(t-\tau)\mathrm{d}t = \lim_{T \to \infty} \int_{-T/2}^{T/2} x(\zeta+\tau)x(\zeta)\mathrm{d}\zeta = R_x(\tau)$$

(4) 周期信号的自相关函数必呈同周期性。

证明：设周期信号 $x(t) = x(t \pm nT)$，则

$$R_x(\tau \pm nT) = \lim_{T \to \infty} \frac{1}{T} \int_{-T/2}^{T/2} x(t \pm nT)x(t \pm nT + \tau)\mathrm{d}t$$

$$= \lim_{T \to \infty} \frac{1}{T} \int_{-T/2}^{T/2} x(t)x(t+\tau)\mathrm{d}t$$

$$= R_x(\tau)$$

综上所述，自相关函数 $R_x(\tau)$ 的一般图形如图 5-3 所示。

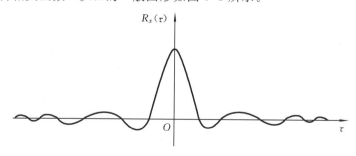

图 5-3　自相关函数的一般图形

显然，自相关函数描述了信号现在值与未来值之间的依赖关系，能反映信号变化的剧烈程度，也是信号的基本统计特征之一。如果信号越是"随机"，则 τ 离开零点时，因 $x(t)$ 和 $x(t+\tau)$ 两者相关性就越小，$R_x(\tau)$ 的衰减也越快。如图 5-4 所示，由信号的自相关函数可判断信号的随机程度。

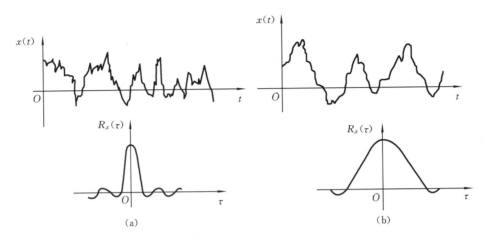

图 5-4　变化迅速信号和变化缓慢信号的自相关函数

(a) 变化迅速信号；(b) 变化缓慢信号

　　自相关函数是区分信号类型的一个非常有效的手段。利用其性质（4），对信号作自相关处理就可判断其信号的类型，即是否含有周期信号。图 5-5 所示为几种典型信号的自相关函数。

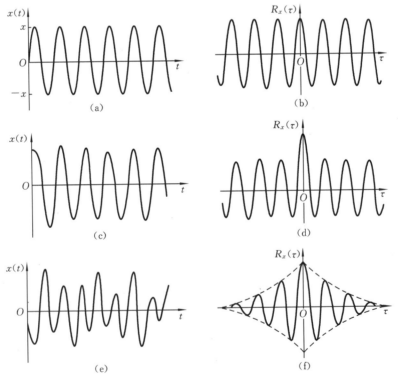

图 5-5　几种典型信号的自相关函数图示

(a) 初相角随机变化的正弦信号时间历程图；(b) 初相角随机变化的正弦信号自相关图

(c) 正弦波加随机噪声信号时间历程图；(d) 正弦波加随机噪声信号自相关图

(e) 窄带随机信号时间历程图；(f) 窄带随机信号自相关图

(g) 宽带随机信号时间历程图；(h) 宽带随机信号自相关图

(i) 白噪声信号时间历程图；(j) 白噪声信号自相关图

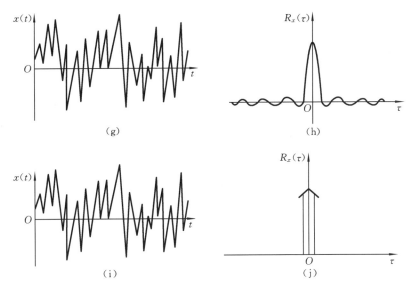

续图 5-5

5.2.3　互相关函数

信号 $x(t)$、$y(t)$ 的互相关函数定义为

$$R_{xy}(\tau) = \lim_{T \to \infty} \frac{1}{T} \int_0^T x(t) y(t - \tau) \, dt \tag{5-5}$$

互相关函数是表示两个信号之间依赖关系的相关统计量。两个相互独立的信号的互相关函数等于零。互相关函数主要应用于检测和识别存在于噪声中的有用信号。

互相关函数的性质如下。

(1) 两信号是同频率的周期信号或包含有同频率的周期成分,才有互相关函数,即同频相关、不同频不相关。

(2) 两个相同周期的信号的互相关函数仍是周期函数,其周期与原信号的周期相同,并保留了原来两个信号的幅值和相位差信息。

(3) 两信号在相隔一时间间隔 $t = \tau_0$ 处,$R_{xy}(\tau)$ 可能有最大值,它反映了 $x(t)$ 和 $y(t)$ 之间主传输通道的滞后时间。

(4) $R_{xy}(\tau)$ 不是偶函数,即 $R_{xy}(\tau) \neq R_{xy}(-\tau)$。

(5) $R_{xy}(\tau) \neq R_{yx}(\tau)$,因此在书写时要注意下标符号的顺序。

5.2.4　互相关技术的工程应用

上述互相关函数的这些性质,使它在工程应用中具有重要的价值。利用互相关函数可以测量系统的延时,比如用它可确定信号通过给定系统所滞后的时间。如果系统是线性的,则滞后的时间可以直接用输入、输出互相关图上峰值的位置来确定。利用互相关函数还可识别、提取混淆在噪声中的信号。例如对一个线性系统激振,所测得的振动信号中含有大量的噪声干扰。根据线性系统的频率保持性,只有和激振频率相同的成分才可能是由激振而引起的响应,其他成分均是干扰。因此,只要将激振信号和所测得的响应信号进行互相关处理,就可以得到由激振而引起的响应,消除噪声干扰的影响。

在测试技术中，互相关技术也得到了广泛应用。下面是应用互相关技术进行测试的几个例子。

1. 相关测速

工程中常用两个间隔一定距离的传感器进行非接触测量运动物体的速度。图 5-6 所示为非接触测定热轧钢带运动速度的示意图。其测试系统由性能相同的两组光电池、透镜、可调延时器和相关器组成。当运动的热轧钢带表面的反射光经透镜聚焦到相距为 d 的两个光电池上时，反射光通过光电池转换为电信号，经可调延时器延时，再进行相关处理。当可调延时 τ 等于钢带上某点在两个测点之间经过所需的时间 τ_d 时，互相关函数为最大值，所测钢带的运动速度为 $v = d/\tau_d$。利用相关测速的原理，在汽车前、后轴上安装传感器，可以测量汽车在冰面上行驶时，车轮滑动加滚动的车速；在船体底部前后一定距离安装两套向水底发射、接收声呐的装置，可以测量航船的速度；在高炉输送煤粉的管道中，在相距一定距离安装两套电容式相关测速装量，可以测量煤粉的流动速度和流量。

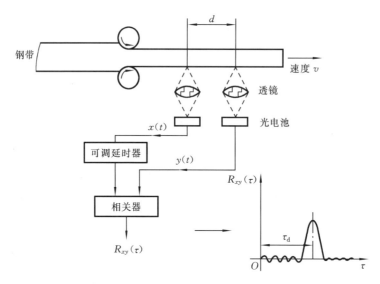

图 5-6 非接触测定热轧钢带运动速度的示意图

2. 相关分析在故障诊断中的应用

图 5-7 所示为确定深埋在地下的输油管裂损位置的示意图。漏损处 K 为向两侧传播声响的声源。在两侧管道上分别放置传感器 1 和传感器 2，因为放传感器的两点距漏损处不等距，所以漏油的声响传至两传感器就有时差 τ_m，在互相关图上 $\tau = \tau_m$ 处 $R_{x_1 x_2}(\tau)$ 有最大值。由 τ_m 可确定漏损处的位置

$$s = \frac{1}{2} v \tau_m \tag{5-6}$$

式中：s 为两传感器的中点到漏损处的距离；v 为漏油的声响通过管道的传播速度。

3. 传递通道的相关测定

相关分析方法可以应用于工业噪声传递通道的分析和隔离、剧场音响传递通道的分析和音响效果的完善、复杂管路振动的传递和振源的判别等。图 5-8 所示为车辆振动传递途径的识别示意图。在发动机、驾驶座、后桥位置上放置三个加速度传感器，对输出并放大的信号进行相关分析，可以看到，发动机与驾驶座振动的相关性较差，而后桥与驾驶座振动的互相关较

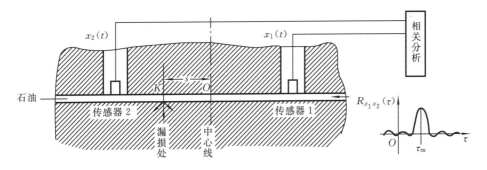

图 5-7 确定输油管裂损位置的示意图

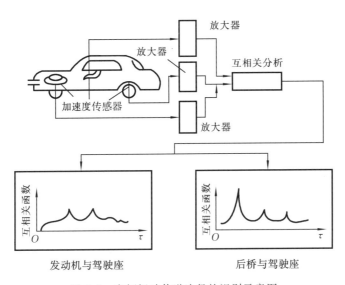

图 5-8 车辆振动传递途径的识别示意图

大,因此可以认为,驾驶座的振动主要是由汽车后桥的振动引起的。

图 5-9 所示为复杂管路系统振动传递途径识别的示意图。图中,主管路上测点 A 的压力正常,分支管路的输出点 B 的压力异常,将 A、B 处传感器的输出信号进行相关分析,便可以

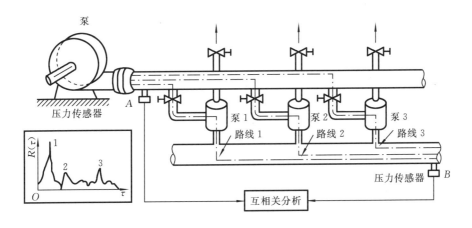

图 5-9 复杂管路系统振动传递途径的识别示意图

确定哪条途径对点 B 的压力变化影响最大（注意：各条途径的长度不同）。

4. 相关分析的声学应用

相关分析在声学测量中有很多应用，它可以区分不同时间到达的声音，测定物体的吸声系数和衰减系数，从多个独立声源或振动源中测出某一声源到一定地点的声功率等。图 5-10 所示为测量墙板声音衰减的示意图。离被测墙板不远处放置一个宽带声源，它的声压是 $x_1(t)$。在墙板的另一边紧挨着墙板放置一个微音器。其输出信号 $x_2(t)$ 由穿透墙板的声压和绕过墙板的声压叠加而成。由于穿透声传播的时间最短，因而图 5-11 中的相关函数 $R_{x_1 x_2}(\tau)$ 的第一个峰就表示穿透声的功率，而第二个峰则表示绕射声的功率。利用同样道理，在测定物体反射时的吸声系数时，可以把图 5-10 所示的微音器放置在声源和墙板之间，这样，直接进入微音器的声压比反射声来得早，则第二个相关峰就是反射峰。

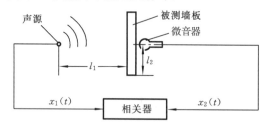

图 5-10　测量墙板声音衰减的示意图

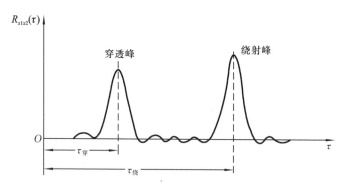

图 5-11　绕射声和穿透声的相关峰

5.3　功率谱分析及其应用

5.3.1　自功率谱密度函数

1. 定义及其物理意义

假定 $x(t)$ 是零均值的随机过程，即 $\mu_x = 0$（如果原随机过程是非零均值的，可以进行适当处理使其均值为零），又假定 $x(t)$ 中没有周期分量，那么，当 $\tau \to \infty$ 时，$R_x(\tau) \to 0$。这样，自相关函数 $R_x(\tau)$ 便可满足傅里叶变换的条件 $\int_{-\infty}^{+\infty} |R_x(\tau)| \, d\tau < \infty$。

利用式（1-8）和式（1-9）可得到 $R_x(\tau)$ 的傅里叶变换

$$S_x(f) = \int_{-\infty}^{+\infty} R_x(\tau) e^{-j2\pi f \tau} \, d\tau \tag{5-7}$$

和逆变换
$$R_x(\tau) = \int_{-\infty}^{+\infty} S_x(f) \mathrm{e}^{\mathrm{j}2\pi f\tau} \mathrm{d}f \tag{5-8}$$

定义 $S_x(f)$ 为 $x(t)$ 的自功率谱密度函数,简称自谱或自功率谱。由于 $S_x(f)$ 和 $R_x(\tau)$ 之间是傅里叶变换对的关系,两者是一一对应的,$S_x(f)$ 中包含着 $R_x(\tau)$ 的全部信息。因为 $R_x(\tau)$ 为实偶函数,$S_x(f)$ 亦为实偶函数。由此常用在 $f=0\sim+\infty$ 范围内 $G_x(f)=2S_x(f)$ 来表示信号的全部功率谱,并把 $G_x(f)$ 称为 $x(t)$ 的单边功率谱(见图5-12)。

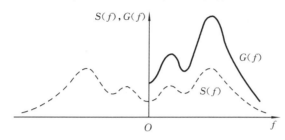

图 5-12　单边谱和双边谱

若 $\tau=0$,根据自相关函数 $R_x(\tau)$ 和自功率谱密度函数 $S_x(f)$ 的定义,可得到
$$R_x(0) = \lim_{T\to\infty} \frac{1}{T}\int_0^T x^2(t)\mathrm{d}t = \int_{-\infty}^{+\infty} S_x(f)\mathrm{d}f$$

由此可见,$S_x(f)$ 曲线下和频率轴所包围的面积就是信号的平均功率,$S_x(f)$ 就是信号的功率密度沿频率轴的分布,故称 $S_x(f)$ 为自功率谱密度函数。

2. 巴塞伐尔定理

在时域中计算的信号总能量,等于在频域中计算的信号总能量,这就是巴塞伐尔定理,即
$$\int_{-\infty}^{+\infty} x^2(t)\mathrm{d}t = \int_{-\infty}^{+\infty} |X(f)|^2 \mathrm{d}f \tag{5-9}$$

式(5-9)又称能量等式。这个定理可以用傅里叶变换的卷积公式导出。

$|X(f)|^2$ 称为能谱,它是沿频率轴的能量分布密度。在整个时间轴上信号平均功率为
$$P_w = \lim_{T\to\infty} \frac{1}{T}\int_0^T x^2(t)\mathrm{d}t = \int_{-\infty}^{+\infty} \lim_{T\to\infty} \frac{1}{T} |X(f)|^2 \mathrm{d}f$$

因此,自功率谱密度函数和幅值谱的关系为
$$S_x(f) = \lim_{T\to\infty} \frac{1}{T} |X(f)|^2 \tag{5-10}$$

5.3.2　互功率谱密度函数

如果互相关函数 $R_{xy}(\tau)$ 满足傅里叶变换的条件 $\int_{-\infty}^{+\infty} |R_{xy}(\tau)| \mathrm{d}\tau < \infty$,则定义
$$S_{xy}(f) = \int_{-\infty}^{+\infty} R_{xy}(\tau) \mathrm{e}^{-\mathrm{j}2\pi f\tau} \mathrm{d}\tau \tag{5-11}$$

$S_{xy}(f)$ 称为信号 $x(t)$ 和 $y(t)$ 的互功率谱密度函数,简称互谱。根据傅里叶逆变换,有
$$R_{xy}(\tau) = \int_{-\infty}^{+\infty} S_{xy}(f) \mathrm{e}^{\mathrm{j}2\pi f\tau} \mathrm{d}f$$

互相关函数 $R_{xy}(\tau)$ 并非偶函数,因此 $S_{xy}(f)$ 具有虚、实两部分。同样,$S_{xy}(f)$ 保留了 $R_{xy}(\tau)$ 中的全部信息。

对于模拟信号,互谱估计的计算式为

$$\left.\begin{array}{l} \hat{S}_{xy}(f) = \dfrac{1}{T}X*(f)_i Y(f)_i \\[4mm] \hat{S}_{yx}(f) = \dfrac{1}{T}X(f)_i Y*(f)_i \end{array}\right\} \qquad (5\text{-}12)$$

式中：$X*(f)$、$Y*(f)$分别为$X(f)$、$Y(f)$的共轭复数。

对于数字信号，互谱估计的计算式为

$$\left.\begin{array}{l} \hat{S}_{xy}(k) = \dfrac{1}{N}X*(k)Y(k) \\[4mm] \hat{S}_{yx}(k) = \dfrac{1}{N}X(k)Y*(k) \end{array}\right\} \qquad (5\text{-}13)$$

这样得到的初步互谱估计$\hat{S}_{xy}(k)$、$\hat{S}_{yx}(k)$的随机误差太大，不能满足应用要求，应进行平滑处理。平滑处理的方法参见有关参考书。

5.3.3 功率谱分析的应用

1. 自功率谱的应用

自功率谱密度函数$S_x(f)$为自相关函数$R_x(\tau)$的傅里叶变换，故$S_x(f)$包含$R_x(\tau)$中的全部信息。$S_x(f)$反映信号的频域结构，这一点和幅值谱$|X(f)|$一致，但是自功率谱密度函数所反映的是信号幅值的二次方，因此其频域结构特征更为明显，如图5-13所示。

对于一个线性系统，如图5-14所示，若其输入为$x(t)$，输出为$y(t)$，系统的频率响应函数为$H(f)$，$x(t)\Leftrightarrow X(f)$，$y(t)\Leftrightarrow Y(f)$，则

$$Y(f) = H(f)X(f)$$

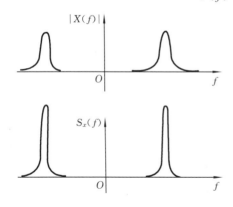

图 5-13　幅值谱与自功率谱

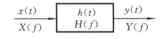

图 5-14　理想的单输入、单输出系统

2. 互功率谱的应用

对图5-14所示的线性系统，可证明有

$$S_{xy}(f) = H(f)S_x(f)$$

故从输入的自谱和输入、输出的互谱就可以直接得到系统的频率响应函数。上式所得到的$H(f)$不仅含有幅频特性，而且含有相频特性。这是因为互相关函数中包含有相位信息。

如果一个测试系统受到外界干扰，如图5-15所示，$n_1(t)$为输入噪声，$n_2(t)$为加在系统中间环节的噪声，$n_3(t)$为加在系统输出端的噪声。显然，该系统的输出$y(t)$为

$$y(t) = x'(t) + n'_1(t) + n'_2(t) + n_3(t) \qquad (5\text{-}14)$$

式中：$x'(t)$、$n'_1(t)$和$n'_2(t)$分别为系统对$x(t)$、$n_1(t)$和$n_2(t)$的响应。

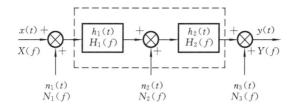

图 5-15 受外界干扰的系统

输入 $x(t)$ 与输出 $y(t)$ 的互相关函数为

$$R_{xy}(\tau) = R_{xx'}(\tau) + R_{xn_1'}(\tau) + R_{xn_2'}(\tau) + R_{xn_3}(\tau)$$

由于输入 $x(t)$ 和噪声 $n_1(t)$、$n_2(t)$、$n_3(t)$ 是无关的,故互相关函数 $R_{xn_1'}(\tau)$、$R_{xn_2'}(\tau)$ 和 $R_{xn_3}(\tau)$ 均为零。所以

$$R_{xy}(\tau) = R_{xx'}(\tau)$$

故
$$S_{xy}(f) = S_{xx'}(f) = H(f)S_x(f) \tag{5-15}$$

式中:$H(f) = H_1(f)H_2(f)$,为所研究系统的频率响应函数。

由此可见,利用互功率谱进行分析可排除噪声的影响,这是该分析方法的突出优点。然而应当注意到,利用式(5-15)求线性系统的 $H(f)$ 时,尽管其中的互谱 $S_{xy}(f)$ 可不受噪声的影响,但是输入信号的自谱 $S_x(f)$ 仍然无法排除输入端测量噪声的影响,从而形成测量误差。

为了测试系统的动态特性,有时人们故意给正在运行的系统以特定的已知扰动——输入 $z(t)$。由式(5-15)可以看出,只要 $z(t)$ 和其他各输入量无关,在测得 $S_{xy}(f)$ 和 $S_x(f)$ 后就可以计算得到 $H(f)$。这种在被测系统正常运行的同时对它进行的测试,称为在线测试。

5.4 相干函数分析及其应用

5.4.1 相干函数的定义

1. 定义

若信号 $x(t)$ 与 $y(t)$ 的自谱和互谱分别为 $S_x(f)$、$S_y(f)$、$S_{xy}(f)$,则这两个信号之间的相干函数为

$$\gamma_{xy}^2(f) = \frac{|S_{xy}(f)|^2}{S_x(f)S_y(f)} \tag{5-16}$$

2. 物理含义

相干函数是在频域内反映两信号相关程度的指标。例如,在一测试系统中,为了评价其输入信号与输出信号间的因果性(即输出信号的功率谱中有多少是由被测输入信号所引起的),就可以使用相干函数。

假如一个系统的输入信号为 $x(t)$,输出信号为 $y(t)$,该系统是一个线性系统,则由两信号的功率谱与系统频率响应函数之间存在的线性关系,代入式(5-16)得

$$\gamma_{xy}^2(f) = \frac{|H(f)S_x(f)|^2}{S_x(f)S_y(f)} = \frac{S_y(f)S_x(f)}{S_x(f)S_y(f)} = 1 \tag{5-17}$$

可见,对于一个线性系统,其输出与输入之间的功率谱关系是相干函数为 1,这表明输出完全是由输入引起的线性响应。

假如由于各种原因,一系统的输出与输入完全不相关,即 $R_{xy}(\tau) = 0$,则 $S_{xy}(f) = 0$,从而

使 $\gamma_{xy}^2(f)=0$，这表明输出 $y(t)$ 完全不是输入 $x(t)$ 所引起的线性响应。

通常，在一般的测试过程中，有 $0<\gamma_{xy}^2(f)<1$。这表明有下列三种可能性：

（1）测试中有外界噪声干扰；

（2）输出 $y(t)$ 是输入 $x(t)$ 和其他输入的综合输出；

（3）联系 $x(t)$ 和 $y(t)$ 的系统是非线性的。

所以 $\gamma_{xy}^2(f)$ 的数值标志 $y(t)$ 由 $x(t)$ 引起的线性响应的程度。

5.4.2　相干分析应用

相干函数在实际中可以有下列一些应用。

1）系统因果性检验

例如，在对测试的输出信号处理之前，使用相干函数鉴别该信号是否真是被测信号的线性响应。

2）鉴别物理结构的不同响应信号间的联系

图 5-16 所示是船用柴油机润滑油泵压油管振动和压力脉冲间的相干分析。

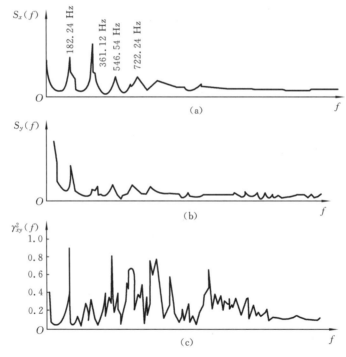

图 5-16　油压脉动与油管振动的相干分析

(a) 信号 $x(t)$ 的自谱；(b) 信号 $y(t)$ 的自谱；(c) 相干函数

润滑油泵转速为 $n=781$ r/min，油泵齿轮的齿数为 $z=14$。测得油压脉动信号 $x(t)$ 和压油管振动信号 $y(t)$，压油管压力脉动的基频为 $f_c=nz/60=182.24$ Hz。

在图 5-16(c) 中，当 $f=f_0=182.24$ Hz 时，

$$\gamma_{xy}^2(f)\approx 0.9$$

当 $f=2f_0=361.12$ Hz 时，

$$\gamma_{xy}^2(f)\approx 0.37$$

当 $f = 3f_0 = 546.54$ Hz 时,

$$\gamma_{xy}^2(f) \approx 0.8$$

当 $f = 4f_0 = 722.24$ Hz 时,

$$\gamma_{xy}^2(f) \approx 0.75$$

齿轮引起的各次谐频对应的相干函数值则都比较大,而其他频率对应的相干函数值则很小。由此可见,油管的振动主要是由油压脉动引起的。由 $x(t)$ 和 $y(t)$ 的自谱图也明显可见油压脉动的影响(见图 5-16(a)、(b))。

5.5　倒频谱分析及其应用

5.5.1　倒频谱定义

倒频谱是由于语音分析的需要而出现的,但是近年来在其他领域已得到愈来愈多的应用。目前,对它的解释和应用也有所差异,而且还处于不断发展之中。

对于倒频谱的定义主要有两类,一是功率倒频谱,二是复倒频谱。

1. 功率倒频谱

若时域信号 $x(t)$ 的自谱为 $S_x(f)$,则其功率倒频谱定义为

$$C(\tau) = |F[\lg S_x(f)]|^2 \tag{5-18}$$

式中:F 为傅里叶变换符号。

工程应用上常取其正二次方根作为信号 $x(t)$ 的有效幅值倒频谱,即

$$C_a(\tau) = \sqrt{C(\tau)} = |F[\lg S_x(f)]|$$

可见,倒频谱实质是对频域中自功率谱再做一次谱分析。

2. 复倒频谱

信号 $x(t)$ 的复倒频谱可定义为

$$C_c(\tau) = F^{-1}[\lg S_x(f)] \tag{5-19}$$

式中:F^{-1} 为傅里叶反变化符号。

有两点需要说明:一是倒频谱的不同定义方法可根据不同应用场合选取;二是倒频谱的自变量的量纲问题,联系到相关函数 $R_x(\tau) = F^{-1}[\lg S_x(f)]$,可以看到,倒频谱的自变量 τ 具有与相关函数自变量相同的量纲,即时间量纲(一般用 ms),在倒频谱中称此自变量 τ 为倒频率。

5.5.2　倒频谱分析应用

倒频谱可以十分有效地检测出功率谱中的周期分量。前面介绍的自相关函数分析虽然也能检测出周期分量,但对于混合有不同族的谐波的复杂信号是无能为力的,而倒频谱却可以方便地将其区分出来。图 5-17 所示为分析滚动轴承故障时采用的功率倒频谱。因为滚动轴承是由滚珠,内、外圈和保持架所组成的,运转时相互动力作用形成各自特定的谐波频率,并相互叠加和调制。检测到的振动信号在功率谱图上呈现多族谐频的复杂谱图,一般难以辨认,为此可采用功率倒频谱分析。

由图 5-17 可见,有两条十分明显的谱线,即

$$\tau_1 = 9.47 \text{ ms}(106.6 \text{ Hz}), \quad \tau_2 = 37.90 \text{ ms}(26.39 \text{ Hz})。$$

理论分析表明,滚珠频率 $f_1 = 106.35$ Hz,内圈故障频率 $f_2 = 26.35$ Hz。两相对照可知,

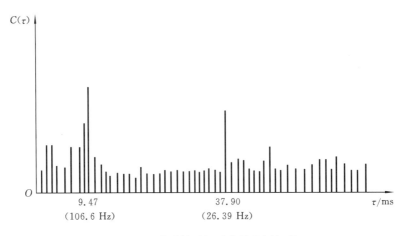

图 5-17　滚动轴承振动信号的倒频谱

τ_1表示滚珠故障，τ_2表示内圈故障。最后解体验证分析正确，滚珠上有一凹坑，内圈有疲劳损伤。倒频谱还有一个更重要的应用，即仅根据系统输出就有可能求得系统输入及系统特性。

某信号 $x(t)$ 通过一系统，由第 1 章的分析可知，其输出 $y(t)$ 在时域上为

$$y(t) = x(t) * h(t)$$

而在频域上为

$$Y(f) = X(f) \cdot H(f)$$

或

$$S_y(f) = S_x(f) \mid H(f) \mid^2$$

因频响函数是一瞬态性质的非周期频域函数，所以可用功率谱形式表示为

$$S_h(f) = \mid H(f) \mid^2$$

故

$$S_y(f) = S_x(f) \cdot S_h(f)$$

对此等式两边取对数得

$$\lg S_y(f) = \lg S_x(f) + \lg S_h(f)$$

对其进行傅里叶变换得

$$C_{ay}(\tau) = C_{ax}(\tau) + C_{ah}(\tau) \tag{5-20}$$

在一般情况下，系统输入信号 $x(t)$ 的倒频谱 $C_{ax}(\tau)$ 与系统特性 $h(t)$ 的倒频谱 $C_{ah}(\tau)$ 占有不同的倒频带，即在倒频率轴上可将两者分离。这样，只要对系统输出 $y(t)$ 进行倒频谱分析求得倒频谱 $C_{ay}(\tau)$，其上会有两相分离的 $C_{ah}(\tau)$ 与 $C_{ax}(\tau)$。这就为只根据系统输出求得系统输入及系统特性提供了可能，这是非常有意义的事。例如，在工程中实测到机器振动的噪声往往不是噪声源信号 $x(t)$，而是经过一定传输通道而达到测点的输出 $y(t)$。利用上述原理，只要对输出 $y(t)$ 进行倒频谱分析，就可能将噪声源信号 $x(t)$ 与传输特性 $h(t)$ 的倒频率成分分开。

复倒频谱可以将信号传递中的各种影响分离出来，即从所测信号的复倒频谱中减去信号传输途径的传递函数的复倒频谱（这部分通常是低倒频率），能排除某种影响而恢复没有该影响的原时间信号，从而可以去掉信号在传输中所受的影响以获得信号源的信号。

总之，倒频谱是对频谱做进一步深入分析而得到的，它有不少新的用途，其使用价值仍有待进一步研究、发展。

5.6 数字信号处理

5.6.1 概述

相关分析和功率谱分析等信号处理方法可以消除噪声的影响,提取信号的特征,但用模拟方法进行这些分析是难以实现的。数字信号处理就是用数学方法处理信号,它可以在专用信号处理仪上进行,也可以在通用计算机上通过编程来实现。20 世纪 40 年代末 Z 变换理论的出现,使人们可以用离散序列表示波形,为数字信号处理奠定了理论基础;20 世纪 50 年代电子计算机的出现及大规模集成电路技术的飞速发展,为数字信号处理奠定了物质基础;20 世纪 60 年代一些高效信号处理算法的出现,尤其是 1965 年快速傅里叶变换(FFT)的问世,为数字信号处理奠定了技术基础。目前,数字信号处理已经得到越来越广泛的应用,其处理速度可以达到实时的程度。数字信号处理技术已形成了一门新兴的学科,本节只介绍其中的基本内容。

1. 数字信号处理的基本步骤

数字信号处理的基本步骤如图 5-18 所示,它包括下列四个环节。

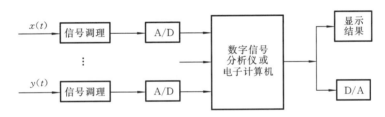

图 5-18　数字信号处理的基本步骤简图

1) 信号调理

信号调理的目的是把信号调整为便于数字处理的形式,它主要包括:

(1) 电压幅值处理,以满足电子计算机对输入电压的要求;

(2) 过滤信号中的高频噪声;

(3) 如果信号中不应有直流分量,则隔离信号中的直流分量;

(4) 如果原信号为调制信号,则应解调。

信号调理环节应根据测试对象、信号特点和数字处理设备的能力安排。

2) 模数(A/D)转换

模数转换包括:在时间上对原信号等间隔采样、保持和幅值上的量化及编码;把模拟量转换成数字量,即把连续信号变成离散的时间序列。

3) 数字信号分析

数字信号分析是在信号分析仪或通用的电子计算机上进行的。无论计算机的容量有多大、计算速度有多快,其处理的数据长度是有限的,所以要把长序列截断。在截断时会产生一些误差,因此,有时要对截取的数字序列加权,如有必要还可用专门的程序进行数字滤波。然后把所得到的有限长的时间序列按给定的程序进行运算。例如,进行时域中的概率统计、相关分析,频域中的频谱分析、功率谱分析、传递函数分析等。

4）输出结果

运算结果可直接显示或打印，也可用数/模（D/A）转换器再把数字量转换成模拟量输入外部被控装置。如有必要可将数字信号处理结果输入后续计算机，通过专用程序做后续处理。

2. 时域采样、混叠和采样定理

1）时域采样

采样是在模数转换过程中以一定时间间隔对连续时间信号进行取值的过程。它的数学描述就是用间隔为 T 的周期单位脉冲序列 $g(t)$ 去乘模拟信号 $x(t)$。$g(t)$ 可以写为

$$g(t) = \sum_{n=-\infty}^{\infty} \delta(t - nT_s) \quad (n = 0, \pm 1, \pm 2, \cdots) \tag{5-21}$$

由函数的性质可知

$$\int_{-\infty}^{+\infty} x(t)\delta(t - nT_s)\mathrm{d}t = x(nT_s) \quad (n = 0, \pm 1, \pm 2, \cdots)$$

上式表明，经时域采样后，各采样点的信号幅值为 $x(nT_s)$，其中 T_s 为采样间隔；采样原理如图 5-19 所示。函数 $g(t)$ 称为采样函数。

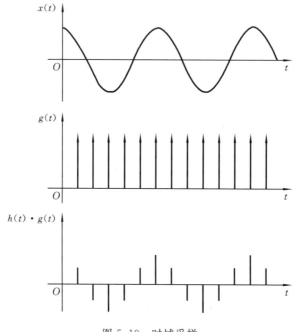

图 5-19　时域采样

采样结果 $x(t)$ 乘 $g(t)$ 必须唯一地确定原始信号 $x(t)$，所以采样间隔的选择是一个重要的问题。采样间隔太小（采样频率高），对定长的时间记录来说其数字序列就很长，使计算工作量增大；如果数字序列长度一定，则只能处理很短的时间历程，可能产生较大的误差。若采样间隔太大（采样频率低），则可能丢掉有用的信息。如图 5-20 所示，采样频率低于信号频率，以致不能复现原始信号。

2）混叠和采样定理

采样函数为一周期信号，即

$$g(t) = \delta(t - nT_s) \quad (n = 0, \pm 1, \pm 2, \cdots) \tag{5-22}$$

写成傅里叶级数形式，有

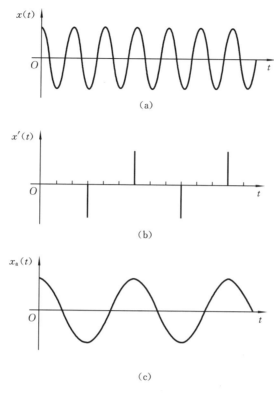

图 5-20　混叠现象

(a) 原始波形；(b) 采样值；(c) 混叠波形

$$g(t) = \frac{1}{T_s} \sum_{n=-\infty}^{\infty} e^{j2\pi n f_s t} \quad (n = 0, \pm 1, \pm 2, \cdots)$$

式中：$f_s = 1/T_s$，称为采样频率。

可见，间距为 T_s 的采样脉冲序列的傅里叶变换也是脉冲序列，其间距为 $1/T_s$。

由卷积定理，并考虑 δ 函数与其他函数卷积的特性，有

$$F[x(t) \cdot g(t)] = X(f) * G(f) = \frac{1}{T_s} \sum_{n=-\infty}^{\infty} X\left(f - \frac{n}{T_s}\right) \tag{5-23}$$

式 (5-23) 为信号 $x(t)$ 经过间隔为 T_s 的采样之后所形成的采样信号的频谱，如图 5-21 所示。

如果采样间隔 T_s 太大，即采样频率 f_s 太低，那么，由于平移距离 $1/T_s$ 过小，移至各采样脉冲对应的序列点的频谱 $\dfrac{X(f)}{T(s)}$ 就会有一部分相互交叠，新合成的 $X(f) * G(f)$ 图形与 $X(f)/T(s)$ 不一致，这种现象称为混叠。发生混叠后，改变了原来频谱的部分幅值，这样就不可能准确地从离散的采样信号 $x(t) \cdot y(t)$ 中恢复原来的时域信号 $x(t)$。

如果 $x(t)$ 是一个带限信号（最高频率 f_c 为有限值），采样频率 $f_s = 1/T_s > 2f_c$，那么，采样后的频谱就不会发生混叠，如图 5-22 所示。

为了避免混叠，使采样后仍能准确地恢复原信号，采样频率 f_s 必须大于信号最高频率 f_c 的两倍，即 $f_s > 2f_c$，这就是采样定理。在实际工作中，一般采样频率应选为被处理信号中最高频率的 2.56 倍以上。

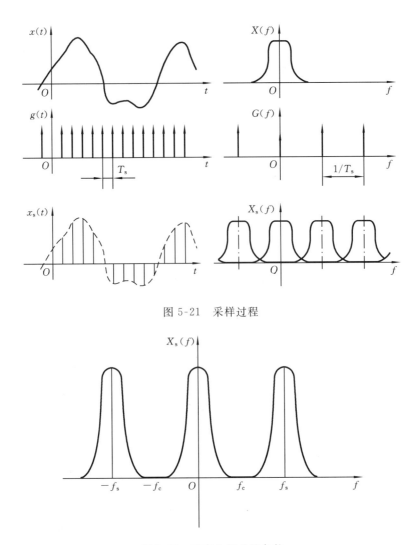

图 5-21　采样过程

图 5-22　不产生混叠的条件

3. 量化和量化误差

采样所得的离散信号的电压幅值，若用二进制数码组来表示，就使离散信号变成数字信号，这一过程称为量化。量化是从一组有限个离散电平中取一个来近似代表采样点的信号实际幅值电平。这些离散电平称为量化电平，每个量化电平对应一个二进制数码。

A/D 转换器的位数是一定的。一个 b 位（又称数据字长）的二进制数，共有 $L=2^b$ 个数码。如果 A/D 转换器允许的动态工作范围为 D（例如 ±5 V 或 $0\sim10$ V），则两相邻量化电平之差 Δx 为

$$\Delta x = D/2^{(b-1)} \tag{5-24}$$

式中采用 2^{b-1} 而不用 2^b，是因为实际上字长的第一位用做符号位。

当离散信号采样值 $x(n)$ 的电平落在两个相邻量化电平之间时，就要舍入到相近的一个量化电平上。该量化电平与信号实际电平之间的差值称为量化误差 $\varepsilon(n)$。量化误差的最大值为 $\pm(\Delta x/2)$，可以认为，量化误差在 $(-\Delta x/2, +\Delta x/2)$ 区间各点出现的概率是相等的，其概率密度为 $1/\Delta x$，均值为零，其均方值 φ_ε^2 为 $\Delta x^2/12$，误差的标准差 σ_ε 为 $0.29\Delta x$，实际上和信号获取、处理的其他误差相比，量化误差通常是不大的。

量化误差 $\varepsilon(n)$ 将形成叠加在信号采样值 $x(n)$ 上的随机噪声。假定字长 $b=8$ 峰值,电平等于 $2^{(8-1)}\Delta x=128\Delta x$。这样,峰值电平与 σ_ε 之比为 $(128\Delta x/0.29\Delta x)\approx450$,即约等于 26 dB。

A/D 转换器位数的选择应视信号的具体情况和量化的精度要求而定。但应考虑位数增多后,成本显著增加,转换速率下降的影响。

为了讨论简便,今后假设各采样点的量化电平就是信号的实际电平,即假设 A/D 转换器的位数为无限多,量化误差等于零。

4. 时域截断、泄漏和窗函数

1) 时域截断、泄漏

在数据处理时必须把长时间的信号序列截断。截断就是将无限长的信号乘以有限宽的窗函数。"窗"的意思是指通过窗口使我们能够看到原始信号的一部分,原始信号在时间窗以外的部分均视为零。窗函数就是在模数转换过程中(或数据处理过程中)对时域信号取样时所采用的截断函数。

在图 5-23 中,$x(t)$ 为一余弦信号,其频谱是 $X(f)$,它是位于 $\pm f_0$ 处的 δ 函数。矩形窗函数 $\omega(t)$ 的频谱是 $W(f)$,它是一个 $\mathrm{sinc}(f)$ 函数。当用一个 $\omega(t)$ 去截断 $x(t)$ 时,得到截断后的信号为 $x(t)\omega(t)$,根据傅里叶变换关系,其频谱为 $X(f)*W(f)$。

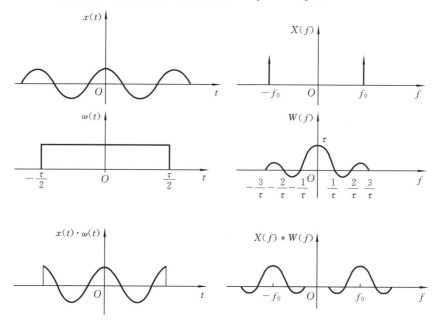

图 5-23　余弦信号的截断与泄漏

$x(t)$ 被截断后的频谱不同于加窗以前的频谱。由于 $\omega(t)$ 是一个频带无限的函数,所以即使 $x(t)$ 是带限信号,在截断以后也必然变成无限带宽的函数。原来集中在 $\pm f_0$ 处的能量被分散到以 $\pm f_0$ 为中心的两个较宽的频带上,也就是有一部分能量泄漏到 $x(t)$ 的频带以外。因此,信号截断必然产生一些误差,这种由于时域上的截断而在频域上出现附加频率分量的现象称为泄漏。

在图 5-23 中,频域中 $|f|<1/\tau$ 的部分称为 $W(f)$ 的主瓣,其余两旁的部分即附加频率分组称为旁瓣。可以看出,主瓣与旁瓣之比是固定的。窗口宽度 τ 与 $W(f)$ 的关系可用傅里叶变换的面积公式来说明。

由

$$W(f) = \int_{-\infty}^{+\infty} \omega(t) e^{-j2\pi ft} dt$$

有

$$W(0) = \int_{-\tau/2}^{\tau/2} \omega(t) dt = \tau$$

同理

$$\omega(0) = \int_{-\infty}^{+\infty} W(f) df = 1$$

由此可见，当窗口宽度 τ 增大时，主瓣和旁瓣的宽度变窄，并且主瓣高度恒等于窗口宽度 τ。当 $\tau \to \infty$ 时，$W(f) \to \delta(f)$，而任何 $X(f)$ 与单位脉冲函数 $\delta(f)$ 相卷积仍为 $X(f)$，所以加大窗口宽度可使泄漏减小，但无限加宽等于对 $x(t)$ 不截断，这是不可能的。为了减少泄漏应该尽量寻找频域中接近 $\delta(f)$ 的窗函数 $W(f)$，即主瓣窄、旁瓣小的窗函数。

2）几种常用的窗函数

由以上讨论可知，对时间窗的一般要求是：其频谱（也称频域窗）的主瓣尽量窄，以提高频率分辨率；旁瓣要尽量低，以减少泄漏。但两者往往不能同时满足，需要根据不同的测试对象选择合适的窗函数。

为了定量地比较各种窗函数的性能，特给出以下三个频域指标（见图 5-24）。

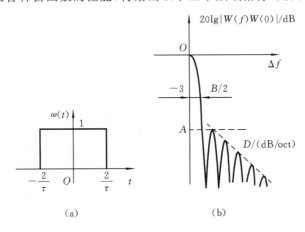

图 5-24　窗函数的频域指标

（1）3 dB（分贝）带宽 B。它是主瓣归一化幅值 $20\lg|W(f)/W(0)|$ 下降到 -3 dB 时的带宽。当时间窗的宽度为 τ，采样间隔为 T_s 时，对应于 N 个采样点。其最大的频率分辨率可达到 $1/NT_s = 1/\tau$，令 $\Delta f = 1/\tau$，则 B 的单位可以是 Δf。

（2）最大旁瓣峰值 A(dB)。A 越小，由旁瓣引起的谱失真就越小。

（3）旁瓣谱峰渐进衰减速度 D(dB/oct)。一个理想的窗口应该有最小的 B 和 A。

下面给出几种常用的窗函数。

① 矩形窗。

$$\omega(t) = \begin{cases} 1, & |t| \leqslant \dfrac{\tau}{2} \\ 0, & |t| > \dfrac{\tau}{2} \end{cases} \tag{5-25a}$$

$$W(f) = \tau \frac{\sin(\pi f\tau)}{\pi f\tau} = \tau \mathrm{sinc}(\pi f\tau) \tag{5-25b}$$

$$B = 0.89\Delta f, \quad A = -13 \text{ dB}, \quad D = -6 \text{ dB/oct}$$

矩形窗及其频谱图形见第 1 章。矩形窗使用最普遍，因为习惯中的不加窗就相当于使用了矩形窗,并且矩形窗的主瓣是最窄的。

② 汉宁(Hanning)窗。

$$\omega(t) = \begin{cases} 0.5 + 0.5\cos\left(\dfrac{2\pi}{\tau}t\right), & |t| \leqslant \dfrac{\tau}{2} \\ 0, & |t| > \dfrac{\tau}{2} \end{cases} \tag{5-26a}$$

$$W(f) = 0.5Q(f) + 0.25[Q(f+1/\tau) + Q(f-1/\tau)] \tag{5-26b}$$

式中,$Q(f) = \tau\dfrac{\sin\pi f\tau}{\pi f\tau}$。

$$B = 1.44\Delta f, \quad A = -32 \text{ dB}, \quad D = -18 \text{ dB/oct}$$

汉宁窗及其频谱的图形如图 5-25 所示。它的频率窗可以看成是三个矩形时间窗的频谱之和,而括号中的两项相对于第一个频率窗向左右各有位移 $1/\tau$。和矩形窗比较,汉宁窗的旁瓣小得多,因而泄漏也少得多,但是汉宁窗的主瓣较宽。

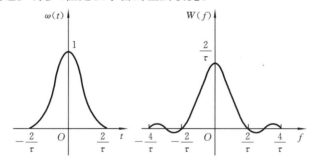

图 5-25 汉宁窗及其频谱

③ 哈明(Hamming)窗。

$$\omega(t) = \begin{cases} 0.54 + 0.46\cos\left(\dfrac{2\pi}{\tau}t\right), & |t| \leqslant \dfrac{\tau}{2} \\ 0, & |t| > \dfrac{\tau}{2} \end{cases} \tag{5-27a}$$

$$W(f) = 0.54Q(f) + 0.23[Q(f+1/\tau) + Q(f-1/\tau)] \tag{5-27b}$$

$$B = 1.3\Delta f, \quad A = -43 \text{ dB}, \quad D = -6 \text{ dB/oct}$$

哈明窗本质上和汉宁窗是一样的,只是系数不同。哈明窗比汉宁窗消除旁瓣的效果好一些。

5.6.2　离散傅里叶变换

傅里叶变换一直是谱分析的基础,它给出了时间域与频率域的联系,是沟通时间域与频率域的有力工具。但在很长一段时间里,傅里叶变换的应用都受到了限制,其主要障碍是傅里叶变换的计算需花费大量的时间,特别是数据量较大时,若不借助于计算机根本无法进行。过去对时域信号用傅里叶变换进行频域分析,常常采用模拟仪器进行,其价格昂贵,稳定性差,精度也差。

现在使用计算机完成这项工作,在使用计算机进行信号分析、处理时,需要先将模拟信号数字化,使之成为数字信号;而所谓"分析、处理"实质是"运算",它可以通过编程,在通用计算机上完成,也可以根据算法选择一种运算结构,设计专用硬件,制成专用计算机芯片来完成。数字信号处理具有高度的灵活性、稳定性和高精度。

　　数字信号分析所涉及的内容和理论非常广泛，而离散傅里叶变换是其基础。在数字信号分析、处理的过程中，如果没有掌握它的基本理论，将无法利用数字信号处理的有关程序，不能正确操作数字信号处理仪器。但是，数字信号分析的基本理论与模拟信号分析的基本理论是紧密相关的。本节主要从工程应用的角度，利用图解推演的方法介绍数字信号处理中最基本的理论——离散傅里叶变换，使大家了解数字信号分析中的一些基本问题。

1. 离散傅里叶变换的图解推演

　　对连续时间信号进行离散傅里叶变换，一般可概括为三个步骤，即时域采样、时域截断和频域采样，整个过程可以用图形解释如下（见图 5-26）。

　　图 5-26 中的左边是信号的时域图形，右边是相应的频域图形；图形下的表达式是其所对应的函数或运算结果。图 5-26(a) 所示的时域信号 $x(t)$ 经傅里叶变换后，得到的频域函数 $X(f)$ 是复函数（由于此时 $x(t)$ 尚未做变换，所以表中 $X(f)$ 是"想象"的），具有实部和虚部。为了简化图形，又不失一般性原理，取其绝对值 $|X(f)|$，只画其幅值频谱。下面分别解释这三个步骤。

1) 时域采样

　　图 5-26(b)、(c) 说明了时域采样过程。

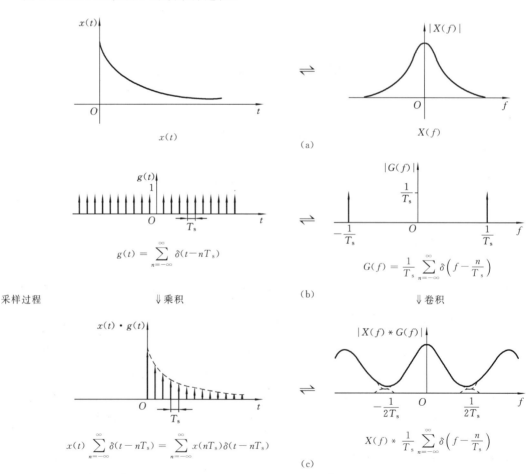

图 5-26　离散傅里叶变换的图解推演过程

(a) 原信号；(b) 采样函数；(c) 采样后信号；(d) 时窗函数；

(e) 有限序列离散信号；(f) 频域采样函数；(g) DFT 后的信号

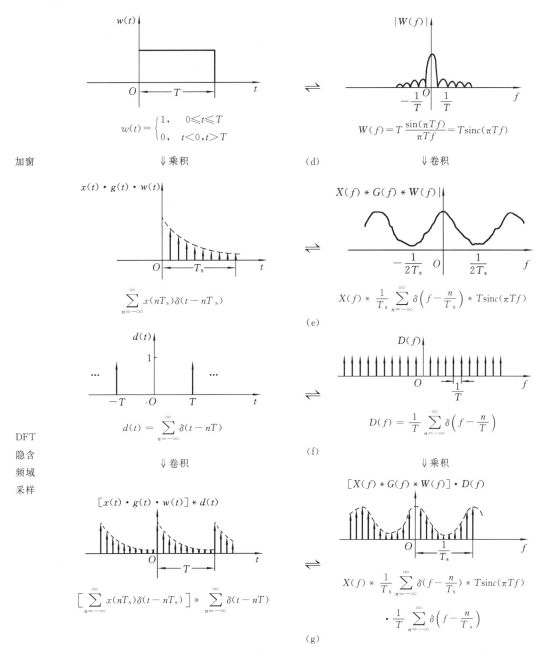

$$w(t) = \begin{cases} 1, & 0 \leqslant t \leqslant T \\ 0, & t < 0, t > T \end{cases}$$

$$W(f) = T \frac{\sin(\pi T f)}{\pi T f} = T \mathrm{sinc}(\pi T f)$$

加窗   ↓乘积   (d)   ↓卷积

$$\sum_{n=-\infty}^{\infty} x(nT_s)\delta(t - nT_s)$$

$$X(f) * \frac{1}{T_s} \sum_{n=-\infty}^{\infty} \delta\left(f - \frac{n}{T_s}\right) * T\mathrm{sinc}(\pi T f)$$

(e)

$$d(t) = \sum_{n=-\infty}^{\infty} \delta(t - nT)$$

$$D(f) = \frac{1}{T} \sum_{n=-\infty}^{\infty} \delta\left(f - \frac{n}{T}\right)$$

DFT
隐含   (f)
频域
采样   ↓卷积   ↓乘积

$$\left[\sum_{n=-\infty}^{\infty} x(nT_s)\delta(t - nT_s)\right] * \sum_{n=-\infty}^{\infty} \delta(t - nT)$$

$$X(f) * \frac{1}{T_s} \sum_{n=-\infty}^{\infty} \delta\left(f - \frac{n}{T_s}\right) * T\mathrm{sinc}(\pi T f)$$

$$\cdot \frac{1}{T} \sum_{n=-\infty}^{\infty} \delta\left(f - \frac{n}{T_s}\right)$$

(g)

续图 5-26

　　要把连续的时域信号变换为计算机可以接收的数字信号,必须进行采样,这是利用模拟数字(A/D)转换器完成的。采样在理论上是将时域信号 $x(t)$ 乘以周期单位脉冲序列函数 $g(t)$(其间隔为 T_s)。周期单位脉冲序列函数的傅里叶变换为 $G(f)$,它也是等间隔的周期脉冲序列,只是其间隔为 $1/T_s$。根据傅里叶变换的性质,这一相乘结果在频域上表现为二者的卷积,卷积的结果是把 $X(f)$ 平移到各脉冲所在的频率位置上,即在 $G(f)$ 各个脉冲发生的位置上重新构图,从而使 $X(f) * G(f)$ 在频域上成为周期连续函数。在采样间隔合适时,一个周期上的频谱与原信号 $x(t)$ 的频谱 $X(f)$ 将保持一致。

2) 时域截断

图 5-26(d)、(e)说明了时域截断的过程。

如果 $x(t)$ 所经历的时间无限长（或长度超出了计算机所能处理的范围），采样后的数据量就很大，而计算机只能处理其中一部分数据，这在理论上就是用一个宽度为 T 的窗函数 $w(t)$ 去乘 $x(t) \cdot g(t)$。由图 5-26(d)知，窗函数的频谱是采样函数，窗函数的宽度 T 越宽，采样函数中间的尖峰区域就越窄，形状也越尖，如 $T \rightarrow \infty$，采样函数就变成单位脉冲 δ 函数了，此时，$x(t) \cdot g(t)$ 与 $\delta(t)$ 的乘积在频域上的结果将与图 5-26(c)相同。定性地说，如果 T 足够宽，采样函数的频谱就更接近 δ 函数，$x(t) \cdot g(t)$ 与 $w(t)$ 的乘积在频域上的结果（见图 5-26(e)）就基本上应该与图 5-26(c)一样。现在图中多了的皱纹波，显然是因 T 不够宽而带来的误差。

3) 频域采样

图 5-26(f)、(g)说明了频域采样过程。经过时域采样和截断处理，信号 $x(t)$ 变成了"有限长"的离散信号。但从频域来看，这一有限离散信号的频谱仍是一连续函数。实际上，经计算机处理后，所输出的频率一定是离散的，这表明计算机对上述连续频谱函数进行了频域采样。

频域采样在理论上就是对图 5-26(e)的连续频谱乘上频率采样函数 $G(f)$ 的过程（采样间隔为 $1/T$），这样，其连续频谱在频域内也离散化了。根据时域采样引起频域周期化的道理，由傅里叶变换的性质可知，频域的采样相应也引起了时域的周期化，其周期为采样间隔的倒数 T_s，如图 5-26(g)所示。

以上图解推演定性地解释了离散傅里叶变换的演变过程。从最后的结果可以明显看出，信号时域、频域的离散化导致了时域和频域的周期化。

2. 离散傅里叶变换中的几个问题

为了保证离散傅里叶变换的结果在一个周期内与原信号 $x(t)$ 的频谱保持一致，需要解决好以下几个问题。

1) 频率混叠

采样使原 $x(t)$ 的频谱 $X(f)$ 周期化了，采样间隔 T_s 为多大才能使采样后的频谱在一个周期内不失真呢？这个问题仅从时域上观察是很难解决的。如图 5-27 所示，三个连续信号在时域上明显不同，但如果用图中的采样间隔，所获得的离散信号却是相同的（由 1，2，3，4 等点组成）。

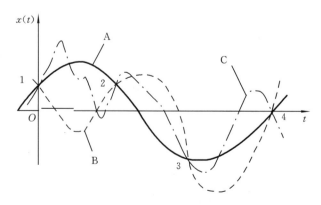

图 5-27　从时域看混叠

为了符合采样定理,使信号在做数字处理时不发生频混,可采用以下措施。

(1) 采样前使用低通滤波器,降低信号的最高频率 $f_{\max}$。信号中的高频成分特别是噪声干扰的高频成分在分析时并不需要,而在信号做数字处理时却容易引起频混,所以应只分析信号中感兴趣的频率范围,而将不感兴趣的高频成分用滤波器滤掉,使其满足采样定理的要求。这种措施称为抗频混滤波。无论对有限带宽的信号还是对无限带宽的信号,都可以根据工程中感兴趣的频率范围,采用抗频混滤波技术。

(2) 提高采样频率。这需要使用转换速度高的 A/D 转换器。对计算机程序来说,可处理的数据量通常是一个定值,采样频率 f_s 高,采样间隔就密,计算机处理的信号长度就短,从被处理信号总体上看,这部分短信号可能不具有代表性,处理结果不能反映信号中感兴趣的本质部分。所以在选取 f_s 时要与数据的长度互相兼顾。

2) 截断、泄漏和窗函数

计算机可处理的长度总是有限的,而信号的长度可能是无限的,因此只能从信号中提取其中一部分来考察。提取信号中的一部分长度进行分析,并以此来考察整个信号历程的方法,称为时域截断或加窗(窗的形式称为窗函数)。如同从一个窗口来观察信号,看不到信号的全部历程,看到的只是局部。由局部来估计全体,显然会丢失一些信息,从而给原信号的频谱带来一些误差。

3) 量化误差

模拟信号的幅值是连续的,而数字信号的幅值是跳跃式的。模拟信号在数字化过程中采样点的幅值若落在两相邻量化值之间,就要舍入到相近的一个量化值上,从而造成量化误差。量化误差必然会给原信号的频谱造成误差。为减少量化误差,应选用位数较高的 A/D 转换器。

4) 栅栏效应

由图 5-26(g)可以看到,经离散傅里叶变换计算出的频谱,谱线位置为 $f=k\dfrac{1}{T}=k\dfrac{f_s}{N}$ 即在基频 $\dfrac{1}{T}$ 的整数倍上才有谱线,离散谱线之间的频谱显示不出来。这样,即使是重要的峰值也会被忽略,如同栅栏一样,故称为栅栏效应。

在离散傅里叶变换中,两条离散谱线间的间隔 Δf 称为频率分辨率,由离散傅里叶变换的图解推演可知,当分析的时域信号长度为 T(即窗宽,$T=NT_s$),采样频率为 f_s 时,分辨率为窗函数宽度的倒数,即

$$\Delta f = \frac{f_s}{N} = \frac{1}{T}$$

要减少栅栏效应,就要提高频率分辨率 Δf,也就是说要增加窗的宽度 T,这就意味着在相同的采样频率下增加数据点数 N,而离散傅里叶变换的计算程序所采用的数据点数一般是一个定值,提高数据点数受到限制,因此只有多方兼顾。

对周期信号,整周期截取是解决栅栏效应有效的办法。正弦信号的频率 f_0 的谱线从理论上应该落在 DFT 的谱线 f_0 上。由于谱线之间的间隔 Δf 是 T 的倒数,根据 T 的取值情况,实际的谱线并非正好落在 f_0 上。单纯减小 Δf 可以减小这个差距,但不一定会完全解决此问题。从 DFT 的理论看,谱线正好落在 f_0 的条件是 $f_0/\Delta f=$ 整数。考虑到 Δf 是分析时间长度 T 的倒数,正弦信号的周期 T_0 是其频率 f_0 的倒数,因此,只有截取的信号长度 T 正好等于正弦

信号周期的整数倍时，才能使分析谱线落在频率分量的频率上，获得准确的频谱。显然，这个结论适合于所有周期信号。

本章重点、难点和知识拓展

本章重点：信号分析与处理的基本概念、方法及工程应用。

本章难点：信号分析与处理的基本原理及方法。

知识拓展：信号分析与处理是测试技术工作的重要组成部分。通常可以在时域、频率域和幅值域等不同域中对信号进行分析和处理，并通过数据或波形反映出有用信息。本章要求了解随机信号的分类，了解统计特征参数、相关分析和谱分析中有关函数的定义、含义、功能及应用，掌握它们的计算方法与提取信息的分析方法；了解信号数字化中的基本概念、步骤与问题，理解并掌握数字信号处理的基本理论与方法。

离散傅里叶变换是数字信号处理中最基本的理论，了解其图解推演的方法和离散傅里叶变换中需注意的几个问题，便可了解数字信号分析中的一些基本问题。

思考题与习题

5-1　假设有一个信号 $x(t)$，它由两个频率、幅值和相角均不相等的余弦分量叠加而成，其数学表达式为 $x(t)=A_1\cos(\omega_1 t+\varphi_1)+A_2\cos(\omega_2 t+\varphi_2)$，试求该信号的自相关函数。

5-2　求具有相同周期的方波和正弦波（见习题 5-2 图）的互相关函数 $R_{xy}(\tau)$。

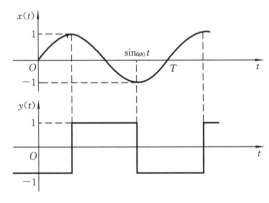

习题 5-2 图

5-3　用微机对一信号做频谱分析，信号的最高频率为 1 kHz，要求频率分辨率 $\Delta f\leqslant 50$ Hz，试确定以下参数：最小记录时间、最大采样间隔、最少采样点数、将频率分辨率提高一倍的采样点数。

5-4　用微机进行数字信号的频谱分析时，只提高采样频率能否提高频率分辨率？

5-5　简要说明窗函数对谱分析的影响。

5-6　已知信号的自相关函数为 $A\cos\omega\tau$，试确定该信号中的均方值 φ_x^2 和自功率谱 $S_x(f)$。

5-7　某线性装置，其频率响应为

$$H(f) = \frac{1}{1 + j2\pi\tau f}$$

当输入信号为 $x(t) = X_0\sin 2\pi f_0 t$ 时，试求 $S_x(f)$，$R_y(\tau)$，$S_{xy}(f)$，$R_{xy}(\tau)$。

5-8　已知 $x(t)$ 的频谱如习题 5-8 图所示，①画出 $x(t)\cos(2\pi f_m t)$ 的频谱；②已知 $\Delta R/R_0 = x(t)\cos(2\pi f_m t)$，供桥电压 $e_0(t) = E_0\cos(4\pi f_m t)$，采用单臂工作方式，试求该电桥的输出 $e_y(t)$ 的频谱并作图；③若对电桥的输出进行时域采样，不允许产生频混，采样频率应为多少？

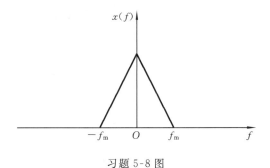

习题 5-8 图

5-9　已知一信号最高频率含量为 2 kHz，记录长度 $T = 30$ s，今对该模拟信号进行数字化处理，已决定采样频率为 4 kHz，采样点数为 2 048 点，试问：①所得数字信号有无功率泄漏现象？为什么？②所得数字信号有无频率混叠现象？为什么？

第6章 工程测试的典型应用

环境噪声的监测和分析可利用声强测量的定向特性来进行。通过环境保护测量车上的声强测量系统,在±90°的方位内对声场进行定向测量,可发现噪声源的集中区域。根据声场测量数据画出的三维声强谱图,经分析对比,可找出主要噪声源,可进一步控制噪声。

6.1 振动测试

本节主要介绍振动测试的力学原理——单自由度系统的受迫振动;振动测试的激励方法、激振器与常用测振传感器;振动信号的分析方法与常用分析仪器等内容。

6.1.1 概述

物体在中心位置两侧做往复运动,这个中心位置称为平衡位置,这种运动称为机械振动,简称振动。机械振动是工程技术和日常生活常见的现象。在大多数的情况下,机械振动是有害的。振动常常破坏机械的正常工作,振动的动载荷使机械加快失效,降低机械设备的使用寿命甚至导致损坏、造成事故。振动也有可以被利用的一面,如运输、夯实、捣固、清洗、脱水、时效等。

机械振动根据振动规律可以分成两大类:稳态振动和随机振动。稳态振动能够用数学式明确表示,随机振动需要用数理统计方法来描述。振动的幅值、频率和相位是振动的三个基本参数,称为振动三要素。只要测定这三个要素,也就决定了整个振动运动。

机械运转中的振动及其产生的噪声的频谱在某种程度上反映机器运行状况,均可作为监测工况、评价运转质量时的测试参数。

振动测试在生产和科研的许多方面都占有重要地位。振动测试大致可分为两类:一类是测量设备和结构所存在的振动;另一类是对设备或结构施加某种激励,使其产生振动,然后对其进行测量,其目的是研究设备或结构的力学动态特性。对振动进行测量,有时只需测出被测对象某些点的位移或速度、加速度和振动频率。有时则需要对所测的信号做进一步的分析和处理,如谱分析、相关分析等,进而确定对象的固有频率、阻尼比、刚度、振型等振动参数,求出被测对象的频率响应特性,或寻找振源,并为采取有效对策提供依据。

6.1.2 单自由度系统的受迫振动

在简化力学模型中,振动体的位置或形状只需用一个独立坐标来描述的系统称为单自由度系统。单自由度系统是最简单的一种力学模型。

构成机械振动系统的基本要素有惯性、恢复性和阻尼。惯性是指能使系统当前的运动持续下去的性质,恢复性是指能使系统的位置恢复到平衡状态的性质,阻尼则是指能使系统的能量消耗掉的性质。这三个基本要素由物理参数质量 m、刚度 k 和阻尼 c 表征。单自由度系统的全部质量 m 集中在一点,并由一个刚度为 k 的弹簧和一个黏性阻尼系数为 c 的阻尼器支持。

1. 由交变力引起的振动

如图 6-1 所示的单自由度系统，其质量 m 在外力 $f(t)$ 作用下的运动方程为

$$m\frac{\mathrm{d}^2 z}{\mathrm{d}t^2} + c\frac{\mathrm{d}z}{\mathrm{d}t} + kz = f(t) \tag{6-1}$$

式中：c 为黏性阻尼系数；k 为弹簧刚度；$f(t)$ 为激振力，为系统的输入；z 为振动位移，为系统的输出。

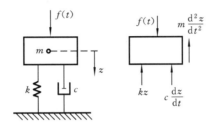

图 6-1　单自由度系统在质量块受力所引起的受迫振动

不难求得该二阶系统的频率响应 $H(\omega)$、幅频特性 $A(\omega)$ 和相频特性 $\varphi(\omega)$ 分别为

$$\left.\begin{aligned}
H(\omega) &= \frac{1/k}{\left[1-(\omega/\omega_n)^2\right]+2\mathrm{j}\zeta(\omega/\omega_n)} \\
A(\omega) &= \frac{1/k}{\sqrt{\left[1-(\omega/\omega_n)^2\right]^2+(2\zeta\omega/\omega_n)^2}} \\
\varphi(\omega) &= -\arctan\left[\frac{2\zeta\omega/\omega_n}{1-\omega/\omega_n}\right]
\end{aligned}\right\} \tag{6-2}$$

通常把幅频曲线上幅值比最大处的频率 ω_r 称为位移共振频率。令式（6-2）对 ω/ω_n 的一阶导数为零，可求得

$$\omega_r = \omega_n\sqrt{1-2\zeta^2} \tag{6-3}$$

如图 6-2 所示，位移共振频率随着阻尼的减小而向固有频率 ω_n 靠近。在小阻尼下，ω_r 很接近 ω_n，故常采用 ω_r 作为 ω_n 的估计值。若输入为零，输出为振动速度，则系统幅频特性的最大值处的频率称速度共振频率。速度共振频率始终和固有频率相等。加速度响应的共振频率则总是大于系统的固有频率。

从相频曲线上看到，无论系统的阻尼比是多少，在 $\omega/\omega_n=1$ 时位移始终落后于激振力 $90°$，这种现象称为相位共振。当系统有一定的阻尼时，位移幅频曲线峰顶变得平坦些，位移共振频率既不易测准确又离固有频率较远。从相频曲线上看，在固有频率处位移响应总是滞后 $90°$，而且这段曲线比较陡峭，频率稍有偏移，相位就明显偏离 $90°$。所以用相频曲线来测定固有频率比较准确。

由式（6-2）和图 6-2 可看出，在激振力频率远小于固有频率时，输出位移随激振频率的变化只有微小变化，几乎和"静态"激振力所引起的位移一样。在激振频率远大于固有频率时，输出位移接近零，质量块接近于静止。在激振频率接近系统固有频率时，系统的响应特性主要取决于系统的阻尼，并随频率的变化而剧烈变化。总之，就高频和低频两频率区而言，系统响应特性类似于"低通"滤波器，但在共振频率附近的频率区，则根本不同于"低通"滤波器，输出位移对频率、阻尼的变化都十分敏感。

2. 由基础运动引起的振动

在许多情况下，振动系统的受迫振动是由基础运动所引起的。设基础的绝对位移为 z_1，

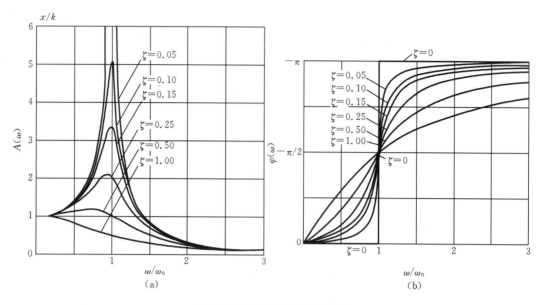

图 6-2　幅频特性、相频特性图

(a) 幅频特性图；(b) 相频特性图

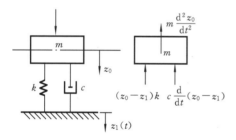

图 6-3　单自由度系统的基础激励

质量 m 的绝对位移为 z_0，分析图 6-3 右边自由体上所受的力，可得

$$m\frac{\mathrm{d}^2 z}{\mathrm{d} t^2} + c\frac{\mathrm{d} z}{\mathrm{d} t}(z_0 - z_1) + k(z_0 - z_1) = 0 \quad (6\text{-}4)$$

如果考察质量块 m 对基础的相对运动，则 m 的相对位移为

$$z_{01} = z_0 - z_1 \quad (6\text{-}5)$$

$$m\frac{\mathrm{d}^2 z_{01}}{\mathrm{d} t^2} + c\frac{\mathrm{d} z_{01}}{\mathrm{d} t} + k z_{01} = -m\frac{\mathrm{d}^2 z_1}{\mathrm{d} t^2} \quad (6\text{-}6)$$

式(6-6)与式(6-1)的形式相近，只是 $f(t)$ 换成了 $-m\dfrac{\mathrm{d}^2 z_1}{\mathrm{d} t^2}$。

不难求出式(6-6)的频率响应 $H(\omega)$、幅频特性 $A(\omega)$ 和相频特性 $\varphi(\omega)$ 分别如下。

$$H(\omega) = \frac{(\omega/\omega_n)^2}{1 - (\omega/\omega_n)^2 + 2\mathrm{j}\zeta(\omega/\omega_n)} \quad (6\text{-}7)$$

$$\left.\begin{aligned}A(\omega) &= \frac{(\omega/\omega_n)^2}{\sqrt{[1 - (\omega/\omega_n)^2]^2 + [2\zeta(\omega/\omega_n)]^2}} \\[2mm] \varphi(\omega) &= -\arctan\left[\frac{2\zeta(\omega/\omega_n)}{1 - (\omega/\omega_n)^2}\right]\end{aligned}\right\} \quad (6\text{-}8)$$

式中：ω 为基础运动的圆频率；ζ 为振动系统的阻尼比，$\zeta = \dfrac{c}{2\sqrt{km}}$；$\omega_n$ 为振动系统的固有频率，$\omega_n = \sqrt{k/m}$。

按式(6-8)绘制的幅频曲线和相频曲线如图 6-4 所示。

图 6-4 表明，当激振频率远小于系统固有频率（$\omega \ll \omega_n$）时，质量块相对基础的振动幅值为零，意味着质量块几乎随着基础一起振动，两者相对运动极小。而当激振频率远高于固有频率（$\omega \gg \omega_n$）时，$A(\omega)$ 接近于 1；这表明质量块和壳体之间的相对运动（输出）和基础的振动（输入）

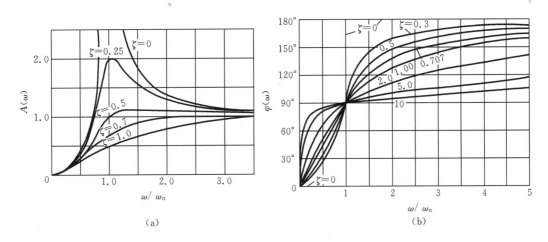

图 6-4　基础激励下，以质量块对基础的相对位移为响应时的频率响应特性

近于相等，从而表明质量块在惯性坐标中几乎处于静止状态。这种现象被广泛应用于测振仪器中。

3. 单自由度振动系统受迫振动小结

在测试工作中，遇到的许多实际工程问题，往往可以用弹簧-阻尼器-质量块构成的单自由度振动系统模型来描述，但是在不同场合下处理输入量、输出量往往是不同的，从而频率响应函数及幅频、相频特性也不同。根据上述原理，可将它归纳成表 6-1，以供查用。

表 6-1　单自由度振动系统的频率响应

运动类型及频率响应			绝 对 运 动			相 对 运 动		
			位移 $z_0(t)$	速度 $\dot{z}_0(t)$	加速度 $\ddot{z}_0(t)$	位移 $z_{01}(t)$	速度 $\dot{z}_{01}(t)$	加速度 $\ddot{z}_{01}(t)$
基础运动	位移 $z_1(t)$	频率响应	$\dfrac{D_4}{D_3}$	$\dfrac{\mathrm{j}\omega D_4}{D_3}$	$-\dfrac{\omega^2 D_4}{D_3}$	$\dfrac{\omega^2}{\omega_n^2 D_3}$	$\dfrac{\mathrm{j}\omega^3}{\omega_n^2 D_3}$	$-\dfrac{\omega^4}{\omega_n^2 D_3}$
		幅频特性	$\dfrac{D_1}{D_2}$	$\dfrac{\omega D_1}{D_2}$	$\dfrac{\omega^2 D_1}{D_2}$	$\dfrac{\omega^2}{\omega_n^2 D_2}$	$\dfrac{\omega^3}{\omega_n^2 D_2}$	$\dfrac{\omega^4}{\omega_n^2 D_2}$
		相频特性	φ_1	$\varphi_1 + \dfrac{\pi}{2}$	$\varphi_1 + \pi$	φ_2	$\varphi_2 + \dfrac{\pi}{2}$	$\varphi_2 + \pi$
	速度 $\dot{z}_1(t)$	频率响应	$\dfrac{D_4}{\mathrm{j}\omega D_3}$	$\dfrac{D_4}{D_3}$	$\dfrac{\mathrm{j}\omega D_4}{D_3}$	$-\dfrac{\mathrm{j}\omega}{\omega_n^2 D_3}$	$\dfrac{\omega^2}{\omega_n^2 D_3}$	$\dfrac{\mathrm{j}\omega^2}{\omega_n^2 D_3}$
		幅频特性	$\dfrac{D_1}{\omega D_2}$	$\dfrac{D_1}{D_2}$	$\dfrac{\omega D_1}{D_2}$	$\dfrac{\omega}{\omega_n^2 D_2}$	$\dfrac{\omega^2}{\omega_n^2 D_2}$	$\dfrac{\omega^3}{\omega_n^2 D_2}$
		相频特性	$\varphi_1 - \dfrac{\pi}{2}$	φ_1	$\varphi_1 + \dfrac{\pi}{2}$	$\varphi_2 - \dfrac{\pi}{2}$	φ_2	$\varphi_2 + \dfrac{\pi}{2}$
	加速度 $\ddot{z}_1(t)$	频率响应	$-\dfrac{D_4}{\omega^2 D_3}$	$\dfrac{D_4}{\mathrm{j}\omega D_3}$	$\dfrac{D_4}{D_3}$	$-\dfrac{1}{\omega_n^2 D_3}$	$-\dfrac{\mathrm{j}\omega}{\omega_n^2 D_3}$	$\dfrac{\omega^2}{\omega_n^2 D_3}$
		幅频特性	$\dfrac{D_1}{\omega^2 D_2}$	$\dfrac{D_1}{\omega D_2}$	$\dfrac{D_1}{D_2}$	$\dfrac{1}{\omega_n^2 D_2}$	$\dfrac{\omega}{\omega_n^2 D_2}$	$\dfrac{\omega^2}{\omega_n^2 D_2}$
		相频特性	$\varphi_1 - \pi$	$\varphi_1 - \dfrac{\pi}{2}$	φ_1	$\varphi_2 - \pi$	$\varphi_2 - \dfrac{\pi}{2}$	φ_2

续表

运动类型及频率响应		绝对运动			相对运动		
		位移 $z_0(t)$	速度 $\dot{z}_0(t)$	加速度 $\ddot{z}_0(t)$	位移 $z_{01}(t)$	速度 $\dot{z}_{01}(t)$	加速度 $\ddot{z}_{01}(t)$
力 $f(t)$	频率响应	$\dfrac{1}{kD_3}$	$\dfrac{j\omega}{kD_3}$	$-\dfrac{\omega^2}{kD_3}$			
	幅频特性	$\dfrac{1}{kD_2}$	$\dfrac{\omega}{kD_2}$	$-\dfrac{\omega^2}{kD_2}$			
	相频特性	φ_1	$\varphi_2+\dfrac{\pi}{2}$	$\varphi_2+\pi$			

表中：$\omega_n=\sqrt{\dfrac{k}{m}}$；　$\zeta=\dfrac{c}{2\sqrt{km}}$；

$D_1=\sqrt{1+[2\zeta(\omega/\omega_n)]^2}$；　$D_2=\sqrt{[1-(\omega/\omega_n)^2]^2+[2\zeta(\omega/\omega_n)]^2}$；

$D_3=[1-(\omega/\omega_n)^2]+2j\zeta(\omega/\omega_n)$；　$D_4=2j\zeta(\omega/\omega_n)+1$；

$\varphi_1=-\arctan\dfrac{2\zeta(\omega/\omega_n)^3}{\sqrt{[1-(\omega/\omega_n)^2]+[2\zeta(\omega/\omega_n)]^2}}$；　$\varphi_2=-\arctan\dfrac{2\zeta(\omega/\omega_n)}{1-(\omega/\omega_n)^2}$。

6.1.3　振动的激励

如果知道系统的输入（激励）和输出（响应），就可以求出系统的数学模型，也即动态特性。振动系统测试就是求取系统输入和输出的一种试验方法。

为了完成上述测试任务，一般说来测试系统应该包括下述三个主要部分。

（1）激励器的作用是实现对被测系统的激励（输入），使系统产生振动。它主要由激励信号源、功率放大器和激振装置组成。

（2）拾振器的作用是检测并放大被测系统的输入、输出信号，并将信号转换成一定的形式（通常为电信号）。它主要由传感器、放大器等组成。

（3）分析记录器是将拾振部分传来的信号记录下来供以后分析处理或直接进行分析处理并记下处理结果。它主要由各种记录设备和频谱分析设备组成。

1. 常见的振动激励方式

1）稳态正弦激励方法

这是一种测量频率响应的经典方法，它提供给被测系统的激励信号是一个具有稳定幅值和频率的正弦信号，测出激励大小和响应大小，便可求出系统在该频率点处的频率响应的大小。其激励系统一般由正弦信号发生器、功率放大器和电磁激振器组成；测量系统由跟踪滤波器、峰值电压表和相位计组成。

2）瞬态激励方法

瞬态激励方法给被测系统提供的激励信号是一种瞬态信号，它属于一种宽频带激励，即一次同时给系统提供频带内各个频率成分的能量和使系统产生相应频带内的频率响应。因此，它是一种快速测试方法。同时由于测试设备简单、灵活性大，故常在生产现场使用。

目前常用的瞬态激励方法有以下几种。

（1）快速正弦扫描激励。这种测试方法是使正弦激励信号在所需的频率范围内进行快速扫描（在数秒钟内完成），激振信号频率在扫描周期 T 内成线性增加，而幅值保持恒定。扫描信号的频谱曲线几乎是一根平坦的曲线，从而能达到宽频带激励的目的。

（2）脉冲激励。脉冲激励是用脉冲锤对被测系统进行敲击,给系统施加一个脉冲力,使之发生振动。由于锤击力脉冲在一定频率范围内具有平坦的频谱曲线,所以它是一种宽频带的快速激励方法。

（3）阶跃（张弛）激励。由于阶跃函数的导数是脉冲函数,阶跃函数引起的响应的导数是脉冲响应函数,所以这种方法也是一种宽频带激励方法。在实际应用中,常常是用一根刚度很大质量很小的张力弦通过力传感器对系统预加载,然后突然切断张力弦,从而使系统获得阶跃激励。

3）随机激励方法

（1）纯随机激励。理想的纯随机信号是具有高斯分布的白噪声,它在整个时间历程上是随机的,不具有周期性,在频率域上它几乎是一条平坦的直线。

（2）伪随机激励。伪随机信号是一种有周期性的随机信号,它在一个周期内的信号是纯随机的,但各个周期内的信号是完全相同的。这种方法的优点在于试验的可重复性。将白噪声在时间 T 内截断,然后以 T 为周期反复重复,即形成伪随机信号。

2．激振器

激振的目的是通过激振的手段使被测实验的对象处于一种受迫振动的状态中,从而来达到能测试的目的。因此激振器应该能在所要求的频率范围内提供稳定的交变力。另外,为减小激振器的质量对被测对象的影响,激振器的体积、质量应小。

激振器的种类很多,按工作原理可分为机械式、磁电式、压电式及液压式等。下面介绍常用的几种激振器。

1）机械式激振器

图 6-5 所示为一种机械式激振器,又称机械惯性式激振器。它由两个具有偏心质量、反向等速转动的齿轮组成。当两齿轮旋转时,由于偏心质量的缘故会产生周期性的离心力,从而产生激振作用。其激振力的大小为两离心力的合力

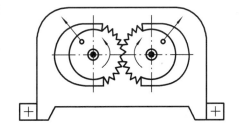

$$F = 2m\omega^2 e\cos\omega t \qquad (6-9)$$

式中：m 为偏心质量；e 为偏心距；ω 为旋转角速度。

图 6-5　机械式激振器

使用时将这种激振器固定在被试验物体上,由激振力带动物体一起振动。一般采用直流电动机来稳定这种激振器,通过改变直流电动机的转速来调节激振力的频率。机械惯性式激振器的优点是结构简单、激振力范围大（几千克到数万克）。其缺点是工作频率范围小,一般为几赫到上百赫左右。激振力大小因受转速影响不能单独控制。另外,传感器的质量较大,因而会影响到被测物体的固有频率,且安装起来不方便。

2）磁电式激振器

磁电式激振器又称电动式激振器。其工作原理主要是利用带电导体在磁场中受电磁力作用这一物理现象工作的。磁电式激振器按其磁场形成的方式分为永磁式和励磁式两种,前者一般用于小型的激振器,后者多用于较大型的激振台。图 6-6 所示为一种磁电式激振器。

从图 6-6 可看出,传感器由永磁铁、激励线圈（动圈）、芯杆、顶杆组合体及弹簧片组组成。由动圈产生的激振力经芯杆和顶杆组件传给被试验物体。采用做成拱形的弹簧片组来支撑传感器中的运动部分。弹簧片组具有很低的弹簧刚度,并能在试件与顶杆之间保持一定的预压力,防止它们在振动时发生脱离。激振力的幅值与频率由输入电流的强度和频率所控制。顶

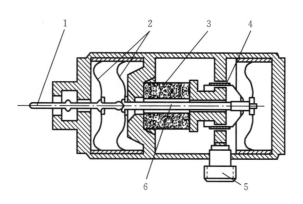

图 6-6　磁电式激振器

1—顶杆；2—弹簧片组；3—永磁铁；4—动圈；5—接线头；6—芯杆

杆与试件一般可用螺钉、螺母直接连接，也可采用预压力使顶杆与试件顶紧。直接连接法要求在试件上打孔和制作螺钉孔，从而破坏试件。而预压力法不损伤试件，安装较为方便。但安装前需要首先估计预压力对试件振动的影响。在保证顶杆与试件在振动中不发生脱离的前提下，预压力应该越小越好。最小的预压力可由下式来估计。

$$F_{\min} = ma \tag{6-10}$$

式中：m 为激振器可动部分的质量；a 为激振器加速度的峰值。

　　激振器安装的原则是尽可能使激振器的能量全部施加到被试验物体上。图 6-7 所示为几种激振器的安装方式。图 6-7(a)中激振器刚性地安装在地面上或刚性很好的架子上，这种情况下安装体的固有频率要高于激振频率 3 倍以上。图 6-7(b)采用激振器弹性悬挂的方式，通常使用软弹簧来实现，有时加上必要的配重，以降低悬挂系统的固有频率，从而获得较高的激振频率。图 6-7(c)为悬挂式水平激振的情形，这种情况下，为了能对试件产生一定的预压力，悬挂时常要倾斜一定的角度。激振器对试件的激振点处会产生附加的质量、刚度和阻尼，这些点将对试件的振动特性产生影响，尤其对质量小刚度低的试件影响尤为显著。另外做振型试验时如将激振点选在节点附近固然可以减少上述影响，但同时也会减少能量的输入，反而不容易激起该振型。因此只能在两者之间选择折中的方案，必要时甚至可以采用非接触激振器。

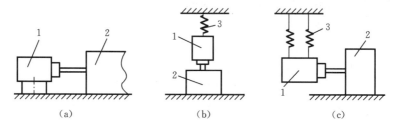

图 6-7　激振器的安装方式

(a) 刚性安装水平激振；(b) 弹性安装垂直激振；(c) 弹性安装水平激振

1—激振器；2—试件；3—弹簧

　　磁电式激振器的优点是频率范围宽（最高可达 10 000 Hz），其可动部分质量较小，故对试件的附加质量和刚度的影响较小。一般仅用于激振力要求不很大的场合。

　　磁电式激振台是另外一种形式的磁电式激振设备，其工作原理与电动式激振器类似，仅在结构上有所差别。它具有一个安装试件的工作台体（见图 6-8），其可动部分质量较大。振动台本体由磁路系统、励磁线圈和台面组成,控制部分包括信号发生器,功率放大器,直流励磁电源,外加必要的振动测量仪器。

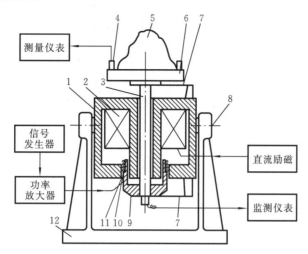

图 6-8　磁电式振动台结构

1—直流磁路;2—励磁线圈;3—芯杆;4—测量传感器;5—试件;6—台面;

7—弹簧片组;8—支承轴;9—环形线圈架;10—可动线圈;11—气隙;12—支架

振动台的工作原理如下。直流磁路 1 为高磁导率的铸钢或纯铁制成的带铁芯圆筒,铁芯上缠有励磁线圈 2,当供以直流励磁电流时,磁路的环型气隙 11 中形成一恒定磁场。置于气隙中的环型线圈架 9 上绕有可动线圈 10,它们与台面经芯杆刚性连接,组成可动部分。弹簧片组的作用是用来进行导向和支撑。振动台体装在支架 12 上,可绕支承轴 8 转动,以改变振动台在空间的方位来适应不同试验的要求。

当动圈上被施加有交变电流 I 时,由于磁场的作用产生一交变力

$$F = BIL = BIL\sin\omega t \tag{6-11}$$

式中:ω 为交变电流的角频率;B 为环形气隙中的磁感应强度;L 为动圈导线的有效长度;I 为交变电流的幅值。

磁力 F 推动可动部分运动。改变驱动电流的大小与频率,便可改变驱动力 F 的大小,从而改变振动台面振动的幅度及频率。

磁电式激振台操作方便,能在较大的范围内调节激振力的大小,具有较大的适应范围。和磁电式激振器一样都是主要的激振设备。

3) 脉冲锤

脉冲锤是一种产生瞬态激励力的激振器,用来在振动试验中给被测对象施加一局部的冲击激励。它由锤体、手柄和可以调换的锤头和配重组成,通常在锤体和锤头之间装有一个力传感器,以便测量被测系统所受敲击力的大小。图 6-9 所示为一种常用的脉冲锤结构示意图。

一般来说,敲击力的大小由锤头配重的质量和敲击速度决定。激励的频率范围主要由接触表面刚度决定,锤头的材料越硬则脉冲的持续时间越短,上限频率就越高。为了能调整激励频率范围,通常使用一套不同材料的锤头。

图 6-10 所示为脉冲锤敲击时的时域波形及其频谱。图 6-10(a)为脉冲锤激励装置示意图,图 6-10(b)为采用钢、塑料和硬橡胶的不同锤头盖进行敲击所得到的时域波形。图 6-10(c)、(d)分别是锤头盖和锤头盖加附加质量敲击所得的频域波形。可以看出,采用钢材料的锤

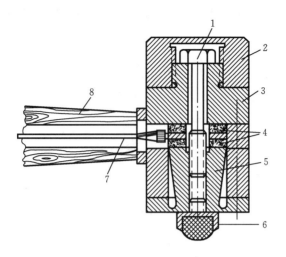

图 6-9　脉冲锤的结构

1—螺钉；2—附加质量；3—锤体；4—石英片；

5—锤头；6—锤头盖；7—引线；8—锤把

头盖时所得的带宽最宽，而采用橡胶材料的锤头盖时所得的带宽最窄。另外，附加质量不仅能增加冲击力，也可使保持时间略微增长，从而改变频带宽度。因此在使用脉冲锤时应根据不同的结构和分析的频带来选择不同的锤头盖材料。

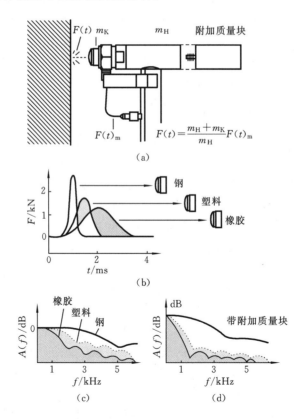

图 6-10　脉冲锤敲击时的时域波形及其频谱

4）液压式激振台

机械式和电动式激振器与激振台系统的一个共同缺点是只具有较小的承载能力和频率。与此相反,液压式激振台的激振力可达数千牛(顿)以上,承载能力以吨计。液压式激振台的工作介质主要是油。主要用在建筑物的抗震试验、飞行器的动力学试验以及汽车的动态模拟试验等方面。

图 6-11 所示为液压式激振台的工作原理。

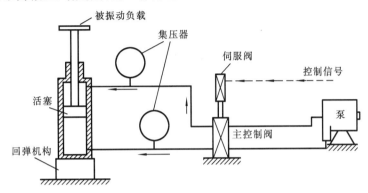

图 6-11　液压式激振台的工作原理

系统中用一个电驱动的伺服阀来操纵一个主控制阀,从而调节进入主驱动器液压缸中的流量。这种激振台最大承载能力可达 250 t,频率可达 400 Hz,而振动幅度可达45 cm。当然,上述指标并不是同时达到的。振动台设计中的主要问题是如何研制具有足够承载能力的控制阀以及系统所要求的速度特性。另外,振动台台面的振动波形会直接受到油压及油质性能的影响,压力的脉动、油液温度的变化均会影响到台面振动的情况。因此,较之电动式激振台,液压式激振台的波形失真度相对较大,这是其主要的缺点之一。

6.1.4　振动的测试及测振仪器

根据测试参数的不同,测振传感器可分为振动位移传感器、振动速度传感器和振动加速度传感器。

根据测试参考坐标不同,测振传感器又可分为相对式测振传感器和绝对式测振传感器两类。前者用于测量振动体相对于其振动参照点的运动(如机床转轴相对于机床底座的振动),后者用于测量振动体相对于大地或惯性空间的运动(如机床底座的振动、地面的振动、天空中飞机的振动等)。绝对式测振传感器因为内部包含惯性质量块,故又称惯性式测振传感器。

测振传感器可分为接触式与非接触式两类。接触式测振传感器中的磁电式速度传感器和压电式加速度计,其机电转换较方便,应用较多;非接触式测振传感器中的涡流式传感器属于相对式传感器,因其本身优点诸多,也被广泛应用于工业现场。

1.　涡流式传感器

涡流式传感器的工作原理如前面章节所述。实验证明,传感器线圈的厚度愈小,其灵敏度愈高,故涡流式传感器由固定在聚四氟乙烯或陶瓷框架中的扁平线圈组成,结构简单,如图 6-12 所示。涡流式传感器已成系列,测量范围从 ± 0.5 mm 到 ± 10 mm 不等,灵敏阈为测量范围的0.1％。例如,外径 8 mm 的传感器的工件安装间隙约 1 mm,在 ± 0.5 mm 测量范围内有良好的线形,灵敏度为 8 mV/μm。这类传感器具有线性范围大、灵敏度高、频率范围宽(从直流到数千赫）、抗干扰能力强、不受油污等介质影响，以及非接触式测量等特点。这类传感器属于相对式传感器，能方便地测量运动部件与静止部件间隙的变化（如转轴相对于轴承座的振动等）。试验表明：表面粗糙度对测量几乎无影响，但表面微裂缝和被测材料的电导率和磁导率对灵敏度有影响。所以在测试前最好用和试件材料相同的样件在校准装置上直接校准以取得特性曲线。此外，如被测件是小圆柱体，其直径与线圈直径之比对灵敏度也有影响。这类传感器在汽轮机组、空气压缩机组等回转轴系的振动监测、故障诊断中应用较多。

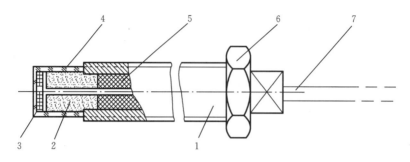

图 6-12　涡流式传感器

1—壳体；2—框架；3—线圈；4—保护套；5—填料；6—螺母；7—电缆

2. 磁电式速度计

图 6-13 所示为磁电式绝对速度计结构图。磁铁与壳体形成磁回路，装在心轴上的线圈和阻尼环组成惯性系统的质量块并在磁场中运动。弹簧片径向刚度很大，轴向刚度很小，使惯性系统得到可靠的径向支撑，又保证有很低的轴向固有频率。铜制的阻尼环一方面可增加惯性系统质量，降低固有频率，另一方面又利用闭合铜环在磁场中运动产生的磁阻尼力使振动系统具有合理的阻尼。

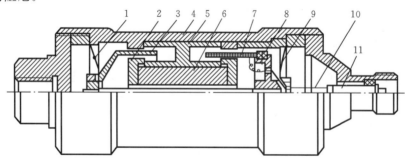

图 6-13　磁电式绝对速度计

1—弹簧片；2—磁靴；3—阻尼环；4—外壳；5—铝架；6—磁钢；
7—线圈；8—线圈架；9—弹簧片；10—导线；11—接线座

作为质量块的线圈在磁场中运动，其输出电压与线圈切割磁力线的速度，即质量块相对于壳体的速度成正比。在本章开始部分曾经指出，由基础运动所引起的受迫振动，当 $\omega \gg \omega_n$ 时质量块在绝对空间中近于静止，从而被测物体（壳体和它固接）与质量块的相对位移、相对速度就分别近似等于其绝对位移和绝对速度。这样，绝对式速度计实际上首先由惯性系统将被测物体的振动速度转换成质量块-壳体的相对速度，而后用磁电变换原理，将速度转换成电压输出。这是一种线性变换，因而这类速度计的频率特性主要取决于两者速度差的转换，其频率特性可由表 6-1 查出。读者可以发现，其结果和式（6-7）、式（6-8）一样。

从图 6-4 可看出,为了扩展速度传感器的工作频率下限,应采用 $\zeta=0.5\sim0.7$ 的阻尼比,在幅值误差不超过 5% 情况下,工作下限可扩展到 $\omega/\omega_0=1.7$。这样的阻尼比也有助于使意外瞬态扰动所引起的瞬态振动迅速衰减。图 6-4 中 $\zeta=0.5\sim0.7$ 的相频特性曲线与频率不构成线性关系。在靠近 ω_n 处,这种现象更加严重。若要达到 180° 相移使之成为一个反相器,ω 必须大于 $(7\sim8)\omega_0$。这些都表明了用这类传感器在低频范围内无法保证相位的精确度,测得的波形有相位失真。从使用要求来看,希望尽量降低绝对式速度计的固有频率,但过大的质量块和过低的弹簧刚度使其在重力场中静变形很大。这不仅会给速度计结构设计造成困难,而且会使其易受交叉振动的干扰。因此其固有频率一般取为 $10\sim15$ Hz。

如果将壳体固定在一试件上,通过压缩弹簧片,使顶杆以力 F 顶住另一试件,则线圈在磁场中的运动速度就是两试件的相对速度,速度计的输出电压与两试件的相对速度成比例。图 6-14 就是按这种原理工作的磁电式相对速度计的简图。设由线圈 4 和顶杆 1 组成的运动组件的质量为 m,被压缩的弹簧片恢复力 F 所能产生的最大加速度为 F/m。为了保证顶杆与振动试件不脱离接触,F/m 不得小于被测振动的最大加速度 $a_{\max}$,从而使可测量的加速度最大值受到限制。对于被测振动是简谐振动的情况,由于加速度值 $a=\omega^2 x_F$(x_F 为简谐振动的振幅值,ω 为简谐振动的圆频率),这种速度计所能测量的最大振幅值将随频率的增加而急剧减小。

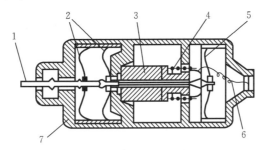

图 6-14　磁电式相对速度计

1—顶杆;2—弹簧片;3—磁铁;4—线圈;5—弹簧片;6—引出线;7—壳体

3. 压电式加速度计

1)压电式加速度计的结构和安装

常用的压电式加速度计的结构形式如图 6-15 所示。图中 S 是弹簧,M 是质量块,B 是基座,P 是压电元件,R 是夹持环。图 6-15(a)是中心安装压缩型压电式加速度计,压电元件-质量块-弹簧系统装在圆形中心支柱上,支柱与基座连接。这种结构有高的共振频率。然而基座 B 与测试对象连接时,如果基座 B 有变形则将直接影响拾振器输出。此外,测试对象和环境温度变化将影响压电片,并使预紧力发生变化,易引起温度漂移。图 6-15(b)为环形剪切形,结构简单,能做成极小型、高共振频率的加速度计,环形质量块粘到装在中心支柱上的环形压电元件上。由于黏结剂会随温度增高而变软,因此最高工作温度受到限制。图 6-15(c)为三角剪切形,压电片由夹持环将其夹牢在三角形中心柱上。加速度计感受轴向振动时,压电片承受切应力。这种结构对底座变形和温度变化有极好的隔离作用,有较高的共振频率和良好的线性。

由绝对加速度输入,到压电片的电荷输出,实际上要经过二次转换。首先按传感器力学模型,将输入加速度转换成质量块对壳体的相对位移。其次,将与之成正比的弹簧力转换成电荷输出。考虑到第二次转换是一种比例转换,因而压电式加速度计的频率响应特性在很大程度

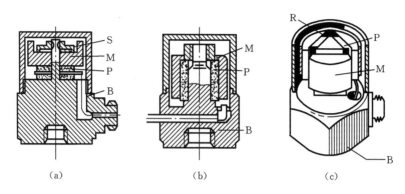

图 6-15　压电式加速度计

(a) 中心安装压缩型；(b) 环形剪切形；(c) 三角剪切形

上取决于第一次转换的频率响应特性。因而其幅频、相频特性可由表 6-1 查得。

当 $\omega \ll \omega_n$ 时，$A(\omega)$ 几乎等于常数 $(1/\omega_n^2)$，因而输出和输入加速度之比值几乎不随频率而变。若在结构上使固有频率 ω_n 很大（如数万赫），就可保证在从零频开始的相当宽广的频段中测振，在幅值和相位两方面的误差都甚小。

但是实际的压电式加速度计，由于电荷泄漏，其幅频特性如图 6-16 所示，在小于 1 Hz 的频段中，加速度计输出明显减小。加速度计的使用上限频率取决于幅频曲线中的共振频率。一般小阻尼（$\zeta \leqslant 0.1$）的加速度计，上限频率若取为共振频率的 1/3，便可保证幅值误差小于 1 dB（即 12%）；若取为共振频率的 1/5，则可保证幅值误差小于 0.5 dB（即 6%），相移小于 3°。

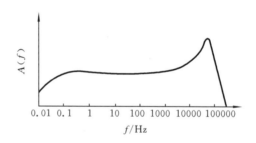

图 6-16　压电式加速度计的幅频特性

共振频率与加速度计的固定状况有关，加速度计出厂时给出的幅频曲线是在刚性连接的固定情况下得到的。实际使用的固定方法往往难于达到刚性连接，因而共振频率和使用上限频率都会有所下降。加速计与试件的各种固定方法见图 6-17。如图 6-17(a) 所示，采用钢螺栓固定是使共振频率能达到出厂共振频率的最好方法，螺栓不得全拧入基座螺孔，以免引起基座变形，影响到加速度计的输出。在安装面上涂上硅脂可增加不平整安装表面连接的可靠性，需要绝缘时可用绝缘螺栓和云母垫片来固定加速度计，但垫片应尽量薄。用一层薄蜡把加速度计黏结在试件表面上，也可用于低温场合。手持探针测振方法在多点测试时使用特别方便。但测量误差较大，重复性差，使用上限频率不高于 1 000 Hz，用专用永久磁铁固定加速度计，使用方便，多在低频测量中使用，此法也可使加速度计与试件绝缘。用黏结螺栓或硬性黏结剂的固定方法也常用。软性黏结剂会显著降低共振频率，不宜采用。某种典型的加速度计采用上述各种固定方法的共振频率分别为：钢螺栓固定法 31 kHz，云母垫片法 28 kHz，薄层涂蜡法 29 kHz，手持法 2 kHz，永久磁铁固定法 7 kHz。

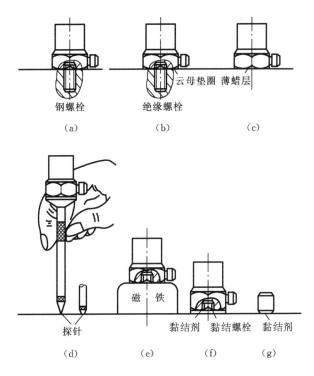

钢螺栓　　　　绝缘螺栓

（a）　　　　　　（b）　　　　　　（c）

云母垫圈　薄蜡层

探针　　　　　　　　　　黏结剂　黏结螺栓　黏结剂

（d）　　　　　（e）　　　　　（f）　　　　　（g）

磁　铁

图 6-17　固定式加速度计的方法

2）压电式加速度计的灵敏度

压电式加速度计属发电型传感器，可把它看成电压源或电荷源，故灵敏度有电压灵敏度和电荷灵敏度两种表示方法。前者是加速计输出电压与所承受加速度之比，后者是加速度计输出电荷与所承受加速度之比。加速度单位为 m/s²，但在振动测量中往往用标准重力加速度 g_n 做单位，$1g_n = 9.806\,65$ m/s²。这是一种已为大家所接受的表示方式，几乎所有测振仪器都用 g_n 作为加速度单位并在仪器面板上和说明书中标出。

对给定的压电材料而言，灵敏度随质量块的增大或压电片的增多而增大。通常加速度计尺寸越大，其固有频率越低。因此选用加速度计时应当权衡灵敏度和结构尺寸、附加质量影响和频率响应特性之间的利弊。

压电晶体加速度计的横向灵敏度表示它对横向（垂直于加速度计的轴线）振动的敏感程度，横向灵敏度常以主灵敏度的百分比表示。一般在壳体上用小红点标出最小横向灵敏度方向，一个优良的加速度计的横向灵敏度应小于主灵敏度的 3%。

3）压电式加速度计前置放大器

压电片受力后产生的电荷量极其微小，电荷使压电片界面和接在边界面上的导体充电到电压 $u = q/C_a$（C_a 是加速度计的内电容），要测定这样微弱的电荷的关键是防止导线、测量电路和压电式加速度计本身的电荷泄漏。换言之，压电式加速度计前置放大器应具有极高的输入阻抗，以把泄漏减少到测量准确度所要求的限度以内。

用于压电式加速度计的前置放大器有两类：电压放大器和电荷放大器。电压放大器是高输入阻抗的比例放大器，其电路比较简单，但输出受连接电缆对地电容的影响，仅适用于一般振动测量。电荷放大器以电容做负反馈，使用中基本不受电缆电容的影响，在电荷放大器中，通常用高质量的元器件，输入阻抗也更高，但价格昂贵。

从压电式加速度计的力学模型来看，它具有低通特性，故可测量极低频率的振动。但实际上由于低频尤其小振幅振动时，加速度值小，传感器的灵敏度有限，因此输出信号将很微弱，信噪比很差。另外，电荷的泄漏，积分电路的漂移，器件的噪声都是不可避免的。所以实际低频段截止频率为 $0.1\sim1$ Hz，若配用好的电荷放大器则可达到 0.1 Hz。

随着微电子技术的发展，已出现了体积很小且能装在压电加速度计壳体内的集成放大器，可利用它来完成阻抗变换的功能。内装这类集成放大器的加速度计可使用长电缆而无信号衰减，并可直接与大多数通用的输出仪器连接。

4. 伺服式加速度计

前面讨论的都是开环型传感器，这类传感器受机械结构的限制，灵敏度和动态范围有限且有较强的非线性。图 6-18 所示为闭环型加速度计，也称伺服加速度计。被测物振动时，质量块偏离平衡位置，用位移传感器检测相对位移 z_{01}，伺服放大器将位移信号放大后输出电流 i，使处在永久磁场中的线圈产生恢复力 F，力图维持质量块原来的平衡位置，这相当于在图 6-18 所示的质量块上增加了电磁力 F。若 k_1 是力发生器常数，k_2 是位移传感器的灵敏度，k_3 是伺服放大器的负载回路的放大系数，则 $f=k_1k_2k_3z_{01}$，从而有

$$m\frac{d^2z_{01}}{dt^2}+c\frac{dz_{01}}{dt}+(k+k_1k_2k_3)z_{01}=-m\frac{d^2z_1}{dt^2} \tag{6-12}$$

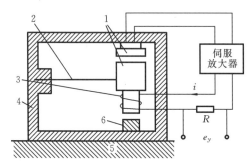

图 6-18　伺服式加速度计原理图
1—质量块及位移传感器；2—弹簧；3—线圈；4—壳体；5—被测物；6—永久磁铁

反馈回路的作用如同在原来弹簧上并联一只刚度为 $k_1k_2k_3$ 的电弹簧。由于 $k_1k_2k_3\gg k$，使传感器的固有频率大大增高。传感器以反馈回路中精密电阻上的压降作为输出，这样即使频率很小也能得到较好的测量精度。如果伺服放大器带有积分环节，则系统在常加速度时可利用积分器上的记忆电压产生常力，使质量块具有和振动基座相同的加速度。这时只要力发生器有良好的线性度，就能获得非常好的测量精度。在空间技术方面的伺服加速度计测量上限和下限之比可达 $10^5\sim10^6$，线性误差在 $10^{-6}\sim10^{-4}$ 之间。伺服加速度计的体积和质量较大。近年来已有质量仅 28 g 的小型伺服加速度计，而开环型加速度计已有质量仅 0.14 g 的小型产品。显然作为附加质量而对被测系统产生影响，后者就小得多，而且从频率响应上限来看，后者也好得多。

5. 压阻式加速度计

半导体应变片主要是利用半导体材料的压阻效应来实现机电转换的。采用一根带有质量块的悬臂梁，用传统的方法贴上应变片，并放在充满硅油的壳体中便构成应变式加速度计。为了减小传感器对测量对象的负载效应，希望传感器的体积和质量尽可能做得小一点。压阻式加速度计应变电桥是在一块带质量块的硅悬臂梁上，用硅平面集成工艺让硅中掺入少量的 N

型或 P 型物质而形成的,因而加速度计可做得很小。压阻式加速度计输出为电压信号,不受传输导线长度的限制,适合远距离测量。这类传感器都有与之相配合使用的专用放大器,以提供加速度计电桥的电源和实现输出信号的调理,放大器输出信号可直接与一般通用记录显示仪表相匹配。由于这类加速度计用的是半导体硅梁受力元件,承受能力有限,使用过程中要小心,不能用硬制工具敲击,否则易损坏。其工作频率低,为 0~300 Hz。此外,对这类传感器要注意环境温度变化而导致的漂移和灵敏度变化。

6. 阻抗头

在激振试验中,有一种名为阻抗头的装置,如图 6-19 所示。它通常装在激振器顶杆和试件之间,阻抗头前端是力传感器,后端为测量激振点响应的加速度计。在结构上应当使两者尽量接近,质量块为合金制成,壳体用钛(Ti)制造,为了使传感器的激振平台具有刚度大、质量小的性能,可采用铍(Be)来制造。

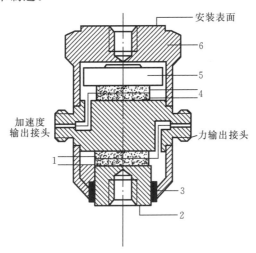

图 6-19 阻抗头

1—压电片;2—激振平台;3—橡皮;4—压电片;5—质量块;6—钛质壳体

7. 测振传感器的合理选择

测振传感器的选择应注意下列几个问题。

1) 直接测量参数的选择

振动的被测量是位移、速度或加速度。它们是 ω 的等比数列,能通过微积分电路来实现它们之间的换算。考虑到低频时加速度的幅值和高频时位移的幅值有时可小到与测量噪声相当的程度,因此如果用加速度计测量低频振动的位移,低信噪比会使测出量不稳定,并使测量误差增大,不如直接用位移传感器更合理。用位移传感器测高频位移有类似的情况发生。对于微积分放大器,因它的输入饱和量是随频率变化的,带有二次积分网络的电荷放大器,其加速度、速度、位移的可测量程和频率范围随积分次数的增加而减小,使用中要充分注意这一点。

传感器选择时还应力图使最重要的参数能以最直接、最合理的方式测得。例如,考查惯性力可能导致的破坏或故障时,宜做加速度测量;考查振动环境时,宜做振动速度的测量;要测机件的位置变化时,宜选用电涡流或电容传感器做位移的测量。

2) 要综合考虑传感器的频率范围、量程、灵敏度等指标

各种测振传感器都受其结构的限制,而有其自身适用的频率范围,前面已有详细的论述。对于惯性式传感器,一般质量大的传感器上限频率低、灵敏度高;质量小的传感器频率高、灵敏

度低。以压电加速度计为例,做超低振级测量的都是质量超过 100 g 的灵敏度很高的加速度计,做高振级测量的都是质量小到几克或零点几克的加速度计。

3）要考虑具体使用的环境要求、价格、寿命、可靠性、维修、校准等

例如,激光测振尽管有很高的分辨力和测量精确度,但由于对环境要求极严,设备又极昂贵,因此,它只适用于实验室的精密测量或校准。电涡流和电容传感器均属非接触式,但前者对环境要求低而被广泛应用于工业现场对机器振动测量中。如大型汽轮发电机组,压缩机组振动检测中用的传感器,要能在高温、油污、蒸汽介质的环境下长期可靠工作,故常用电涡流传感器。

对相位严格要求的振动测试项目,除了应注意传感器的相频率特性外,还要注意放大器,特别是带微积分网络放大器的相频特性和测试系统中所有其他仪器的相频特性。因为测得的激励和响应之间的相位差包括测试系统中所有仪器的相移。

6.1.5　振动分析方法与仪器

运用数字方法处理振动测量信号的方法日益广泛地被采用。振动信号的处理是通过A/D接口和软件在通用计算机上进行的,也可以把振动信号送到数字信号处理机进行各种谱分析和估计。

1. 一般谱分析

在采样前应经抗混叠滤波,并根据最高频率和采样定理来选择采样频率。一般先估计信号中感兴趣的最高频率,据此选择抗混叠滤波器的截止频率,而后确定采样频率。通过自功率谱的分析,最终可以得到信号频谱结构的全貌。

2. 激振频率同频成分的提取

用相关滤波或FFT算法都可以实现这种要求。对于 FFT,为了防止泄漏误差和栅栏效应,应使FFT谱线落在参考信号的频率上。为此截取的信号时长应等于参考信号周期的整数倍。

3. 宽带激励下系统传输特性的求法

这时分析的两个信号记录应该是同时发生的,不允许有时差;两个通道应该使用相同的采样频率和时长;频谱分析使用相同的窗函数和分析程序。一般采用多段记录分析,将其进行平均,以提高测试的精度。

6.1.6　机械系统动态参数的确定

机械结构（或系统）的固有特性主要有固有频率、阻尼比和振型等。具体的机械结构是一个多自由度振动系统,有多个固有频率,在阻抗试验中表现为多个共振区,在幅频特性曲线上表现为多个峰值,在奈魁斯特曲线中表现为多个圆环。在多自由度线性振动系统中,任一测点的振动响应均可以认为是反映系统特性的多个单自由度系统响应的叠加。对于小阻尼系统,在某个固有频率附近,与其相应的该阶振动响应就非常突出。下面利用这一特点,来对单自由度系统的振动参数——固有频率和阻尼比的测试进行讨论,至于多自由度系统的振型则依靠布置多个测点而在系统的各阶固有频率下来测定。

对于单自由度系统,固有频率和阻尼比的常用测试方法有瞬态激振法（自由激振法）和稳态正弦激振法。

1. 瞬态激振法

对于如图 6-20 所示的单自由度系统,若给予初始冲击或初始位移 $z(0)$,则系统在阻尼 c 作用下做衰减的自由振动,如图 6-20(b)所示。其表达式为

$$\frac{\mathrm{d}^2 z}{\mathrm{d}t^2} + 2\zeta\omega_n\frac{\mathrm{d}z}{\mathrm{d}t} + \omega_n z = 0 \tag{6-13}$$

$$z(t) = z(0)\mathrm{e}^{-\zeta\omega_n t}\cos\omega_d t + \frac{\mathrm{d}z(0)}{\mathrm{d}t}\frac{\mathrm{e}^{-\zeta\omega_n t}}{\omega_d}\sin\omega_d t \tag{6-14}$$

式中:$\omega_d = \omega_n\sqrt{1-\zeta^2}$ 为有阻尼的自由振动圆频率。

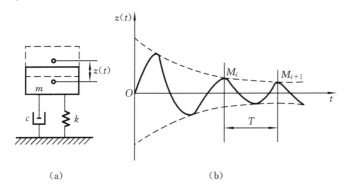

(a)　　　　　　　　　　　　(b)

图 6-20　阻尼自由振动曲线

(a) 单自由度振动系统;(b) 输出特性曲线

根据阻尼自由振动曲线,通过时标可以确定周期 T,从而得到 $\omega_d = 2\pi/T$。

系统的固有频率 ω_n 虽与 ω_d 不同,但当阻尼比较小(例如 $\zeta < 0.1$),$\omega_n \approx \omega_d$ 时,就可以测定系统的固有频率。

阻尼比 ζ 可以根据振动曲线相邻峰值的衰减比值来确定。

2. 共振频率法

单自由度系统在受迫振动下,其激振频率接近系统固有频率时,振动响应就显著增加。利用位移、速度和加速度响应曲线可以求出它们的固有频率和阻尼比。

1) 共振曲线半功率点法

如对单自由度系统进行正弦扫描激振,系统强迫振动的能量在共振点处达到最大值,如图 6-21 所示。从位移幅频特性表达式(6-8)知,当 $\omega = \omega_n$ 时,$A(\omega_n) = 1/2\zeta$,将 $\omega_1 = (1-\zeta)\omega_n$ 和 $\omega_2 = (1+\zeta)\omega_n$ 分别代入,则可得

$$A(\omega_1) = A(\omega_2) \approx \frac{1}{2\sqrt{2}\zeta} \tag{6-15}$$

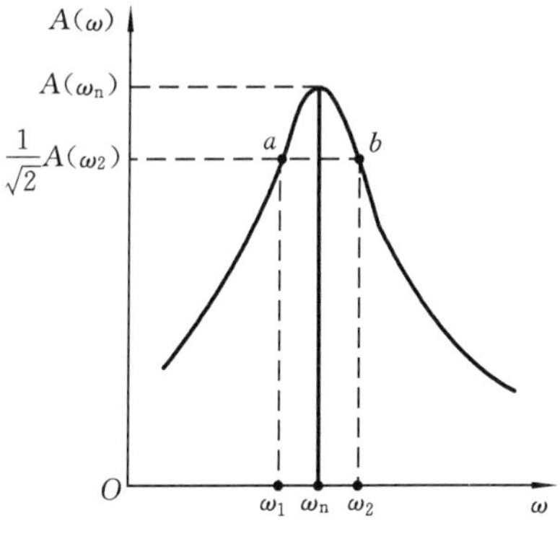

若 ω_1 和 ω_2 为共振幅值的 $\dfrac{1}{\sqrt{2}}$ 处的两个频率(半功率点频率),该系统的阻尼比

图 6-21　半功率点法

$$\zeta = \frac{\omega_2 - \omega_1}{-2\omega_n} = \frac{\Delta\omega}{2\omega_n} \tag{6-16}$$

实际系统是一个多自由度系统,它有多阶共振模态,由于未利用相频特性,无法排除其他

非共振模态振动的影响。在许多情况下（例如，两相邻固有频率比较接近，阻尼比较大以及激振点落在共振模态的节点附近等），非共振模态的响应在总的响应中所占的比例较大，故这种方法只适用于相邻两固有频率分离较远的小阻尼系统。

2）分量法

将受迫系统的频率响应函数

$$H(\mathrm{j}\omega) = \frac{1}{(1-\eta^2)+2\mathrm{j}\zeta\eta} \quad \left(\eta = \frac{\omega}{\omega_n}\right) \tag{6-17}$$

分解为两个分量，即实部 $H(\mathrm{j}\omega)_{\mathrm{Re}}$ 和虚部 $H(\mathrm{j}\omega)_{\mathrm{Im}}$，有

$$H(\mathrm{j}\omega)_{\mathrm{Re}} = \frac{1-\eta^2}{(1-\eta^2)^2+4\zeta^2\eta^2} \tag{6-18}$$

$$H(\mathrm{j}\omega)_{\mathrm{Im}} = \frac{2\zeta\eta}{(1-\eta^2)^2+4\zeta^2\eta^2} \tag{6-19}$$

其波形见图 6-22。

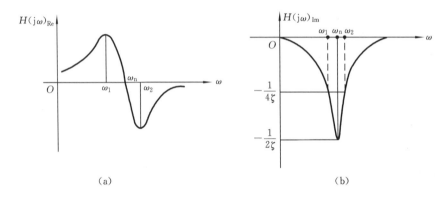

(a)　　　　　　　　　　　　　　　(b)

图 6-22　虚频、实频特性曲线

由图 6-22 或式(6-18)、式(6-19)可得出以下结论。

（1）在 $\omega=\omega_n$ 处，实部为零，虚部为 $-1/2\zeta$，接近最小值。可以求出系统的固有频率 ω_n。

（2）当 $\omega=\omega_1=\omega_2=\omega_n\sqrt{1\pm2\zeta}$ 时，$H(\mathrm{j}\omega)_{\mathrm{Re}}$ 获得极大值和极小值

$$\left[H(\mathrm{j}\omega)_{\mathrm{Re}}\right]_{\max} = \frac{1}{4\zeta(1-\zeta)} \tag{6-20}$$

$$\left[H(\mathrm{j}\omega)_{\mathrm{Re}}\right]_{\min} = \frac{-1}{4\zeta(1-\zeta)} \tag{6-21}$$

$$\zeta = \frac{\omega_2-\omega_1}{2\omega_n} \tag{6-22}$$

（3）在虚频曲线上，ω_1 和 ω_2 对应的正交分量 $H(\mathrm{j}\omega)_{\mathrm{Im}}$ 的 1/2 处，其值等于 $-1/4\zeta$，故可用式(6-22)求出 ζ。

上面的分析说明，可用分量法求系统的固有频率 ω_n 和阻尼比 ζ，而且虚频、实频曲线都包含有幅值和相位信息。同时，虚频曲线具有陡峭的特点。在研究多自由度系统时，测试精度较高。只要有分量分解器的振动分析仪都能输出虚频、实频特性曲线。

6.1.7　振动测试应用实例

振动测试常用于机械设备故障诊断。某厂一锅炉引风机，转速为 1 480 r/min，功率为 75

kW,结构简图如图 6-23 所示。

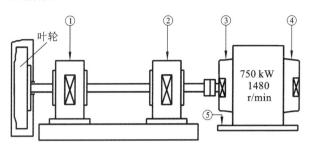

图 6-23 锅炉引风机结构简图

①,②—引风机轴承测点；③～⑤—电动机测点

振动测量过程中,传感器选用 PCB-352C03 加速度传感器(见图 6-24),传感器的频率测量范围为 0.5～10 000(±5%) Hz,加速度测量范围为±500 g。上述设备振动信号的主要频率成分、振动加速度大小均在传感器的可测量范围之内。传感器的其他参数如灵敏度、非线性度、工作温度范围等均满足要求。

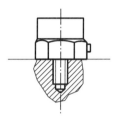

图 6-24 传感器实物图和固定方式示意图

在设备巡检中进行振动测量,机器各测点的速度有效值见表 6-2。测量结果表明,测点①的水平方向振动值严重超标(ISO 2372 标准允差为 7.1 mm/s)。为了查明原因,利用振动测量仪,配接简易频率分析仪对测点①、测点②进行了简易频率分析,其主要频率的速度有效值见表 6-3。测点①水平方向振动信号的频谱结构见图 6-25。

表 6-2 锅炉引风机振动速度有效值 v_{rms} (单位:mm/s)

方向	①	②	③	④	⑤
H	23.0	4.1	2.5	2.4	—
V	5.5	3.4	1.0	—	—
A	3.5	2.5	1.6	—	—

注:(1)带方框的数值表示最突出的值。

(2)H、V、A 分别表示测点的水平方向、垂直方向和轴向。

表 6-3 测点①和测点②主要频率速度有效值

测点方向	频率 f/Hz	转速 v_{rms}/(mm/s)
①-H	26	15
②-H	26	1.2

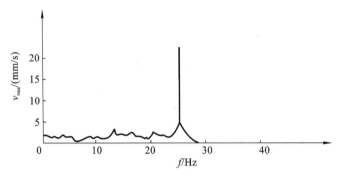

图 6-25　测点①水平方向频谱

诊断意见：从频率结构看，测点水平方向的频率结构比较简单，只存在风机的转速频率（26 Hz 近似于转频）成分。对比表 1 中测点①、测点②的振动值，可见测点②的振动值比测点①要小得多。测点①最靠近风叶轮机，存在不平衡故障。

为了进一步验证判断结论，又在机器停止和启动过程中进行了振动测试，观察测振仪指针的摆动情况。在风机停车过程中测点①水平方向的振动值呈连续平缓下降的势态，而在风机启动过程中，振动值则由零连续上升至最大值，说明其振动不平衡。

6.2　位移的测试

位移测试包括线位移测试和角位移的测试。位移测试在工程中的应用十分广泛，这不仅因为在各种工程中经常需要精确地测量物体的位移或位置，还因为速度、加速度、力、压力、扭矩、温度、流量及物位等参数的许多测试方法，都是以位移测试作为基础的。

位移是向量，它表示物体上某一点在一定方向上的位置变动。因而对位移的度量，除了确定其大小之外，还应考虑其方向。一般情况下，应使测量方向与位移方向重合，这样才能真实地测量出位移量的大小。如测量方向和位移方向不重合，则测量结果仅是该位移量在测量方向上的分量。

6.2.1　常用位移传感器

1. 常用位移传感器的分类

测量位移的方法很多，现已形成多种位移传感器，而且有向小型化、数字化、智能化方向发展的趋势。按所测位移量值的大小来分，一般分为大位移测量和微小位移测量。表6-4列出了常用位移传感器的主要特点和使用性能。

表 6-4　常用位移传感器的主要特点和使用性能

类　　型			测量范围	准确度	直线性	特　　　点
电阻式	滑线式	线位移	1～300 mm	±0.1%	±0.1%	分辨率较好，可用于静态或动态测试，机械结构不牢固
		角位移	0～360°	±0.1%	±0.1%	
	变阻器	线位移	1～1 000 mm	±0.5%	±0.5%	结构牢固，寿命长，但分辨力差，电噪声大
		角位移	0～60rad	±0.5%	±0.5%	

续表

类 型		测量范围	准确度	直线性	特 点
应变式	非粘贴	±0.15%应变	±0.1%	±1%	不牢固
	粘贴	±0.3%应变	±2%～±3%	—	—
	半导体	±0.25%应变	±2%～±3%	满刻度±20%	结构牢固,使用方便,需温度补偿和高绝缘电阻
电感式	自感式变气隙型	±0.2 mm	±1%	±3%	只宜用于微小位移的测量
	螺管型	1.5～2 mm	—	0.15%～1%	测量范围较前者宽,使用方便可靠,动态性能较差
	特大型	300～2 000 mm	—	—	
	差动变压器	±0.08～75 mm	±0.5%	±0.5%	分辨率好,受到杂散磁场干扰时需屏蔽
	涡电流式	±2.5～±250 mm	±1%～±3%	<3%	分辨率好,受被测物体材料、形状、加工质量影响
	同步机	360°	±0.1°～±7°	±0.5%	可在1 200 r/min的转速下工作,坚固,对温度和湿度不敏感
	微动同步器	±10°	±1%	±0.05%	线性误差与变压比和测量范围有关
	旋转变压器	±60°	—	±0.1%	—
电容式	变面积	0.001～100 mm	±0.005%	±1%	介电常数受环境湿度、温度的影响
	变间距	0.001～10 mm	±1%	±1%	分辨率很好,但测量范围很小,只能在小范围内近似保持线性
霍尔元件		±1.5 mm	0.5%	—	结构简单,动态特性好
感应同步器	直线式	0.001 mm～10 m	10 μm/m	—	模拟和数字混合测量系统,数字显示(直线式感应同步器的分辨率可达1 μm)
	旋转式	0～360°	±0.5″	—	
计量光栅	长光栅	0.001 mm～10 m	3 μm/m	—	模拟和数字混合测量系统,数字显示(长光栅分辨率0.1～1 μm)
	圆光栅	0～360°	±0.5″	—	
磁栅	长磁栅	0.001 mm～10 m	5 μm/m	—	测量时速度可达12 m/min
	圆磁栅	0～360°	±1″	—	
角度编码器	接触式	0～360°	10^{-6} r	—	分辨率好,可靠性高
	光电式	0～360°	10^{-8} r	—	

2. 电感式位移传感器

电感式位移传感器是基于电磁感应原理来实现位移量和电感量之间的转换的。按照变换方式的不同可分为自感型(包括可变磁阻式和涡流式)与互感型(差动变压器式)。下面介绍几种常见的电感式位移传感器。

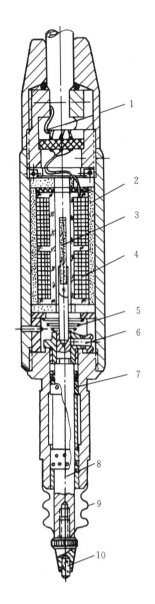

图 6-26　螺管差动型位移传感器结构图
1—引线；2—固定磁筒；3—衔铁；4—线圈；
5—弹簧；6—防转销；7—钢球滚动导轨；
8—测杆；9—密封套；10—测端

1）螺管差动型位移传感器

螺管差动型位移传感器是一种自感型可变磁阻式传感器，它的主要构成部分是一个可移动的铁芯及一组感应线圈，当铁芯在线圈中运动时，将改变磁阻，使线圈自感量发生变化。螺管差动型位移传感器具有两个线圈，将它们接于电桥上，构成两个桥臂，线圈的自感 L_1、L_2 将同时随铁芯位移而变化，电桥的输出为两者之差。双螺管差动型位移传感器具有较高的灵敏度和线性度。

图 6-26 所示为电感测微仪所用的螺管差动型位移传感器的结构图。测量前，先将其安装在支架上，调整传感器的位置，使测端 10 与被测物体接触，并适当压缩测杆，使与测杆相连的衔铁 3 处于平衡位置。被测物体的位移使衔铁 3 在差动线圈 4 中移动，引起线圈中电感量的变化，两差动线圈构成交流电桥的两个桥臂，电桥输出的电压幅值就反映了被测物体的位移量。电桥的输出经交流放大和相敏检波后，最后在指示器上指示出所测位移量的大小和方向。图 6-27 是电感测微仪所用测量系统的方框图。

电感测微仪的测量范围为 $0 \sim 300~\mu m$，最小分辨率为 $0.5~\mu m$。单螺管的量程较大，可达数百毫米以上。此类位移传感器的特点是工作可靠，制造比较容易，但动态性能较差。

2）涡电流式位移传感器

涡电流式位移传感器的变换原理是金属导体在交变磁场中的涡电流效应。其工作原理在前面章节已经介绍过。这里要强调指出的是涡电流式位移传感器应用的一些特点。

涡电流式位移传感器的输出不仅与位移有关，而且与被测物体的形状及表面层电导率和磁导率等有关。因而被测物体的形状、材料及表面状况变化时，将引起传感器灵敏度的变化。

如果传感器测头所对应的是被测物体的局部平面，而且面积较测头大得多，则面积的变化不影响灵敏度；当被测表面积比测头面积小时，则灵敏度将随被测面积的减小而显著降低。

试验结果表明，被测物体的表面粗糙度对测量结果无影响；材质对灵敏度有影响，其电导率越高，灵敏度越大。表面镀层也影响灵敏度。如果表面层有裂纹等缺陷，则对测量结果影响很大。此外，传感器的旁边应避免有其他导磁物体。

涡电流式位移传感器灵敏度高，分辨力强，结构简单，使用方便，抗干扰性强，不受油污等介质的影响。其突出的优点是它以非接触的方式进行测量，对被测物体不施加任何影响，因而特别适用于位移的动态测量和运动物体的振幅和位移的测量。这种传感器是目前动态测量中

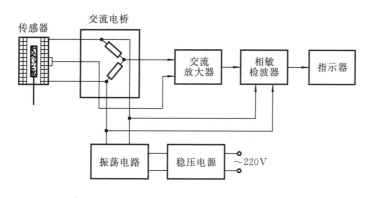

图 6-27   电感测微仪测量系统方框图

广泛使用的位移传感器之一。

3）差动变压器式位移传感器

这种传感器是利用电磁感应中的互感现象进行工作的,因而也称为互感型电感传感器。传感器中有初级线圈 W_1 和次级线圈 W_2,当线圈 W_1 中输入交流电源 i_1 时,线圈 W_2 产生感应电势 e_{12},其大小与电流 i_1 的变化成正比,即

$$e_{12} = -Mdi_1/dt \qquad\qquad (6-23)$$

式中:M 是比例系数,称为互感（H）,其大小与两线圈相对位置及周围介质的导磁能力等因素有关,它表明两线圈之间的耦合程度。互感型传感器就是利用这一原理,将被测位移量转换成线圈互感的变化量的。这种传感器实质上就是一个变压器,由于常常采用两个次级线圈做差动连接,故又称差动变压式传感器。

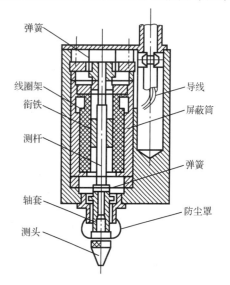

图 6-28 所示为差动变压器式位移传感器的结构示意。测头通过轴套和测杆连接,活动衔铁固定在测杆上。线圈架上绕有三组线圈,中间是初级线圈,两端是次级线圈,它们都通过导线与测量电路相连。线圈外面有屏蔽筒,用以增加灵敏度和防止外磁场的干扰。测杆用圆片弹簧作支撑,以弹簧复位,图 6-28 中为防尘罩。当衔铁处于中心位置时,两次级线圈的感应电动势相等,即 $e_1=e_2$,输出电压 $e_0=e_1-e_2=0$,衔铁向上运动时 $e_1>e_2$,向下运动时 $e_1<e_2$。随着衔铁偏离中心位置,e_0 逐渐增

图 6-28   差动变压器式位移传感器

大。此外,由于两次级线圈结构不对称、衔铁材质不均匀、激磁电压中高次谐波的影响、线圈间的分布电容等原因,实际上存在零点残余电压,即在衔铁处于中间位置时,输出并不为零。为此,需要采用既能反映衔铁位移极性,又能补偿零点残余电压的差动直流输出电路。

图 6-29 所示为能满足此要求的差动相敏检波电路的工作原理。在没有信号输入时,铁心处于中间位置,调节电阻 R,消除零点残余电压,使输出为零,在有输入时,铁心上移或下移,其输出电压经交流放大、相敏检波等中间交换电路,转换为直流输出,再经表头指示出输入位移量的大小和方向。

差动变压器的灵敏度是以单位激励电压作用下,铁心每移动单位距离时输出信号的大小

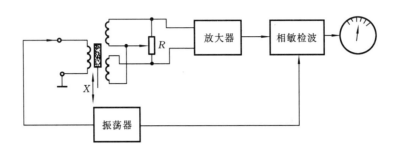

图 6-29　差动相敏检波电路的工作原理

来表示的。如果后续测量电路具有高输入阻抗,用电压灵敏度表示,如果具有低输入阻抗时,则用电流灵敏度表示。对差动变压器施加的电压愈高,其灵敏度也愈高。差动变压器的动态特性,在电路方面主要受电源激励频率的限制,一般应保证激励频率高于信号中最高频率的 5~10 倍,激励频率一般选为 10~50 kHz。在机械方面,则受到铁芯运动部分的质量弹簧特性的限制。

差动变压器式传感器具有测量精确度较高、线性范围大、稳定性好和使用方便等优点,故广泛用于线位移测量。

4）旋转变压器式角位移传感器

各种线位移传感器,只要在结构上适当改变,几乎都能实现角位移的测量。下面仅介绍两种较常见的角位移传感器,即旋转变压器和微动同步器。

（1）旋转变压器。旋转变压器是一种输出电压随转子转角变化的角位移装置,如图 6-30 所示。当以一定频率(一般为 400 Hz 或更高)的交流电压加于励磁绕组时,输出绕组的电压幅值与转子转角成正弦、余弦的关系,或在一定转角范围内与转角成正比关系。前者称为正余弦旋转变压器,适用于大角位移的绝对测量;后者称为线性旋转变压器,适用于小角位移的相对测量。

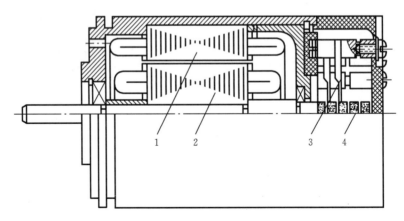

图 6-30　旋转变压器结构
1—定子;2—转子;3—电刷;4—滑环

旋转变压器的结构与线绕式异步电动机相似,一般做成两级电机的形式,在定子上有激磁绕组和辅助绕组,它们的轴线互成 90°。在转子上有两个输出绕组:正弦输出绕组和余弦输出绕组,其轴线也互成 90°,如图 6-31 所示。当给定子的激磁绕组加上等幅的交流电压 e_{s1} 时,在转子的两个绕组上将分别产生输出电压 e_{R1} 和 e_{R2}，其大小与转子偏离零位的转角 θ 有如下关系。

$$e_{R1} = K_e e_{s1} \cos\theta \tag{6-24}$$

$$e_{R2} = -K_e e_{s1} \sin\theta \tag{6-25}$$

式中：K_e 为旋转变压器的变压比，$K_e = W_1/W_2$，W_1、W_2 为转子和定子绕组的匝数。

当输出绕组接有负载时，就有电流通过输出绕组并产生电枢反应磁通，使气隙中磁场发生畸变，输出电压亦产生变化。为了减小这种变化，应将辅助绕组 D_3 与 D_4 短接，或在两输出绕组上接对称负载。为提高旋转变压器的精确度，其负载阻抗应尽量大。

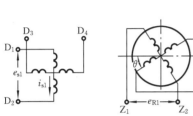 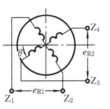

图 6-31　正余弦旋转变压器

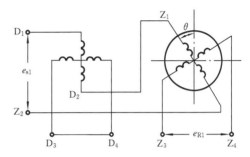

图 6-32　线性旋转变压器

线性旋转变压器与正、余弦旋转变压器不同之处是采用了特定的变压比 K_e 和接线方式，如图 6-32 所示，此时其输出电压 e_{R1} 为

$$e_{R1} = K_e e_{s1} \sin\theta/(1+\cos\theta) \tag{6-26}$$

根据此式，选定变压比 K_e 及允许的线性度后，即可推算出满足线性关系的允许转角范围。如取 $K_e = 0.54$，非线性度小于 $\pm 0.1\%$，则转角范围可达 $\pm 60°$。

（2）微动同步器。微动同步器实际上是一种高精度的变磁阻型旋转变压器。当供给一定频率和幅值的激磁电压时，在一定的转子转角范围（一般为 $-12°\sim +12°$）内，它的输出电压正比于转子转角。

如图 6-33 所示，微动同步器由四极定子 1 和两极转子 2 组成。在定子的各个极上均绕有两个线圈，用各极中的一个线圈串联成初级激磁回路，另一个线圈串联成次级感应回路。激磁回路的连接原则是当等幅交流电压加于其上时，在激磁电流的半周期内，各级上的磁通方向如图中箭头所示；次级回路的感应原则是使总的输出电压为Ⅰ、Ⅲ极和Ⅱ、Ⅳ极上感应电势之差。当转子处于如图 6-33 所示的对称于定子的位置时，定子与转子间四个气隙的几何形状完全相同，各极磁通相等，从而使得Ⅰ、Ⅲ极和Ⅱ、Ⅳ极上的感应电压相等，总的输出电压为零，转子处于零位。若转子偏离零位一个角度，四个气隙

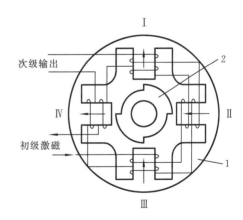

图 6-33　微动同步器

不再相同，各极磁通发生变化，其中一对磁极的磁通减小，另一对磁极的磁通增大，此时，次级就有一个正比于转子角位移的电压输出。当转动方向改变时，输出电压有 $180°$ 的相位跃变，由此可判别转角方向。微动同步器与差动变压器一样，也有零位输出，需采用适当措施加以消除和补偿。通常采用的激磁电压为 $5\sim 50$ V，激磁频率为 $50\sim 60$ Hz。微动同步器的灵敏度为

每度 0.2～5 V,线性度为 0.1%～1%。

6.2.2　位移测量应用实例

以下介绍回转轴误差运动及部件运动不均匀性的测量方法,以加深读者对动态位移测量的了解。

1. 回转轴误差运动的测量

回转轴误差运动是指在回转过程中回转轴线偏离理想位置而出现的附加运动。回转轴误差运动的测量和控制,是各种精密设备及大型、高速、重载设备的重要技术之一。通过回转轴误差运动的测定,可以了解回转轴的运动状态并判断产生误差运动的原因,即可以用于进行设备的状态监测和故障诊断。对机械加工行业而言,它可以用来预测机床在理想加工条件下所能达到的最小形状误差和表面粗糙度,评价机床主轴的工作精度,以及判断产生加工误差的原因。

1) 回转轴的误差运动

若将回转轴置于空间某参考坐标系中来观察,如图 6-34 所示。在理想回转状况下,回转轴线 CD 与空间某条固定直线 AB(现取为参考系 z 轴)应始终重合,并且没有轴向相对运动。固定直线 AB 称为理想轴线。理想的回转运动只允许回转轴有绕理想轴线 z 轴这一个自由度,而其余五个自由度均受到约束,它们的位移均应为零。实际上由于存在着轴承、轴颈和支撑孔的加工误差,轴承静动载荷的变化等原因,回转轴的空间位置是在不断变化的,即回转轴线 CD 在其余五个方向上的位移均不为零,产生了"不需要"的附加运动。这些运动通称为回转轴的误差运动。

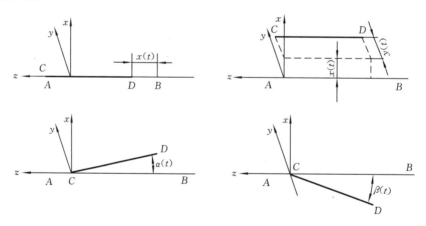

图 6-34　回转轴的误差运动的分解

回转轴的误差运动可以分为三类五个运动,如图 6-34 所示,即轴向运动 $z(t)$,纯径向运动 $x(t)$ 和 $y(t)$,倾角运动 $\alpha(t)$ 和 $\beta(t)$。$x(t)$、$y(t)$、$z(t)$ 分别表示沿三个坐标轴的移动,$\alpha(t)$、$\beta(t)$ 则表示绕 x 轴和 y 轴的转动。误差运动使回转轴上任何一点发生与轴线平行的移动和在垂直于轴线的平面内的移动。前者称为该点的端向误差运动 $f(t)$,因测点所在的半径位置不同而异,后者称为该点的径向误差运动 $r(t)$,因测点所在轴向位置不同而异。所以在讨论误差运动时,应指明测点所在位置。

2) 径向误差运动的常用测量方法

测量回转轴径向误差运动时,可将参考坐标系选在轴承支承孔上。这时的误差运动即是回转过程中回转轴线对于支承孔的相对运动,它主要反映轴承的回转品质。对于任意径向截面上的径向误差运动,均可采用置于 x、y 方向的两只位移传感器来分别检测它在 x 轴、y 轴上的分量。任何时刻两分量的矢量和都是该时刻的径向误差运动矢量。这种测量方法称为双向测量法。有时由于种种原因,不必测量总的径向误差运动,而只需测量它在某个方向上的分量(如分析机床主轴的误差运动对加工形状的影响时就是这样),则可将一个传感器置于该方向上检测。这种方法称为单向测量法。

在测量时,两种方法都必须利用某个基准面来体现回转轴线,通常选用高圆度的圆球和圆环作为基准面。直接采用回转轴上的某一回转表面来作为基准面虽然可行,但由于回转表面的形状误差难以满足测量要求,因而测量精确度较差。

传感器所检测到的实际位移信号是很复杂的,现以双向测量法为例来分析其构成(见图 6-35)。设 O_0 为回转中心,O_m 为基准球的几何中心,O_r 为瞬时回转中心,e 为基准球安装偏心,θ 为转角,并令 e 与 x 轴平行时 $\theta=0$,$r(\theta)$ 为径向误差运动。若基准球半径 R_m 远远大于偏心 e 和径向误差运动 $r(\theta)$,则两传感器所检测到的位移信号 d_x 和 d_y 分别为

$$d_x = e\cos\theta + r_x(\theta) + s_x(\theta) \tag{6-27}$$

$$d_y = e\sin\theta + r_y(\theta) + s_y(\theta) \tag{6-28}$$

等式右侧前两项分别为偏心 e 和误差运动 $r(\theta)$ 在 x、y 两个方向上的投影,而第三项则为基准球上相差 $90°$ 的两对应点处的形状误差。由此可得出以下结论。

(1) 在一般情况下,$d_x + d_y \neq r(\theta)$,而只有当 e、$s_x(\theta)$ 和 $s_y(\theta)$ 均趋于零或已确知,才能由 d_x 和 d_y 确定。因此,如何消除或分离偏心 e 和基准球的形状误差 s,就成为研究测量方法时的重要任务。目前常用形状误差远小于回转误差的圆球作为基准球,以力求减小它对测量结果的影响。当基准球的形状误差不能满足要求时,则必须采用误差分离技术来消除影响。

(2) 在基准球形状误差可以忽略的情况下,d_x 和 d_y 是圆球中心的位移在 x、y 方向上的分量。换言之,由于偏心 e 的存在,由 d_x 和 d_y 所确定的是圆球几何中心的轨迹而不是回转轴心的轨迹。分析说明,对于同一根轴的相同回转状态,由于偏心 e 的方向和大小不同,测得的 d_x 和 d_y 亦不同,为了尽量减小这种影响,使测量结果能更真实地反映 $r(\theta)$ 值,就必须尽量减小或消除 e 值。否则,只有在相同的偏心大小和方位的条件下,测定的结果彼此间才有可比性。通

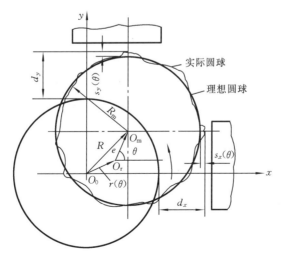

图 6-35 双向测量法时的位移信号分析

常可通过减小安装偏心,或采用滤波法和反相叠加法来减弱偏心的影响。

图 6-36 所示为双向测量法的原理图,图 6-37 所示为单向测量法的原理图。

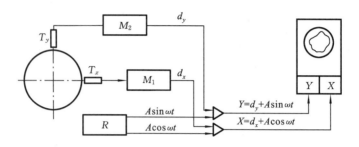

图 6-36 双向测量法

T_x、T_y—位移传感器;M_1、M_2—位移测量仪;R—基圆发生器

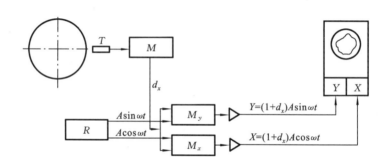

图 6-37 单向测量法

T—位移传感器;M—位移测量仪;R—基圆发生器;M_x、M_y—乘法器

2. 测量结果的表达方式

回转轴误差运动的测量结果,通常记录成一定形式的图像,然后再根据图像来进行定性和(或)定量分析。图像形式有圆图像和直角坐标图像。直角坐标图像表现的是误差运动和时间历程或转角的关系,可以由光线示波器等记录仪器获得。下面重点说明圆图像的获得方法。

对于双向测量装置而言(见图 6-36),当 e 大于 $r(\theta)$ 数倍时,通常直接将放大后的 d_x 和 d_y 输入电子示波器,使之形成圆图像,此圆图像可看成是在以偏心量 e 为半径的基圆上叠加了误差运动的结果。当 e 小于或近于 $r(\theta)$ 时,所形成的圆图像往往是杂乱无章的,虽然它更真实地反映了轴心运动的轨迹,但无法用来进行分析、判断。为此,可利用基圆发生器来提供一个基圆信号。基圆发生器产生与回转轴同步的正弦、余弦信号,并将它们分别相加后送入示波器以形成圆图像。

对于单向测量法(见图 6-37),位移传感器检测出的信号 d_x 与基圆信号发生器发出的 $A\cos\omega t$ 和 $A\sin\omega t$ 分别相乘,然后再相加,以便得到两路输出

$$X = (1 + d_x)A\cos\omega t \tag{6-29}$$

$$Y = (1 + d_x)A\sin\omega t \tag{6-30}$$

将此两路信号分别送到示波器的 X、Y 两极,便可获得位移检测信号 d_x 叠加在半径为 A 的基圆上的圆图像。

6.3　应变和力的测试

应变和力的测试非常重要,通过对它们的测试可以分析和研究零件、机构或结构的受力状况和工作状态,验证设计计算结果的正确性,确定整机工作过程中的负载谱和某些物理现象的机理。因此,对发展结构与机器的设计理论、保证安全运行,以及实现自动检测、自动控制等都具有重要的作用。

而机械工程中还经常遇到许多与应变和力有关的量,如应力、扭矩、力矩、功率、压力、刚度等,这些量的测量方法与应变和力的测量都有密切的关系。

6.3.1　应变的测试

应用电阻应变片和应变仪测量构件的表面应变,然后再根据应变与应力的关系式,确定构件表面应力状态,是一种最常见的实验应力分析方法。

根据被测应变的性质和工作频率的不同,可采用不同的应变仪。静态载荷作用下的应变,以及变化十分缓慢或变化后能很快稳定下来的应变,可采用静态电阻应变仪。以静态应变测量为主、兼做 200 Hz 以下的低频动态测量可采用静动态电阻应变仪。测量 0～2 000 Hz 范围的动态应变,可采用动态电阻应变仪。这类应变仪通常具有 4～8 个通道。测量 0～20 000 Hz 的动态过程和爆炸、冲击等瞬态变化过程,则采用超动态电阻应变仪。

我国目前生产的电阻应变仪大多采用调幅放大电路,一般由电桥、前置放大器、功率放大器、相敏检波器、低通滤波器、振荡器、稳压电源等单元组成。

1. 应变仪的电桥特性

应变仪多采用交流电桥,电源以载波频率供电,四个桥臂均为电阻,由可调电容来平衡分布电容。其电桥基本公式与直流电桥(见图 6-38)具有相似的形式,即电桥输出电压 u_o 为

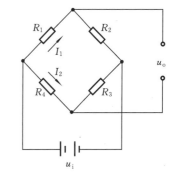

$$u_o = \frac{R_1 R_3 - R_2 R_4}{(R_1 + R_2)(R_3 + R_4)} u_i \qquad (6\text{-}31)$$

其中,R_1、R_2、R_3 和 R_4 为电桥的四个桥臂。若它们所产生的电阻变化量分别用 ΔR_1、ΔR_2、ΔR_3 和 ΔR_4 表示,初始状态电桥的各桥臂阻值又相等,即 $R_1 = R_2 = R_3 = R_4 = R$,且考虑到电阻变化量远小于 R,可忽略电阻变化量的高次项,则上式可写成

图 6-38　直流电桥

$$u_o = \frac{u_i}{4}\left(\frac{\Delta R_1}{R} - \frac{\Delta R_2}{R} + \frac{\Delta R_3}{R} - \frac{\Delta R_4}{R}\right) \qquad (6\text{-}32)$$

当各桥臂应变片的灵敏度 S 相同时,式(6-32)可改写为

$$u_o = \frac{u_i}{4}S(\varepsilon_1 - \varepsilon_2 + \varepsilon_3 - \varepsilon_4) \qquad (6\text{-}33)$$

2. 应变片的布置和接桥方法

应变片的布置和电桥连接应根据测量目的和对载荷分布的估计而定。在测量复合载荷作用下的应变时,还应利用应变片的布置和接桥方法来消除相互影响的因素。表 6-5 列举了轴向拉伸(压缩)载荷下应变测量时应变片的布置和接桥方法。从表中可清楚看到不同的布置和接桥方法对灵敏度、温度补偿情况和消除弯矩影响是不同的。一般应优先选用输出电压大、能实现温度补偿、粘贴方便和便于分析的方案。

表 6-5　轴向拉伸(压缩)载荷下应变测量时应变片的布置和接桥方法

序号	受力状态图	应变片的数量	形式	电桥接法	温度补偿情况	电桥输出电压	测量项目及应变值	特　点
1	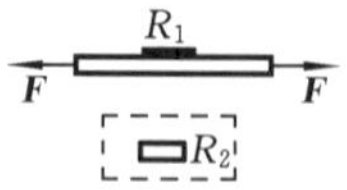 R_1 / R_2，受力 F	2	半桥式	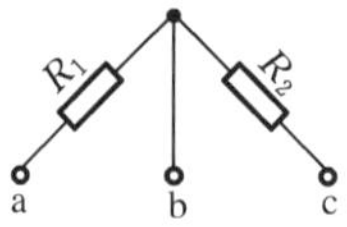 R_1、R_2 接 a、b、c	另设补偿片	$u_o = \dfrac{1}{4}u_i S\varepsilon$	拉(压)应变 $\varepsilon = \varepsilon_i$	不能消除弯矩的影响
2	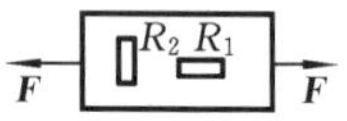 R_2 R_1，受力 F	2	半桥式		互为补偿	$u_o = \dfrac{1}{4}u_i S\varepsilon(1+\mu)$	拉(压)应变 $\varepsilon = \dfrac{\varepsilon_i}{1+\mu}$	同上，且输出有提高
3	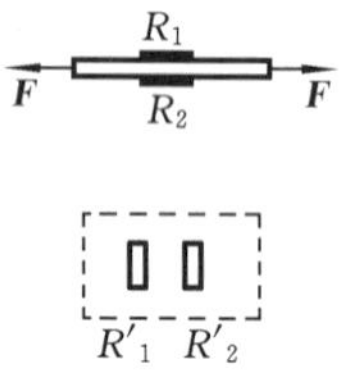 R_1 / R_2，受力 F	4	半桥式	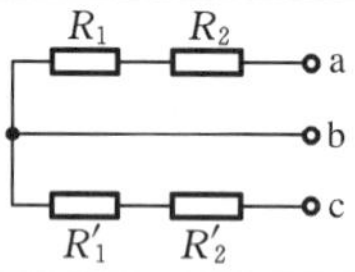 R_1 R_2 — a；b；R_1' R_2' — c	另设补偿片	$u_o = \dfrac{1}{4}u_i S\varepsilon$	拉(压)应变 $\varepsilon = \varepsilon_i$	可以消除弯矩的影响
4	R_1' R_2'	4	全桥式	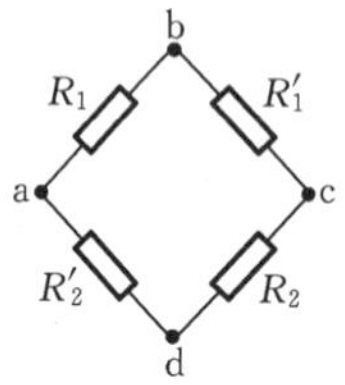 R_1、R_1'、R_2'、R_2，a、b、c、d		$u_o = \dfrac{1}{2}u_i S\varepsilon$	拉(压)应变 $\varepsilon = \dfrac{1}{2}\varepsilon_i$	同上，且输出电压提高一倍
5	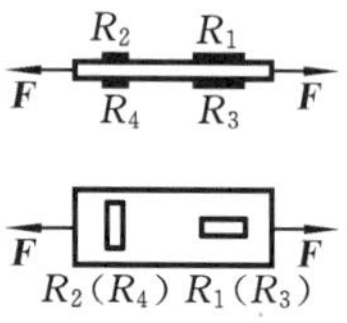 R_2 R_1 / R_4 R_3，受力 F	4	半桥式	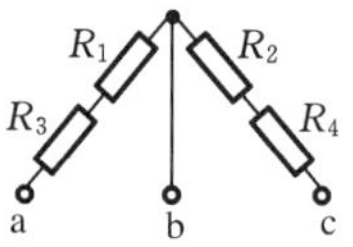 R_1 R_2；R_3 R_4；a、b、c	互为补偿	$u_o = \dfrac{1}{4}u_i S\varepsilon(1+\mu)$	拉(压)应变 $\varepsilon = \dfrac{\varepsilon_i}{1+\mu}$	输出电压提高 $1+\mu$ 倍，且能消除弯矩影响
6	$R_2(R_4)$ $R_1(R_3)$，受力 F	4	全桥式	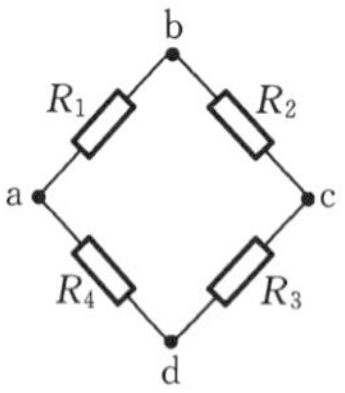 R_1、R_2、R_4、R_3，a、b、c、d		$u_o = \dfrac{1}{2}u_i S\varepsilon(1+\mu)$	拉(压)应变 $\varepsilon = \dfrac{\varepsilon_i}{2(1+\mu)}$	同上，且输出电压是其两倍

表中符号说明：

　　S—应变片的灵敏度；u_i—供桥电压；μ—被测件的泊松比；ε_i—应变仪测读的应变值，即指示应变；

　　ε—所要测量的机械应变值。

　　关于在弯曲、扭转和拉(压)、弯扭复合等其他典型载荷下，应变片的布置和接桥方法可参阅有关专著。

　　3. 在平面应力状态下主应力的测定

　　在实际工作中，常常需要测量一般平面应力场内的主应力，其主应力方向可能是已知的，也可能是未知的。

　　(1) 已知主应力方向。例如承受内压的薄壁圆筒形容器的筒体，它处于平面应力状态下，其主应力方向是已知的。这时只需要沿两个互相垂直的主应力方向各贴一片应变片,另外再采取温度补偿措施,就可以直接测出主应变。贴片和接桥方法如图 6-39 所示。

可按下式计算出主应力

$$\sigma_1 = \frac{E}{1-\mu^2}(\varepsilon_1 + \mu\varepsilon_2) \tag{6-34}$$

$$\sigma_2 = \frac{E}{1-\mu^2}(\varepsilon_2 + \mu\varepsilon_1) \tag{6-35}$$

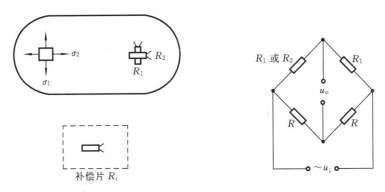

图 6-39 用半桥单点测量桥测量主应变

(2) 主应力方向未知。一般采取贴应变花的方法进行测量。对于平面应力状态,如能测出某点三个方向的应变 ε_1、ε_2、ε_3,就可以计算出该点主应力的大小和方向。应变花是由三个(或多个)互相之间按一定角度关系排列的应变片所组成的,用它可以测量某点三个方向的应变,然后按已知公式可求出主应力的大小和方向。图 6-40 列举了几种常用的应变花构造原理图,其主应力计算公式都有现成公式可查。现在市场上已有多种图案的应变花供应,可以按照各种工况的需要选购。

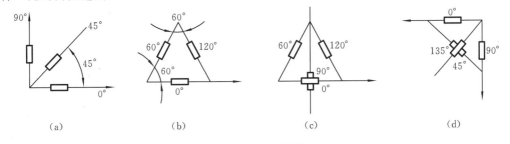

图 6-40 常见的应变花

(a) 直角形应变花;(b) 等边三角形应变花;(c) T-△应变花;(d) 双直角形应变花

对每一种应变花,各应变片的相对位置在制造时都已确定了,因而粘贴、接桥和测量都比较简单,只要对每片分别测出它们的应变值就可以了。

4. 提高应变测量精度的措施

在使用电阻应变片测量应变时,应尽可能消除各种误差,以提高测试精度。为此,一般可采取下列措施。

(1) 选择合适的仪器并进行准确的定度。应根据测量对象的要求,选用静、动特性都能满足要求的应变仪。在进行测量之前,应对整个测试系统进行定度,测定灵敏度和校准曲线,即用标准量来确定测试系统的电输出量与机械输入量之间的关系。在动态测量情况下,应测定测试系统的频率响应特性。此外，还要测定环境因素对灵敏度的影响等。定度时的条件应力求与工作条件一致。如能在测试现场对整个测试系统进行定度，将会显著地提高测量的精度。

（2）消除导线电阻引起的影响。应变片的电阻变化率为 $\dfrac{\Delta R}{R}$，其中 $\Delta R = \varepsilon SR$。若导线电阻 R_c 不可忽略，则电阻变化率应为 $\dfrac{\Delta R}{R+R_c}$，即

$$\frac{\Delta R}{R+R_c} = \frac{\varepsilon SR}{R+R_c} \tag{6-36}$$

这时，根据电阻应变片灵敏度的定义，有

$$S' = \frac{\Delta R}{(R+R_c)\varepsilon} = S\frac{R}{R+R_c} \tag{6-37}$$

式中：S 为应变片的灵敏度；S' 为考虑了 R_c 影响的实际灵敏度。

式（6-37）表明，在同样的情况下，由于 R_c 的存在，所产生的电阻变化率将减小，从而使灵敏度降低。因此，当导线长度超过 10 m 时，为了获得精确的结果，应对灵敏度加以修正，或把应变片的灵敏度 S 乘以 $R/(R+R_c)$。

（3）减小读数漂移。具体办法有：使电桥电容尽可能对称；采用屏蔽线并接地，以避免由于导线抖动而引起分布电容的改变；尽可能使工作片与补偿片的导线电阻相同；等等。

（4）补偿温度影响。温度变化会使试件表面上的应变片产生一定的应变值 ε_τ。

$$\varepsilon_\tau = \frac{1}{S}\alpha(t-t_0) + (\beta_1-\beta_2)(t-t_0) \tag{6-38}$$

式中：S 为应变片的灵敏度；α 为应变片丝栅材料的电阻温度系数；β_1 为试件材料的线膨胀系数；β_2 为应变片丝栅材料的线膨胀系数；$t-t_0$ 为温度变化差值。

应变片的总输出应变值为

$$\varepsilon_\Sigma = \varepsilon + \varepsilon_\tau \tag{6-39}$$

式中：ε 为被测试件的机械应变值；ε_τ 为由温度变化所产生的应变值。

ε_τ 是应变测量中所不需要的部分，它对测量结果精度的影响也是不可忽视的。在一般情况下，温度变化总是同时作用到应变片和试件上的。消除由温度引起的影响或对输出进行修正以求出仅由载荷作用引起的真实应变的方法，称为温度补偿法。其主要办法是采用温度自补偿应变片，或采用桥路补偿片。后者是用两个同样的应变片：一片为工作片，贴在试件上需要测量应变的地方，作为电桥中的 R_1；另一片为补偿片，贴在与试件同材料、同温度条件但不受力的补偿件上，作为电桥中的 R_2。由于工作片和补偿片处于相同的温度-膨胀状态下，产生相等的 ε_τ，当分别接到电桥电路的相邻两桥臂上时，温度变化所引起的电桥输出等于零，从而起到温度补偿的作用。

（5）减少贴片误差。测量单向应变时，若应变片的轴线与主应变方向有偏差，也会产生测量误差。因此在粘贴应变片时应给予充分的注意。

（6）应力求使应变片实际工作条件和额定条件一致。当应变片的灵敏度定度时的试件材料与被测材料不同、应变片名义电阻值与应变仪桥臂电阻不同时，都会引起误差。一定基长的应变片，有一定的允许极限频率。例如，要求测量误差不大于 1% 时，基长为 5 mm，允许的极限频率为 77 kHz，而基长为 20 mm 时，则极限频率只能达到 19 kHz。

（7）排除测量现场的电磁干扰。在测量时仪表示值的抖动，大多是由电磁干扰引起的，如

接地不良,导线间互感、漏电、静电感应,现场附近有电焊机的强磁场干扰及雷击干扰等,应予以排除。

5. 测点的选择

测点的选择和布置对能否实现正确的测量和正确了解结构的受力情况影响很大。测点愈多,愈能了解结构的应力分布状况,然而会增加测试和数据处理的工作量和贴片误差。因此,应根据以最少的测点达到足够真实地反映结构受力状态的原则来选择测点。一般应考虑下列因素。

(1) 预先对结构进行大致的受力分析,预测其变形形式,找出危险断面及危险位置。这些地方一般是处在应力最大或变形最大的部位,而最大应力一般又是在弯矩、剪力或扭矩最大的面上。然后,根据受力分析和测试要求,结合实践经验最后选定测点。

(2) 在截面尺寸急剧变化的部位或因孔、槽导致应力集中的部位,应适当多布置一些测点,以便了解这些区域的应力梯度情况。

(3) 当最大应力点的位置难以确定,或者为了了解截面应力分布规律和曲线轮廓段应力过渡的情况时,可在截面上或过渡段上比较均匀地布置5～7个测点。

(4) 利用结构与载荷的对称性,以及对结构边界条件的有关知识来布置测点,往往可以减少测点数目,减轻工作量。

(5) 可以在不受力或已知应变、应力的位置上安排一个测点,以便在测试时进行监视和比较,这样有利于检查测试结果的正确性。

6.3.2　力的测试

在国际单位制中,力是一个导出量,由质量和加速度的乘积来定义。

1. 常用的测力方法

常用的测力方法大致有以下几种。

(1) 通过已知重力或电磁力去平衡被测力,从而直接测得被测力。

(2) 通过测量一个在被测力作用下的已知质量的物体的加速度来间接测量被测力。

(3) 通过测量由被测力产生的流体压力来测得被测力。

(4) 当被测力张紧某振动弦时,该弦的固有频率将随被测力的大小而改变。因此,可通过测量该频率的变化来测得被测力。

(5) 通过测量在被测力作用下某弹性元件的变形或应变来测得被测力。

上述的测力方法,大部分用于静态力或缓慢变化力的测量。最后一种方法适用于静态力或频率在数千赫以下的动态力的测量,是一种应用极广泛的测力方法。

2. 弹性变形式的力传感器

这类传感器的测量基础是弹性元件的弹性变形与其受到的作用力成正比的现象。这类传感器原则上可简化成单自由度系统,其输入力和输出弹性变形(或位移)之间的关系及其频率特性参见6.1.2节中的式(6-2)。

值得注意的是,上述模型是以基座静止为前提的。如果基座有了运动,力传感器又成为一个加速度计,使得对该运动产生附加的输出信号。其次,严格地说,传感器的弹性和惯性参数是分散的而不是集中的,现视其为集中参数,必将使其质量、弹簧刚度和阻尼比都很难确定。此外,这类力传感器的固有频率总是和外部承力构件的质量有关。因此,对于任何一个这类传感器,都应进行全面的定度和校准,以建立其输出和输入力之间的关系和确定其灵敏度、固有频率等项特性参数。最后,为了提高灵敏度,这类力传感器可考虑采用低弹性模量的材料(如某些铝合金)。但应注意到,这样做会使弹性元件的刚度和固有频率下降。某些低弹性模量的材料还可能有较大的迟滞和较低的疲劳寿命等缺点。

这类传感器也可用输出应变来代替输出位移,并用应变片将其转换成电量。

下面介绍这类力传感器的实例。

1) 电阻应变片式力传感器

图 6-41 所示为一种用于测量压缩力的应变片式测力头的典型构造。受力弹性元件是一个由圆柱加工成的方柱体,应变片粘贴在四个侧面上。在不减小柱体的稳定性和应变片粘贴面积的情况下,为了提高灵敏度,可采用内圆外方的空心柱。侧向加强板用来增大弹性元件在 xOy 平面中的刚度,以减小侧向力对输出的影响。加强板的 z 向刚度很小,以免明显影响传感器的灵敏度。

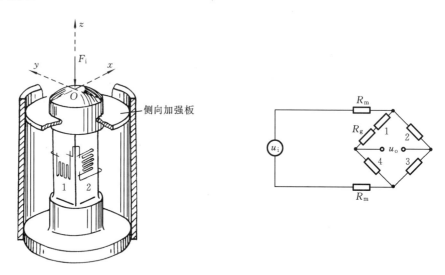

图 6-41　粘贴应变片柱式力传感器

(注:应变片 3 和 4 分别贴在 1 和 2 的对面)

应变片按图 6-41 所示粘贴并采用全桥接法,能消除弯矩的影响,也有温度补偿的功能。对于精度要求特别高的力传感器,可在电桥某一臂上串接一个温度敏感电阻 R_g。以补偿应变片电阻温度系数的微小差异,用另一温度敏感电阻 R_m 和电桥串接,改变电桥的激励电压,以补偿弹性元件弹性模量随温度而变化的影响。这两个电阻都应装在力传感器内部,以保证和应变片处于相同的温度环境中。

图 6-42 是测量拉/压力传感器的典型弹性元件。为了获得较大的灵敏度,采用梁式结构。显然,这样做会降低刚度和固有频率。如果结构和粘贴都对称,应变片参数又相同,则这种传感器除了具有较高的灵敏度外,还能实现温度补偿并消除 x 和 y 方向力的干扰。

2) 其他力传感器

工程中常用的力传感器还有差动变压器式力传感器、压电式力传感器、压磁式力传感器等。具体工作原理可参考本书第 3 章内容。

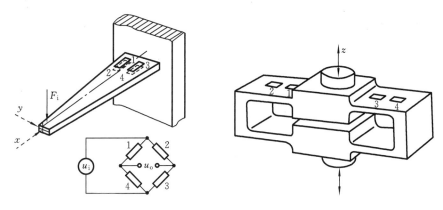

图 6-42　测量拉/压力传感器

（注:左图中应变片 2 和 4 在梁的底面）

6.4　温度的测试

6.4.1　概述

自然界中几乎所有的物理化学过程都与温度紧密相关,因此温度是工农业生产、科学试验以及日常生活中需要普遍进行测量和控制的一个重要物理量。

温度是表征物体冷热程度的物理量。温度概念的建立是以热平衡为基础的。当两个物体处于同一热平衡状态时,两者就具有某一共同的物理性质,表征这个物理性质的量就是温度,就说这两物体温度相等。如果两物体的温度不同,它们之间就不会热平衡,就有热交换,热量将由高温物体传输到低温物体。

温度只能通过物体随温度变化的某些特性来间接测量,而用来度量物体温度数值的标尺称为温标。它规定了温度的读数起点(零点)和测量温度的基本单位。

目前国际上用得较多的温标有华氏温标、摄氏温标、热力学温标。

华氏温标与摄氏温标均属于经验温标。经验温标的基础是物质体积膨胀与温度的关系:在两个易于实现且稳定的温度点之间所选定的测温物质体积的变化与温度呈线性关系。把在两温度之间体积的总变化分为若干等份,并把引起体积变化 1 等份的温度定义为 1 度。经验温标与测温介质有关,有多少种测温介质就有多少种温标。

摄氏温标:所用标准仪器是水银玻璃温度计。

分度方法是规定在标准大气压力下,水的冰点为零度,沸点为 100 摄氏度,水银体积膨胀被分为 100 等份,对应每等份的温度定义为 1 摄氏度,单位为“℃”。

华氏温标:标准仪器也是水银温度计,按照华氏温标,水的冰点为 32 度,沸点是 212 度。分成 180 等份,对应每等份的温度为 1 华氏度,单位为“℉”。摄氏温度和华氏温度的关系为

$$t\,^\circ\mathrm{F} = \frac{9}{5}t\,^\circ\mathrm{C} + 32 \tag{6-40}$$

热力学温标:热力学温标又称开尔文温标,或称绝对温标,它规定分子运动停止时的温度为绝对零度,水的三相点,即液态、固态、气态的水同时存在的温度为 273.15 K,水的凝固点,即相当摄氏温标 0 ℃,相当华氏温标 32 ℉ 的开氏温标为 273.15 K。热力学温标(符号为 T)

的单位为"K"（称为开尔文），定义为水三相点的热力学温度的1/273.15。

按照温度测量范围，可分为超低温、低温、中高温和超高温测量。超低温一般是指 0～10 K，低温指 10～800 K，中温指 800～1 900 K，高温指 1 900～2 800 K 的温度，2 800 K 以上被认为是超高温。

按照检测部分是否直接与被测介质相接触，温度测量可分为接触式测温和非接触式测温两类。表6-6列出了常用的测温方法、类型及其特点。

表6-6   常用测温方法、类型及其特点

测温方式	温度计或传感器类型			测温范围/℃	精度/(%)	特 点
接触式	热膨胀式	水银		−50～650	0.1～1	简单方便，易损坏（水银污染），感温部大
		双金属		−80～500	1～1.5	结构紧凑、牢固可靠
		压力	液	−30～600	1	耐振、坚固、价廉；感温部大
			气	−20～350		
	热电偶	铂铑-铂		0～1 600	0.2～0.5	种类多、适应性强，结构简单，经济方便，应用广泛。须注意寄生热电势及动圈式仪表电阻对测量结果的影响
		其 他		−200～1 100	0.4～1.0	
	热电阻	铂		−260～600	0.1～0.3	精度及灵敏度均较好，感温部大，须注意环境温度的影响
		镍		−50～300	0.2～0.5	
		铜		0～180	0.1～0.3	
		热敏电阻		−50～350	0.3～1.5	体积小，响应快，灵敏度高；线性差，须注意环境温度的影响
非接触式	辐射温度计			800～3 500	1	非接触测温，不干扰被测温度场，辐射率影响小，应用简便，不能用于低温
	光高温计			700～3 000	1	
	热电探测器			200～2 000	1	非接触测温，不干扰被测温度场，响应快，测温范围大，适于测温度分布，易受外界干扰，定标困难
	热敏电阻探测器			−50～3 200	1	
	光子探测器			0～3 500	1	
其他	示温涂料	碘化银		−35～2 000	<1	测温范围大，经济方便，特别适于大面积连续运转零件上的测温，精度低，人为误差大
		二碘化汞				
		氯化铁				
		液晶				

6.4.2   接触式测温

接触式测温的特点是测温元件直接与被测对象相接触，两者之间进行充分的热交换，最后达到热平衡，这时感温元件的某一物理参数的量值就代表了被测对象的温度值。通常来说接触式测温比较简单、可靠、直观，测量精度较高。但因测温元件与被测介质需要进行充分的热交换，需要一定的时间才能达到热平衡，所以存在测温的延迟现象。而感温元件影响被测温度场的分布，接触不良等都会带来测量误差。同时受耐高温材料的限制，这种测温方式不能应用于很高的温度测量。

接触式测温常用温度计有热膨胀式、热电阻式、热电偶式及其他原理的温度计等。

1. 热膨胀式温度计

热膨胀式温度计包括液体和固体膨胀式温度计。热膨胀式温度计是利用液体或固体热胀冷缩的性质进行温度测量的。

常见的水银温度计属于液体温度计,是应用最早而且当前使用最广泛的一种温度计,它由液体储存器、毛细管和标尺组成。液体玻璃温度计的测温上限取决于所用液体汽化点的温度,下限受液体凝点温度的限制。为了防止毛细管中液柱出现断续现象,并提高测温液体的沸点温度,常在毛细管中液体上部充以一定压力的气体。

固体温度计是利用两种不同膨胀系数的材料制成,分为杆式和双金属式两大类。

杆式温度计的芯杆材料的膨胀系数比与基座相连的外套大,故当温度变化时芯杆对基座产生相对位移,经简单的机械放大后,就可直接指示温度值。

双金属式温度计是由膨胀系数不同的两种金属片牢固结合在一起而制成的,一端固定,另一端为自由端。当温度变化时,由于两种材料的膨胀系数不同,双金属片的曲率发生变化,自由端产生位移,经传动放大机构带动指针指示温度值。

2. 热电阻式温度计

热电阻式温度计主要有金属热电阻温度计和半导体热敏电阻温度计。它是利用导体和半导体材料的电阻随温度变化的性质来进行温度测量的。构成电阻式温度计的测温敏感元件有金属丝电阻及热敏电阻。

(1)金属丝热电阻。电阻丝式测温传感器与电阻丝应变式测力传感器一样,都属于能量控制型传感器,测量时,必须从外部供给辅助能源。大多数金属在温度升高 1 ℃ 时电阻将增加 0.4%～0.6%。但半导体电阻一般随温度升高而减小,其灵敏度比金属高,每升高 1 ℃,电阻减小 2%～6%。

金属丝热电阻具有正的电阻温度系数,电阻将随温度上升而增加,在一定温度范围内,电阻与温度的关系为

$$R_t = R_0[1 + \alpha(t - t_0)] = R_0(1 + \alpha\Delta t) \tag{6-41}$$

式中:R_t 为温度为 t 时的电阻值;R_0 为温度为 t_0 时的电阻值;α 为电阻温度系数,随材料不同而异。

目前由纯金属制造的热电阻的主要材料是铂、铜和镍,它们已得到广泛的应用。

(2)热敏电阻。热敏电阻是由金属氧化物粉末按一定比例混合烧结而成的半导体。与金属丝热电阻一样,其电阻值随温度而变化,但热敏电阻具有负的电阻温度系数,即随温度上升而阻值下降。

热敏电阻与金属丝电阻比较,具有下述优点:①由于有较大的电阻温度系数,所以灵敏度很高,目前可测到 0.001～0.000 5 ℃微小温度变化;②热敏电阻元件可做成片状、柱状、珠状等,直径可达 0.5 mm,由于体积小,热惯性小,响应速度快,时间常数可以小到毫秒级;③热敏电阻元件的电阻值可达 3～700 kΩ,当远距离测量时,导线电阻的影响可不考虑;④在 −50～350 ℃温度范围内,具有较好的稳定性。热敏电阻的缺点是非线性严重,老化较快,对环境温度的敏感性大等。用热敏电阻制成的元件被广泛用于测量仪器和自动控制、自动检测等装置中。

3. 热电偶温度计

热电偶温度计属于热电式温度计。热电偶与显示仪表或控制和调节仪表等配套，构成热电温度计，可直接测量、控制和调节各种生产过程中 0～1 800 ℃温度范围内的液体、气体、蒸汽等介质及固体表面的温度。热电偶温度计具有精度高、测温范围广、便于远距离和多点测量等优点，是接触式温度计中应用最普遍的仪器。

1）热电偶测温原理

热电偶是当前热电测温中普遍使用的一种感温元件，它的工作原理是热电效应。两种不同材料的金属丝两端牢固地接触在一起，组成闭合回路，当两个接触点（称为结点）温度 T 和 T_0 不同时，回路中即产生电势，并有电流流过，这种把热能转换成电能的现象称为热电效应。实质上热电偶是将热能转换为电能的一种能量转换型传感器。

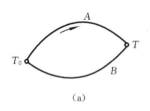

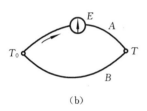

图 6-43　热电效应示意图

图 6-43 所示为两种不同导体 A 和 B 构成的热电偶，其工作端（热端，温度为 T）插入被测介质中，与导线连接的另一端（冷端，温度为 T_0）为自由端。当 $T \neq T_0$ 时，在回路中将产生热电势，热电势值与热电偶材质及两端温度差有关，而与导体 A 和 B 的长度、直径无关，若保持 T_0 不变，则热电势随温度 T 而变化。因此，只要测出热电势值，便可知被测介质的温度值。

2）常用热电偶

一般而言，任何两种导体都可以配制成热电偶，但并非都能作为实用的测温元件，因为测温元件对热电材料有一定要求，纯金属的热电偶由于热电势率太小（平均约为 20 μV/℃），无实用价值，故很少用两种纯金属组成热电偶。非金属热电偶的热电势率大（高达 1 000 μV/℃），熔点高，但由于复现性和稳定性较差，尚处于研究阶段。合金热电偶的热电性能和工艺性能均介于纯金属和非金属之间，故常用的热电偶大多是纯金属与合金或合金与合金相配。

图 6-44 表示了常用热电偶的温度-热电势关系。从图可知，镍铬-考铜、铁-康铜在低温区线性好，灵敏度高，铂铑-铂灵敏度低，但有较宽的线性范围。

一般工业用热电偶还应具有耐压、耐腐蚀等性质。图 6-45 所示为带有保护管的热电偶结构。

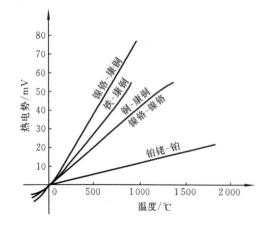

图 6-44　常用热电偶的热电特性

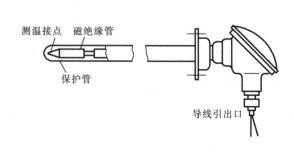

图 6-45　一般工业用热电偶结构

3）热电势测量方法

测量热电势可用动圈式仪表、电位差计及电子电位差计等。采用动圈式仪表测量热电势时，由于线路中电阻的影响（见图 6-46），仪表指示值 e_t 与实际热电势值 E_t 不一致，其关系为

$$E_t = e_t(R_i + R_0)/R_i \tag{6-42}$$

式中：R_i 为仪表线圈电阻；R_0 为外部电阻。

$$R_0 = R_a + R_L + \frac{R_b}{2} + \frac{R_t}{2} \tag{6-43}$$

式中：R_a 为仪表内可调电阻；R_L 为连接导线电阻；R_b 为热电偶 20 ℃时的电阻；R_t 为热电偶使用时的电阻。

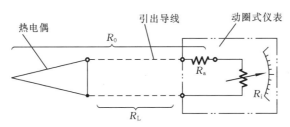

图 6-46 动圈式仪表测量热电势时的连接线路

以上分析表明，当外接线路电阻较大时，测量误差是不容忽视的。

用电位差计测量热电势时，采用标准电压来平衡热电势。因为标准电压与热电势方向相反，回路中没有电流，因此线路电阻对测量结果没有影响。图 6-47 所示为用电位差计测量热电势的工作原理。将开关 S_1 接通，调整电阻 R_0，使检流计 G_2 指零。此时获得恒定工作电流 $I = E_H/R_H$（即 a、c 两点间电压 IR_H 与标准电压 E_H 平衡）。断开 S_1 接通 S_2，调节电位器 R_p，使检流计 G_1 指零，此时测量电路电流为零。当温度变化时，将有电流通过 G_1，指针偏转，调节 R_p 使 G_1 重新指零，由电位器 R_p 的刻度读出所测热电势。

电子电位差计采用的是与电位差计相同原理的电路，通过自动平衡系统使其始终保持平衡状态。

4）冷端补偿

用热电偶测温时，热电势大小取决于冷、热端温度之差，如果冷端温度固定不变，则取决于热端温度。如果热电偶冷端温度是变化的，将会引起测量误差。为此，常采用一些措施来消除冷端温度变化所产生的影响。

（1）冷端恒温。一般热电偶测温时，冷端温度以 0 ℃为基础，因此在实际应用中，常将热电偶冷端置于 0 ℃的冰、水混合物之中。如在某些情况下不能维持冷端 0 ℃时，则须保持恒温，例如置于恒温室、恒温容器或埋入地中等。但这时须对测量结果进行修正计算。图 6-48 表示冷端温度为 0 ℃时的定标曲线。若冷端温度为 t_n 时测得的热电势为 $E(t, t_n)$，则可做如下修正计算，从图中可知

$$E(t, 0) = E(t, t_n) + E(t_n, 0) \tag{6-44}$$

式中：$E(t, 0)$ 为冷端 0 ℃、热端 t ℃时的热电势；$E(t_n, 0)$ 为冷端 0 ℃、热端 t_n ℃时的热电势。

式（6-44）表明，应当由 $E(t, t_n) + E(t_n, 0)$ 来查表求得实际温度 t 值。

（2）冷端补偿。当测温点与冷端距离较长时，为了能保持冷端温度的稳定，又不使用过多贵重的热电偶导线，往往采用廉价的导线代替热电偶导线，这种廉价的导线称为补偿导线，在室温范围内，补偿导线的热电性质应与所用热电偶相同或接近。

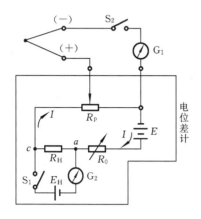

图 6-47　电位差计测量热电势的工作原理

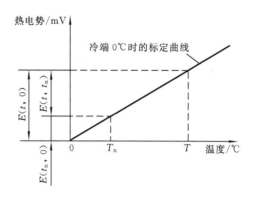

图 6-48　冷端温度为 0 ℃时的定标曲线

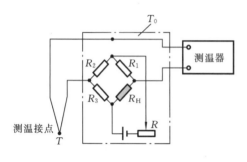

图 6-49　电桥补偿法

另一种冷端补偿法是电桥补偿法，如图 6-49 所示。将热电偶冷端与电桥置于同一环境中，电阻 R_H 是由温度系数较大的镍丝制成，而其余电阻则由温度系数很小的锰丝制成。在某一温度下，调整电桥平衡，当冷端温度变化时，R_H 随温度改变，破坏了电桥的平衡，电桥输出为 Δe，用 Δe 来补偿由于冷端温度改变而产生的热电势变化量。

5）定度

热电偶定度的目的是核对标准热电偶热电势-温度关系是否符合标准；确定非标准热电偶的热电势-温度定标曲线；也可以通过定度消除测试系统的系统误差。

定度方法有定点法与比较法，前者利用纯元素的沸点或凝固点作为温度标准，后者利用高一级精度的标准热电偶与被定标热电偶放在同一温度的介质中，并以标准热电偶温度计的读数为标准温度。一般工业检测中多用比较法。

4．测温方法的实际应用举例

1）旋转体温度的测量

在工程中往往需要测量旋转部件的温度，测量的关键问题是如何从旋转部件上将热电势传输出来。解决这个问题有以下三种方法：第一种方法是采用旋转变压器，它有一个固定线圈和一个旋转线圈，从而可将电信号从转动部件上传送到固定部件；第二种方法是采用无线电遥测计，它有一个旋转的发射器，可通过调制、天线、接收器三个环节，将温度信号从旋转的感受部分发送到固定的指示器；第三种方法是采用滑环装置，利用旋转的滑环和固定的电刷，将电信号从旋转的热电偶传送到固定部件，如图 6-50 所示。

2）固体表面温度的测量

在许多场合，为了研究机械构件工作状态下温度变化情况，需要测定物体表面的温度。固体表面温度测量的难点是敏感元件（热电偶或热敏电阻）和表面之间的连接方法，即传感器必须能测出真实温度而又不干扰表面温度分布。图 6-51 所示为热电偶和被测表面连接的几种方法。热电偶接点可通过软焊、铜焊、熔焊、绝缘泥或简单的加压等方法固定到被测表面上。绝缘的热电偶丝应与表面等温部分紧密接触。

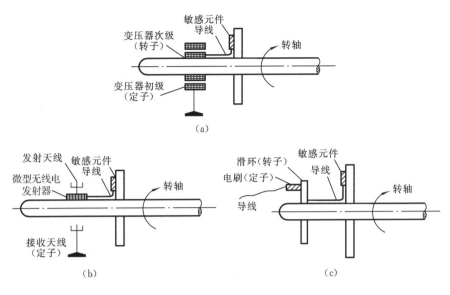

图 6-50 旋转体表面温度的测量

（a）旋转变压器法；（b）无线电遥测计法；（c）滑环装置法

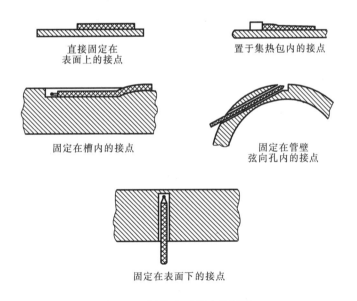

图 6-51 固体表面温度的测量

为减小表面温度测量误差，一般应注意下列因素。

① 保持安装尺寸尽可能小。

② 保持热电偶丝在等温区的长度至少为热电偶丝直径的 20 倍，以避免在热电偶测量点附近出现陡峭的温度梯度。

③ 敏感元件位置应尽可能接近表面。

④ 敏感元件的安装应使表面环境干扰尽可能小。

⑤ 敏感元件和表面之间的热阻应尽可能小。

6.4.3 非接触式测温

1. 辐射式测温

辐射式测温为非接触式测试方式，所依据的测试原理是物体的热辐射理论。由于是非接触式测试，因此测试装置不会干扰测试对象的温度分布。辐射式测温采用辐射式温度计来测量温度，辐射式温度计主要应用在高温测试方面。工程中的高温一般指高于 500 ℃ 的温度。在高温范围内，除了少数热电偶和电阻式温度计可被应用之外，其他的接触式测温仪器均不适用，因此须采用非接触式温度计。辐射式温度计也适用于低温的测量。

任何物体总是以一定波长的电磁波辐射能量，能量的强度取决于物体的温度。通过计算这种在已知波长上发射的能量，便可知道物体的温度。

辐射式温度计本质上是专用于温度测量的光学检测器，通常分为两种类型：热检测器和光子检测器。热检测器用于检测温升，这种温升是由于被测物体所辐射出的能量被聚焦在检测器靶面上而产生的。靶面的温度采用热电偶、热敏电阻和辐射温度检测器来检测。光子检测器本质上为半导体检测器，分为光导型和光电二极管两种。它们直接对辐射的光做出响应，从而改变其阻抗或电流、电压值。

辐射式温度计也可根据其测量波长范围来分类，如全辐射式辐射温度计和亮度式辐射温度计。全辐射式辐射温度计吸收全部波长或至少很宽的波长（如可见光波长）范围内的能量。而亮度式辐射温度计则仅仅测量一特定波长上的能量。其中最常见的是红外辐射式探测器。众所周知，它仅仅在红外波长范围内检测温度的变化。

2. 辐射式温度计

通过辐射定律，可以从入射到接收器表面上的辐射能量来计算辐射表面的温度。因而除了光学系统外，辐射接收器就是高温计最重要的部分。辐射接收器分为黑体和灰体接收器及选择性接收器。

属于黑体和灰体接收器的有贴在经发黑处理的金或铂薄片上的热电偶、电阻式温度计或热敏电阻。它们的灵敏度与波长无关且测量范围能从紫外区一直到红外区，特别适合于测量较低的温度，因为这种情况下所产生辐射的波长较长。

选择性接收器包括阻挡层光电池、光敏电阻、光敏二极管和光敏三极管等光辐射接收器。这些元件只在一个狭窄的光谱范围内才是灵敏的，同时与波长的关系又极大，其绝对灵敏度比热接收器的灵敏度要高许多。

(1) 光谱高温计 光谱高温计只在一个狭窄的波长范围 $\Delta\lambda$ 中才是灵敏的，甚至只对单一波长 λ_i 灵敏。该限制可在辐射过程中用专门的选频滤波器来达到。在高温计中，被测物的辐射可直接用辐射接收器来确定，也可以通过与一般辐射器做比较来测定，在这些仪器中，热灯丝高温计应用最广，且具有高测温精度。

(2) 带通辐射高温计和全辐射高温计 全辐射高温计在整个光谱范围内测量被测表面的辐射量。由于所有的透镜、窗口和辐射接收器均工作在有限的波长范围内，严格来说没有什么全辐射高温计，而只是带通辐射高温计。但是，通常约定，当由一定的温度所引起的辐射量至少有 90% 的能量被获取时，则称这种高温计为全辐射高温计。

对全辐射高温计来说，实际上只能使用热辐射接收器及某些特殊的透镜材料。能将辐射送至接收器的凹透镜最接近于理想的透光光学系统，其中仪器内部则由一层能透过红外光的箔来加以保护。这种仪器适用于低温测量。

全辐射温度计的测量范围在所有高温计中是最大的。根据仪器的组成方式,其测量范围为 $-50\sim200$ ℃。在全辐射测量时,必须已知全发射度,因为如果辐射体不是黑体的话,那么此时所测得的全辐射温度便会下降很多。因而在全辐射高温计中所加的校正量要比分光高温计中的矫正量大得多。根据斯蒂芬-玻尔兹曼定律计算所得的温度偏差值,可知全辐射高温计和带通辐射高温计主要用于测量那些具有高发射率的金属(如炉中的热金属、低温下的非金属等)表面温度。

3. 辐射式温度计的动态特性

热激励的辐射可以传递能量而不需要介质,因而这种传递是无惯性的。相对接触式测温技术而言,辐射测量技术的这种基本特性是一大优点。然而从仪器技术角度考虑,对于实际应用,这种辐射温度计还存在某些局限性。如果不是直接测量原辐射体的辐射,而是通过某个辅助辐射体来进行测量,测量链上就会出现附加的热传递环节,它在某种环境下会带来很大的延迟作用。对辐射接收器来说也有类似情形。由热电偶或电阻测温元件组成的高温计中,测量原理是建立在通过产生辐射对探头加热的基础之上的。尽管探头可做得很小,这种类型仪器的时间常数还是在百分之几秒到几秒之间。尽管如此,这种高温计还是比相应的接触式温度计的响应快,因为接触式温度计的保护管通常是导致较长时间常数的原因。响应最快的辐射式温度计是辐射接收器类,它包含光电接收器件,其时间常数常在几微秒到几毫秒之间。

辐射式温度计的延迟一般较小,适合于通常温度范围内热跟踪很快的冷却或加热过程,而接触式温度计由于它们固有的惯性则不能用于这些过程。

4. 辐射式温度计的应用

在工业领域内,如冶金等场所广泛使用辐射式温度计。辐射式温度计尤其适用于高温领域,所有其他的仪器均不能胜任这种场合的测量任务。由于在制造光学的高温计和电气的高温计方面取得了很大的进步,此类温度计的测量范围进一步扩展到红外范围并能测量很低的温度。因此,如何用辐射式测温技术来测量非金属材料已成为一个现实的工程测量课题。用高温计能测量低温,因此它能应用于其他一些领域,如地理、化学、医学等领域。这方面的一个典型应用是红外热成像。采用红外摄像机可以很快地得到温度照片,这些照片在对测量信号做处理后能显示出温度梯度、等温线或等温面。温度差以不同的灰度值或颜色值出现。红外摄像机由一高温计和一光电辐射接收器组成。仪器机械地在两个方向上对被测物进行扫描。采用高扫描频率,在荧光屏上会产生一个真实的图像。这些温谱图的分辨率为 $0.05\sim1$ K,测量范围与普通高温计的相同。

辐射式测温的主要缺点是未知发射度和干扰辐射会引起较大的测量误差。但在做相对温差测量时,或者把被测信号用于调整或控制目的并做进一步处理时,上述缺点并不十分重要。

6.4.4 温度测试实例

某一粮库仓房的基本情况如下:仓房跨度为 21 m,长度为 54 m,堆粮高度约 5.7 m,储藏 2002 年收获的本地产杂交稻谷。为了监测粮库仓房内粮食的温度变化情况,需要对其进行长期温度监测。

图 6-52 测温系统硬件结构图,监测过程中,测温分机是整个粮仓无线测温系统中具体执行测温任务的部分。测温分机安置在粮仓内部,通过 RS485 总线与仓外的测控分机联系。测温分机的控制器选用 LPC932A 单片机,LPC932A 的 UART 连接 SP3485 转换为 485 总线协

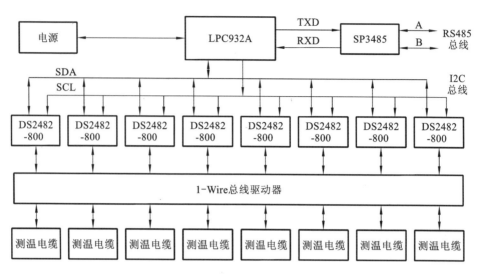

图 6-52　测温系统硬件结构图

议,与仓外的测控分机并联在一起。LPC932A 的 I2C 接口在测温分机中起到控制仓内所有测温传感器的作用,I2C 总线上挂载了八个 DS2482-800 I2C 转 Maxim 1-Wire 总线接口器件,每个 DS2482-800 带有 8 个 1-Wire I/O 接口,测温电缆接到这些 I/O 接口上,测温电缆中温度传感器选择 WZP-Pt100(A 级:−50～350 ℃,±(0.15+0.002|T|)℃)温度传感器。

　　根据仓房长度及跨度尺寸,在长度方向上划分为 12 个区,每个区在跨度方向划分为 5 个组。每组对应一根测温电缆,每根测温电缆垂直打入粮堆,在垂直方向上分出 4 层,每层布置一个测温点。试验仓房的粮堆内一共布置了 60 根测温电缆,包括 240 个测温点。在粮仓水平方向上,根据每根测温电缆所在位置以及相应温度变化情况的不同,划分为中央区以及四周区两大区块,其中四周区由南墙区、北墙区、东墙区以及西墙区 4 个小区块组成。在竖直方向上的 4 个测温层,分别称为顶层、中上层、中下层以及底层。此外,每座粮仓内还在粮堆上方空间中央位置布设一根电缆,用以采集仓内空间温度(即仓温)。仓房的测温点布置及测温区域的划分见图 6-53。

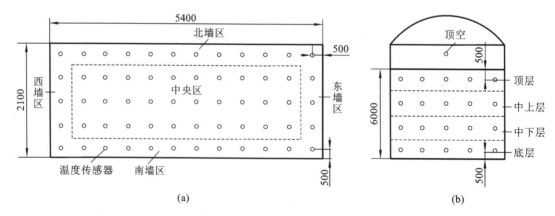

图 6-53　粮仓内温度传感器布置及测温区域的划分

(a) 水平截面图；(b) 垂直截面图

　　利用粮情监测系统,在试验测试期间内,每周定时(上午 9:00—11:00)采集记录一次各测温点的数值。中央区、四周区、粮堆顶层、中上层、中下层以及底层,各个区域内的平均粮温,采用相应区域内各测温点的温度算术平均值。在此基础上,对每个月计算得到的 4 次温度值,再次进行算术平均,得到各区域内每个月的平均粮温,其中粮仓垂直方向上的温度随时间变化曲线如图 6-54 所示。

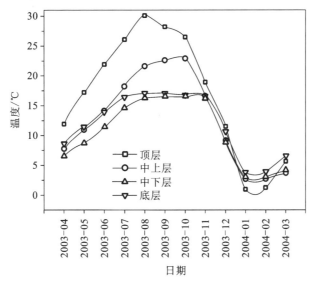

图 6-54　垂直方向上温度变化情况

6.5　流体参量的测试

压力和流量等流体参量的测试,在众多工程领域中都具有十分重要的意义。在压力和流量测试中,测量装置的测量精确度和动态响应除了和其他参量一样,与传感器以及整个测量系统的特性有关外,还与由传感器、连接管道等组成的流体系统的特性有关。这是流体参量测试所不能忽视的。另外必须指出,在工程应用中往往要同时测试流体的多种参量。例如,在液压马达的效率试验中,需同时测量液压马达的进口压力、出口压力、转矩、流量等参量,并据此计算出液压马达的容积效率、机械效率和总效率。

6.5.1　压力的测试

单位面积上所受流体的作用力在物理学中称为流体的压强,而工程上则习惯于称其为压力。在国际单位制(SI)中,压力的单位为 Pa(帕),1 Pa＝1 N/m²。

作用在确定面积上的流体的压力很容易被转换成力,因此压力测试和力测试有许多共同之处。常用的两种压力测试方法是静重比较法和弹性变形法。前者多用于各种压力测试装置的静态定度,而后者则是构成各种压力计和压力传感器的基础。

压力测试装置大多采用表压和真空度作为指示值,而很少采用绝对压力。

1. 弹性式压力敏感元件

某种特定形式的弹性元件,在被测流体压力的作用下,将产生与被测压力成一定函数关系的机械变形(或应变)。这种中间机械量可以通过各种放大杠杆或齿轮副等转换成指针的偏转,从而直接指示被测压力的大小。中间机械量也可通过各种位移传感器及相应测量电路转换成电量输出。由此可见,感受压力的弹性敏感元件是压力计和压力传感器的关键部件。

通常采用的弹性式压力敏感元件有波登管、膜片和波纹管三类，如图 6-55 所示。

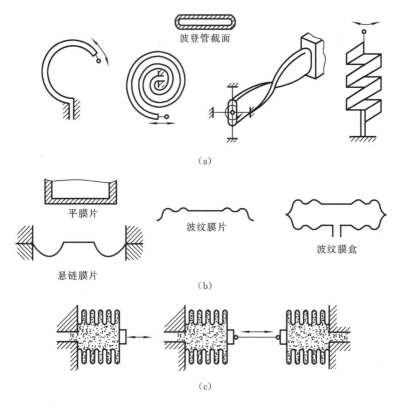

图 6-55　弹性式压力敏感元件

(a) 波登管；(b) 膜片；(c) 波纹管

波登管是有大多数指针的弹性敏感元件，同时也被广泛用于压力变送器中。变送器用于稳态压力测量，其输出量为电量。图 6-55(a) 所示各种形式的波登管，都是横截面为椭圆形或平椭圆形的空心金属管子。当这种弹簧管一端通入有一定压力的流体时，内外侧的压力差（外侧一般为大气压力）将迫使管子截面椭圆形向圆形变化。这种变形导致 C 形、螺线形和螺旋形波登管自由端产生位移，而扭转型波登管的输出运动则是自由端的角位移。

对 C 形、螺线形和螺旋形波登管的理论研究表明，管子横截面的纵横直径比愈大，则其灵敏度愈高，但强度愈低。C 形波登管可用于测量高达几百兆帕的压力。螺线形和螺旋形的结构，在同样的压力下可比 C 形结构得到更大输出位移，但它们主要用于测量7 MPa以下的压力。扭转型波登管的自由端设有交叉稳定结构，这种结构径向刚度很大，而对于端部的转动则是柔性的，从而大大减小了由于冲击和振动所引起的端部径向运动。这种波登管的可测压力达 20 MPa。

不同材料的波登管适用于不同压力和介质。当压力低于 20 MPa 时，一般采用磷铜；压力高于 20 MPa 时，则采用不锈钢或其他高强度合金钢。

虽然用波登管作为压力敏感元件可以得到较高的测量精确度，但由于它的尺寸较大，固有频率较低以及有较大的滞后，故不宜作为动态压力传感器的敏感元件。

中、低压力传感器多采用平膜片作为敏感元件，如图 6-55(b) 所示。这种敏感元件是周边固定的圆形平膜片。其固定方式有周边机械夹固式、焊接式和整体式三种，如图 6-56所示。尽管机械夹固式的制造比较简便,但由于膜片和夹紧环之间的摩擦会产生滞后等问题,故较少采用。

以平膜片作为压力敏感元件,一般采用位移传感器来感测膜片中心的变位或在膜片表面粘贴应变片来感测其表面应变。理论分析表明,当周边固定的平膜片的一侧受到流体压力的作用时,压力和膜片中心变位的关系是复杂的非线性关系。但当变位较小(即变位与膜片厚度之比较小)时,弯曲应力占支配地位,可近似认为膜片中心的变位与膜片一侧所受到的流体的压力或两侧的压力差呈线性关系。

悬链膜片是一种受温度影响较小的膜片。

当被测压力较低,平膜片产生的变位过小,不能达到所要求的输出时,可采用波纹膜片和膜盒。一般波纹膜片中心的最大变位量约为其直径的 2%,它适用于稳态低压(数兆帕)测量或作为流体介质的密封元件。

波纹管(见图 6-55(c))也可在较低压力下得到较大的变位。它可测试的压力较低,对于小直径的黄铜波纹管,最大允许压力约为 1.5 MPa。无缝金属波纹管的刚度与材料的弹性模量成正比,且与壁厚成近似的三次方关系,而与波纹管的外径和波纹数成反比。

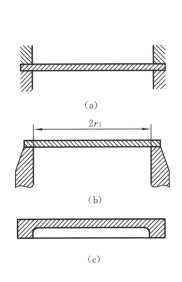

图 6-56　平膜片

(a) 机械夹固式;(b) 焊接式;(c) 整体式

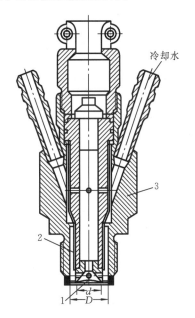

图 6-57　悬链膜片-应变筒式压力传感器

1—膜片;2—应变圆筒;3—壳体

2. 常用压力传感器

以下介绍用于动态压力测量的应变式、压阻式和压电式压力传感器。

1) 应变式压力传感器

目前常用的应变式压力传感器有悬链膜片-应变筒式、平膜片式和管式等。它们的共同特点是利用粘贴在弹性敏感元件上的应变片,感测其受压后的局部应变,从而测得流体的压力。下面以悬链膜片-应变筒式压力传感器为例来讨论。

悬链膜片-应变筒式压力传感器的结构如图 6-57 所示。当膜片 1 受到流体压力作用时,圆筒 2 受到压缩,产生应变。在圆筒薄壁部分的外表面上,沿轴向粘贴工作应变片,沿横向粘贴温度补偿片,将工作片和补偿片接成半桥,通过相应的测量电路,即可得到与被测量压力成正比的电压(或电流)输出。

我国广泛使用的 BPR-2 型压力传感器即属此类。

这种传感器的承压膜片以应变筒直径为界分为内、外两部分，其径向剖面呈悬链线形，膜片的抗弯刚度很小。这样，应变筒的轴向压应变可以由下式估算。

$$\varepsilon_x = \frac{A_1}{AE} p \qquad (6-45)$$

式中：p 为被测压力(Pa)；A 为应变筒的横截面积(m^2)；E 为应变筒材料的弹性模量(N/m^2)；A_1 为承压膜片的有效工作面积(m^2)。

如图 6-57 所示，在外壳内径 D 确定的情况下，d 越大则承压膜片的有效工作面积也越大，这对提高传感器的灵敏度有利。但是 d 增大，应变筒膜片的接触面积就要增加，从而受温度影响增大。

悬链膜片压力传感器的线性误差较大。包括非线性、回程误差和蠕变在内的总线性误差一般为 1‰，此外，这种传感器承压膜片的有效工作面积随压力的增大而减小，而且在压力作用下膜片边缘部位出现较大的局部弯曲应力，这都是产生非线性的重要原因。当应力超过材料的屈服极限时，就会出现回程误差、蠕变等问题。所有这些因素引起的线性误差，都将随着膜片直径的增大而减小。

2）压阻式压力传感器

压阻式压力传感器的敏感元件，是在某一晶面的单晶硅平膜片上，沿一定的晶轴方向扩散的一些长条形电阻。硅膜片的加厚边缘烧结在有同样膨胀系数的玻璃基座上，以保证温度变化时硅膜片不受附加应力的作用。硅膜片受到流体压力或压差作用时，内部将产生应力，从而使扩散在其上的电阻的阻值由于压阻效应而发生变化。它的灵敏度一般要比金属材料应变片高几十倍。

3）压电式力传感器

压电式力传感器是专门用于动态压力测量的一种性能较好的压力传感器，可以测量几百帕到几百兆帕的压力，且外形尺寸可以很小(直径为几毫米)。这种压力传感器和其他压电加速度计以及压电力传感器一样，需采用有极高输入阻抗的电荷放大器做前置放大，其可测频率下限是由这些放大器决定的。

3. 压力变送器

压力变送器是输出为标准信号的压力传感器，但压力变送器用于静态压力的测量，并且要求有较高的静态精确度。

压力变送器作为一种工业控制仪表，广泛应用于各工业部门的过程压力监测和控制。虽然它的类型繁多，量程和性能各异，但一般总是由波登管、膜片、膜盒、波纹管等弹性元件和各种位移传感器组合而成的。

6.5.2　流量的测试

流量测试是研究物质量变的科学，质和量的互变规律是事物联系与发展的基本规律，因此，其测量对象已不限于传统意义上的管道流体，凡是需要掌握流体流动规律的地方都有流量测试的问题。

工业生产过程是流量测试与仪表应用的一大领域，流量与温度、压力和物位一起统称为过程控制中的四大参数，人们通过这些参数对生产过程进行监视与控制。对流体流量进行正确测量和调节是保证生产过程安全运行、提高产品质量、降低物质消耗、提高经济效益、实现科学管理的基础。在整个过程检测仪表中,流量仪表的产值占 1/5~1/4。

流量计多种多样:有用于油、气、水、蒸汽等介质的流量测量计;有用于实验室、工业、贸易等计量场合,完成各种不同的计量任务的流量计。若按测量原理分则有:差压式流量计、速度式流量计、容积式流量计和质量式流量计四大类。

1. 差压式流量计

差压式流量计是指在管道中安装某种节流元件(如孔板、喷嘴、文丘里管等)的流量计,当液体流过节流元件时,在它前后形成与流量成一定函数关系的压力差,通过测量此压力差,即可确定通过的流量。这种流量计主要由节流元件和差压计(或差压变送器)两部分组成。

图 6-58 是采用孔板作为节流元件的差压流量计。在管道中插入一片中心开有锐角孔的圆板(俗称孔板),当液体流过孔板时,流束截面缩小,流速加快。根据伯努利方程,压力必定下降。分析表明,若在节流装置前后端面处取静压力 p_1 和 p_2,则流体体积流量为

$$q_v = \alpha A_0 \sqrt{\frac{2}{\rho}(p_1 - p_2)} \qquad (6\text{-}46)$$

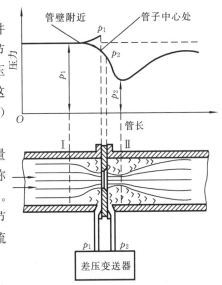

图 6-58　差压流量计原理图

式中:q_v 为体积流量;ρ 为液体的密度;A_0 为孔板开孔面积;α 为流量系数,与流道尺寸、取压方式和流速分布状态等有关。

以上分析表明,在管道中设置节流元件就是要造成局部的流速差异,得到与流速成函数关系的压差。在一定的条件下,流体的流量与节流元件前后压差的平方根成正比。采用压力变送器测出此压差,经开方运算后便得到流量值。在组合仪表中有各种专门的职能单元。若将节流装置、差压变送器和开方器组合起来,便得到测量流量的差压流量变送器。

上述流量-压差关系虽然比较简单,但流量系数 α 的确定却十分麻烦。大量的试验表明,只有在流体接近充分紊流时,即雷诺数 Re 大于某一界限值(约为 10^5 数量级)时,α 才是与流动状态无关的常数。

差压流量计在较好的情况下测量精度为 $\pm(1\%\sim2\%)$。但实际使用时,由于雷诺数及流体温度、黏度、密度等的变化,以及孔板孔口边缘的腐蚀磨损程度不同,精度常远低于 $\pm2\%$。

2. 容积式流量计

容积式流量计实际上就是某种形式的容积式液动机。液体从进口进入液动机,经工作容腔,由出口排出,使得液动机轴转动。对一定规格的流量计来说,输出轴每转一周所通过的液体体积是恒定的,此体积称为流量计的每转排量。测量输出轴的平均转速,可得到平均流量值;而累计输出轴的转数,即可得到通过液体的总体积。

容积式流量计有椭圆齿轮流量计、腰形转子流量计、螺旋转子流量计等。另外,符合一定要求的液动机也可用来测量流量。

如图 6-59 所示为椭圆齿轮流量计的工作原理。在金属壳体内,有一对精密啮合的椭圆齿轮,当流体自左向右通过时,在压力差的作用下产生转矩,驱动齿轮转动。例如,齿轮处于图

6-59(a)所示的位置上时，$p_1 > p_2$，A 轮左侧压力大，右侧压力小，产生的力矩使 A 轮做逆时针转动，A 轮把它与壳体间月牙形容积内的液体排至出口，并带动 B 轮转动。在图 6-59(b)的位置上，A、B 两轮都产生转矩，于是继续转动，并逐渐将液体封入 B 轮和壳体间的月牙形空腔内。到达图 6-59(c)所示的位置时，作用于 A 轮上的转矩为零，而 B 轮左侧的压力大于右侧，产生转矩，B 轮因而成为主动轮，带动 A 轮继续旋转，并将月牙形容积内的液体排至出口。如此继续下去，椭圆齿轮每转一周，就向出口排出四个月牙形容积的液体。累计齿轮转动的圈数，便可知流过的液体总量。测定一定时间间隔内通过的液体总量，便可计算出平均流量。

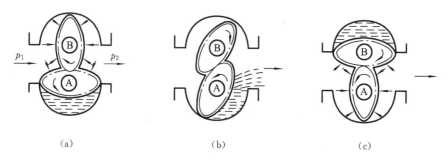

图 6-59　椭圆齿轮流量计
（a）A 轮带动 B 轮转；（b）A、B 轮都转；（c）B 轮带动 A 轮转

由于椭圆齿轮流量计是由固定容积来直接计量流量的，故与流体的流态（雷诺数）及黏度无关。然而，黏度变化要引起泄漏量的变化，从而影响到测量精确度。椭圆齿轮流量计只要加工精确，配合紧密，并防止使用中腐蚀和磨损，便可得到很高的精确度。一般情况下测量精确度为 0.5%～1%，较好的可达 0.2%。

应当指出，当通过流量计的流量为恒定时，椭圆齿轮在一周内的转速是变化的，但每周的平均角速度是不变的。在椭圆齿轮的短、长轴之比为 0.5 的情况下，转动角速度的脉动率接近于 0.65。由于角速度的脉动，不能用测量瞬时转速来表示瞬时流量，而只能用测量整圈数的平均转速来确定平均流量。

椭圆齿轮流量计的外伸轴一般带有机械计数器，由它的读数便可确定通过流量计的液体总量。将这种流量计同秒表配合，可测出平均流量。但由于用秒表测量的人为误差大，因此测量精确度很低。有些椭圆齿轮流量计的外伸轴带有测速发电机或光电测速孔盘。前者是模拟电量输出，后者是脉冲输出。采用相应的二次仪表，可读出平均流量和累计流量。

3. 其他流量计

许多流速计（流速传感器）都具有体积小、动态特性好等优点，常用它们来测量流量。因为如能测到某截面的平均流速，便可得出该截面的流量。比较常见的有：电磁流量计、热线流速计和激光多普勒流速计。

电磁流量计是以测量流速为基础的。当导电流体流经处于磁场中的管道时，在磁场作用下，将产生一个与流速成正比的感应电动势。此流量计可用于导电流体流量的测量。热线流速计是将通电发热的导线置于流动着的流体中，流体带走与流速有关的热量，通过测量导线温度的变化，或通过测量维持导线温度不变所需的电流来测得流速。

另外，在小流量测量中，经常使用转子流量计。它也是利用节流原理工作的流量测量装置。与上述差压流量计不同之处是它的压差是恒定的，而节流口的过流面积却是变化的。

6.6 噪声的测试

噪声是指不需要的声音。随着现代工业的发展,噪声污染已成为主要的环境公害之一。长期受强噪声刺激,将导致听力损失,甚至引起心血管系统、神经系统及内分泌系统等方面疾病。噪声不仅危害人们的健康,并影响人们的生活、工作,是当今四大公害之一。控制噪声、保护环境已成为人们的共识。其中,噪声测试是重要的一环,占有举足轻重的地位。

6.6.1 噪声的测量

1. 声波的本质和特性

当波在空气中传播时,空气质点被迫在原位置上沿传播方向做振动,空气密度因此发生周期性疏密变化,空气压强也随之增高和降低,因此,声波是一种叠加在大气压力上的压力波。声压是大气压力的一种附加变化量。

声波的频率 f、周期 T、波长 λ 和声速 c 之间有如下关系:

$$\lambda = cT = \frac{c}{f} \tag{6-47}$$

声波传播的区域称为声场。当传播不受任何阻碍、无反射存在时,称之为自由声场。当传播只受到地面的反射而其他方面不受任何阻碍时,则称之为半自由声场。如果声波在声场中受到边界的多次反射,使得声场中各点的声压相同,这种声场就称为扩散声场。

声波具有一般波的特性,如反射、折射、衍射和干涉。同频率的声波在传播中相遇会发生干涉,相遇处的声波相互加强或削弱。在传播路程中,声波会因受到介质的吸收而衰减。

2. 噪声的物理度量

噪声的强弱通常采用声压、声强和声功率等参量来测量,其中声压是较容易测得的参量。

(1) 声压。当声波在空气中传播时,所到之处的空气压强便是在大气压强上叠加一个由声波所产生的周期性动态压强量,此动态压强称为声压。在声压测量中,极少考虑压强的瞬时值,而用它的均方根值(有效值)来表示并记为 p,单位是 Pa。声压是一种标量。正常人耳刚刚能听到的 1 000 Hz 纯音的声压为 2×10^{-5} Pa,称为听阈声压,在声学中用来作为基准声压,记为 p_0。

(2) 声强。声强是单位时间内通过与声音传播方向相垂直的单位面积上的声能,记为 I,单位为 W/m^2。声强与声压有关,其关系随声场类型的不同而不同。对于自由场,则有

$$I = \frac{p^2}{c\rho} \tag{6-48}$$

式中:p 为测量点的有效声压;ρ 为介质密度;c 为在该介质中的声速。其中 ρ、c 称为介质特性声阻抗。当空气温度为 20 ℃时,其特性声阻抗为 408 Pa·s/m^3。

应当注意,声强既有大小又有方向,是一矢量,其方向为声能的传播方向。在自由场中,与听阈声压相应的声强是 10^{-12} W/m^2,并以此值作为基准声强,记为 I_0。

(3) 声功率。声功率是指声源在单位时间内发射出的声能,记为 W,单位为 W(瓦)。通常用 10^{-12} W 作为基准声功率,记为 W_0。声功率是声源的基本物理特性,是评价和比较声源最重要的参数。当声源和观察点的距离大于声源尺寸时,此声源可视为点声源。在自由场中,声源能等同地向各个方向发射声能。若介质不吸收能量,声源发出的全部声功率将通过观察

处所在的球面。因此，声源的功率 W 被该球表面积除就得到观察处的声强 I，即

$$I = \frac{W}{4\pi r^2} \tag{6-49}$$

式中：r 为声源到观察处的距离。

在此基础上，不难理解声强与距离的平方成反比关系，即

$$\frac{I_1}{I_2} = \frac{r_2^2}{r_1^2} \tag{6-50}$$

式中：I_1、I_2 为自由场中同一方向上与声源距离为 r_1、r_2 处的声强。

3. 声测量中的级

基于两方面的原因，声测量采用对数标度而不采用线性标度。首先声测量往往涉及范围很大的量值处理，例如，从正常人耳的听阈声压（20 μPa）与使正常人耳产生痛感的声压（称为痛阈声压，它为 20 Pa），两者比值高达 10^6。如用线性标度，必将导致多位数字使用的麻烦。其次，人耳对声刺激的响应并不是线性的。因此，采用测量值与标准值之比的对数来表示声学参量会更为方便些。

基于这样的考虑，专门定义声压级和声功率级来测量声音的相应特性。

（1）声压级。声压级 L_p 定义为

$$L_p = 10\lg\left(\frac{p}{p_0}\right)^2 = 20\lg\frac{p}{p_0} \tag{6-51}$$

式中：p 为被测声压（有效值）；p_0 为基准声压，通常为 20 μPa。

声压级的单位为 dB（分贝），因此不难算出正常人耳的听阈声压级为 0 dB，而痛阈声压级为 120 dB。

（2）声功率级。声功率级 L_W 定义为

$$L_W = 10\lg\frac{W}{W_0} \tag{6-52}$$

式中：W 为声功率；W_0 为基准声功率，通常为 10^{-12} W。

同样，声强级 L_I 定义为

$$L_I = 10\lg\frac{I}{I_0} \tag{6-53}$$

4. 噪声的频谱

频率是决定声音高低的主要因素。声音（尤其是噪声）的频率成分一般是很复杂的。声音的频谱能清楚地表明声音在不同频率范围内强度的分布状况，表明声音中含有哪些频率成分、各频率成分的强弱、有哪些频率成分占主导地位，进而可以查明这些主导频率成分产生的主要原因。因此，测量声音的频谱往往是噪声测量的重要组成部分。

对噪声进行频域分析时，一般是按一定宽度的频带来进行的，即分析各频带的声压级。最常用的频带宽度是 1 倍频程和 1/3 倍频程。表 6-7 列出了两者的中心频率和频率范围。但在寻找声源时，需要使用更窄的带宽来分析噪声的频谱。

表 6-7　倍频程下的中心频率和频率范围　　　　　　　（单位：Hz）

中 心 频 率	频 率 范 围	中 心 频 率	频 率 范 围
31.5	22.4～45	125	90～180
63	45～90	250	180～355

续表

中 心 频 率	频 率 范 围	中 心 频 率	频 率 范 围
500	355～710	4 000	2 800～5 600
1 000	710～1 400	8 000	5 600～11 200
2 000	1 400～2 800	16 000	11 200～22 400

6.6.2 噪声测试常用仪器

噪声测试系统有两大类。它们分别以声级计和声强计为核心。目前常用的是以声级计为核心的声测量系统,它大致包含传声器、声级计、频谱分析仪、校准器,以及一些其他附加设备如记录仪、示波器等。以下着重介绍传声器和声级计。

1. 传声器

传声器就是噪声测试传感器,其基本功能是把声波信号转换成相应的电信号。理想的传声器应具备下列一些性能。

(1) 和声波波长相比,传声器的尺寸应很小,满足此条件便可忽略它在声场中所引起的声反射和绕射的影响。

(2) 传声器应是一个线性系统,其灵敏度应为常数,不受输入声压的影响。

(3) 应具有良好的频率特性,即应具有平坦的频带宽度,输出电信号和声波信号之间没有相移。

(4) 应具有高的灵敏感度、足够的动态范围和低的电噪声。

(5) 传声器的敏感元件应具有高的声阻抗,以免干扰声场、影响被测声压值。

(6) 应具有良好的长期稳定性,其输出不受温度、湿度、大气压和风速的影响。

还没有一种传声器能满足上述的全部要求,唯有电容式传声器较接近上述要求,因而其成为噪声测试中最常用的传声器。

电容式传声器如图 6-60 所示。在电容式传声器中,振膜(绷紧的金属膜片)和背极组成极距变化型电容器。背极上有若干个阻尼孔,振膜振动时所形成的气流通过这些小孔产生阻尼效应,能抑制振膜共振时的振幅,防止振幅过大而导致振膜破裂。壳体上的均压孔用来平衡振膜两侧的静压力,以防止振膜被压破。声压是一种动态量,毛细孔式的均压孔限制了它对内腔的作用,从而保证振膜只受外侧声压的作用。

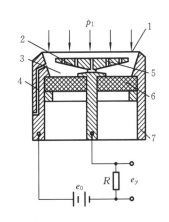

图 6-60 电容式传声器
1—振膜;2—背极;3—内腔;4—均压孔;
5—阻尼孔;6—绝缘体;7—壳体

将电容式传声器和一个高阻值的电阻 R 与极化电压源 e_0 串接。极化电压源既起着激励电源的作用,又使两极之间产生一定的静电作用力以确定无声压时振膜的位置。显然,若振膜不振动,则电容参数无变化,电阻 R 中无电流流过,输出电压 e_y 为零;反之,当振膜接收到一个声压时,由于声压是一种动态量,所以振膜产生振动从而使电容量不断地改变,这样就有电流流过电阻 R,产生一定的输出电压 e_y。

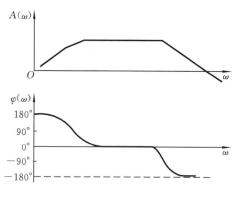

图 6-61 电容式传声器的频率特性

电容式传声器的频率特性如图 6-61 所示。

2. 声级计

1）声级计的分类

声级计是噪声测试最基本的仪器。通常按声级计的性能和使用范围可将其分为普通声级计、精密声级计、脉冲声级计、积分声级计、频谱声级计等。

普通声级计一般用于精度要求较低的声级测试，如工矿企业、城市交通和环境噪声的测试。精密声级计除可完成普通声级计所能完成的测试外，还能完成要求更严格、更精确的声学测量。

脉冲声级计除具备精密声级计的功能外，还能对不连续的、持续时间很短的脉冲噪声或冲击噪声进行测量，可以测量脉冲有效值声压级或峰值声压级。枪炮声、冲压声、冲击声或锤击声，均使用脉冲声级计来测量。

积分声级计除具备一般精密声级计和脉冲声级计的功能外，还能测量一定时间间隔内的等效连续声级，时间间隔可在几秒到 20 多个小时范围内任意调节，特别适合于测量非稳态连续噪声的等效连续声级。

频谱声级计是由声级计和实时分析仪组合而成的。它除具备声级计功能外，还能对噪声进行 1/3 倍频程或 1 倍频程的频谱分析。

2）声级计的工作原理

声级计通常由传声器、放大器、衰减器、计权网络、检波器、指示器和电源等部分组成。图 6-62 所示为声级计的工作原理。积分声级计和脉冲声级计的工作原理要复杂一些，它们之间在测量部分没有明显差别，只是数据处理部分有差异。

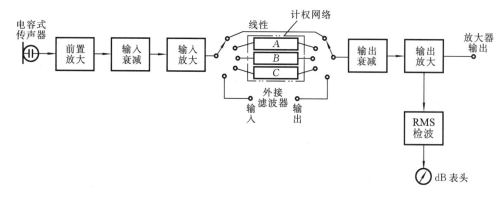

图 6-62 声级计的工作原理

6.7   图像检测

6.7.1 概述

图像作为人类感知世界的视觉基础，是人类获取信息、表达信息和传递信息的重要手段。数字图像处理技术兴起于 20 世纪 70 年代，它可以帮助人们更客观、准确地认识世界。

随着数字图像处理技术的发展,神经网络、专家系统、模糊处理等智能信息处理技术的成熟,出现了一种新型的检测技术——基于数字图像处理的智能检测技术。其在工业自动化、视觉导航、遥感遥测、气象预报、生物医学工程、考古、文化艺术等领域具有广阔的应用前景。

在计算机中,按照颜色和灰度值可以将图像分为二值图像、灰度图像、索引图像和真彩色RGB图像四种基本类型。数字图像处理主要包括图像数字化和编码压缩、图像增强和恢复、图像分割和描述、图像变换等内容。

6.7.2 图像采集

机器视觉系统通常包含光源、光学传感器、图像采集设备、图像处理设备、机器视觉软件、辅助传感器、控制单元和执行机构等。在一个图像采集系统中,图像处理设备的任务就是为相应的成像系统提取足够高质量的图像信息。

图像信息是由什么组成的呢? 在灰度图中,黑白像素值以一定的浓度分布在二维空间内。这里的浓度指光强,即在二维空间的每一个像素点上的光强分布,浓度越低表示该像素点越亮。所以,一幅图片是由空间信息及在该空间上的光强所构成的。

在彩色图像中,因为需要考虑光波长的信息,而彩色图像信息是由光、空间和波长组成的。对于变化的彩色图像,光到达图片的时间信息也需要考虑在内。因此,图像信息共包含四个因素:光强、空间位置、波长和时间。

在这些因素中,空间是二维的。波长信息一般用三原色来近似代替,所以也能认为波长信息是三维的,而时间是一维的。如图 6-63 所示,具有七个维度的四个参数的分布是一系列由光强、空间位置、波长和时间等因素组成的图像信息的点集。

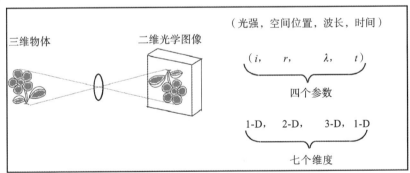

图 6-63 图像信息的四个参数

通常用准确度和范围等指标来表示图像质量的等级。准确度是指分辨能力,也就是信噪比(SNR),范围指该成像系统能够获取的信号的广度。高准确度和广范围的信息是构成高质量图像的重要因素。对光强来说,信息质量是由信噪比的水平决定的,而动态范围则描述了一个成像系统能够拍摄的最大和最小可测光强。

1. 成像系统

工业或科研领域的成像系统多种多样,常见的有工业 CCD/CMOS 相机、工业显微镜、红外成像仪等。千差万别的成像系统对现实世界中的可见光、红外光等实施某种转换,将物理量转换为电信号,再经图像采集设备采样、量化后生成数字图像。图 6-64 为简化的成像系统框图。

工业领域的多数成像系统都由镜头子系统和图像传感器以及其他辅助设备构成。镜头子

图 6-64　成像系统框图

系统负责对外部光线进行调制或变换,确保观测目标可以成像到图像传感器的芯片上。图像传感器负责对光线进行光电转换,并在各种辅助设备的配合下对电信号进行加工,以各种标准输出含图像信息的电信号供计算机进行处理。

影响成像系统成像质量的因素较多,主要包括光源、系统分辨率、像素分辨率、对比度、景深、投影误差和镜头畸变等。

（1）镜头。

如果将机器视觉系统与人类视觉系统进行类比,相机的传感器芯片就如同人的视网膜,镜头则相当于眼睛内的晶状体。各种现实世界中的图像都通过这个"晶状体"对光线进行变换（汇聚）后,投射在"视网膜"上。在机器视觉系统中,镜头常和相机作为一个整体出现,它的质量和技术指标直接影响成像子系统的性能,合理地选择和安装镜头是决定机器视觉成像子系统成败的关键。

机器视觉成像系统使用的镜头通常由凸透镜和凹透镜结合设计而成。两种透镜成像均遵循高斯成像公式,通过把它们结合使用,在校正各种像差和失真后,可设计出具有不同结构和技术指标的复合镜头系统。与镜头相关的主要技术参数有镜头分辨率、焦距、最小工作距离、最大像面、视场/视场角、景深、光圈和相对孔径及其安装接口类型等。

选择镜头需要先了解项目工作环境对相机安装条件（工作距离）、要检测的最大范围（视场）、最小特征的尺寸和代表其分辨率的要求,然后根据这些条件来计算应使用何种镜头或相机。

（2）图像传感器。

早期的相机多基于显像管成像。随着集成电子技术和固体成像器件的发展,以电荷耦合器件（charge coupled device,CCD）为传感器的相机,因其与真空管相比具有无灼伤、无滞后、工作电压及功耗低等优点而被广泛应用,它能够将光线变为电荷存储起来,并可以在驱动脉冲的作用下将存储的电荷转移到与之耦合的区域。正是利用它的这一特点各种各样的 CCD 成像设备得以发明。

CCD 实际上可以被看作由多个 MOS（metal oxide semiconductor）电容组成。在 P 型单晶硅的衬底上通过氧化形成一层厚度为 $100\sim150$ nm 的 SiO_2 绝缘层,再在 SiO_2 表面按一定层次蒸镀一层金属或多晶硅层作为电极,最后在衬底和电极间加上一个偏置电压（栅极电压）,即可形成一个 MOS 电容器。

当在栅极上施加正电压时,其电场能够使衬底中分布均匀的载流子重新排列,带正电荷的空穴被排斥到远离电极处,带负电荷的电子被吸引到紧靠 SiO_2 的表面层。这就在衬底中形成了一个对于带负电荷的电子而言势能特别低的区域（耗尽层）。由于电子一旦进入该区域就很难自由逃出,故又称其为电子"势阱"。

当光线投射到 MOS 电容上时,光子穿过多晶硅电极及 SiO_2 层,进入 P 型硅衬底,光子的能量被半导体吸收,产生电子空穴对,产生的电子立即被吸引并储存在势阱中。由于势阱中电子的数量随入射光子（即光强度或亮度）增加而增加,而且即使停止光照,势阱中的电子在栅极电压未产生变化时在一定时间内也不会损失,这就实现了光电转换和对光照的记忆存储功能。

由此,可在 P 型硅衬底上生成多个 MOS 电容,来制作以其为基本单元的图像传感器。例如,可以将多个 MOS 电容排列成一行或点阵来扫描或抓取外部图像。考虑到集成芯片尺寸较小,因此可以结合透镜成像的特点,对场景所成的实像进行采集,这就是 CCD 相机的雏形,CCD 相机的工作原理如图 6-65 所示。

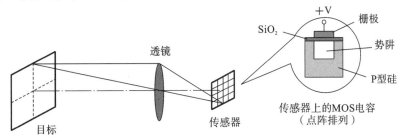

图 6-65　CCD 相机工作原理

CCD 的移位寄存器是一列排列紧密的 MOS 电容器,MOS 电容器上的电压愈高,产生的势阱愈深,当外加电压一定时,势阱深度随阱中的电荷量增加而线性减小。利用这一特性,可通过控制相邻 MOS 电容器栅极电压高低来调节势阱深浅。制造时将 MOS 电容紧密排列,使相邻的 MOS 电容势阱相互"沟通"。认为相邻 MOS 电容两电极之间的间隙足够小,在信号电荷自感生电场的库仑力推动下,就可使信号电荷由浅处流向深处,实现信号电荷转移。

根据 CCD 的电荷转移特性,可以按不同的方式排列并遮挡部分 MOS 电容,以制作各种类型的 CCD 图像传感器,如果再按照一定的时序和频率在栅极上施加高低电平,就可以将光电转换后的电荷提取出来生成电信号,来表示所观测区域的光线的强度变化。由于光电转换的关系可以根据 CCD 的特性获知,将多个 MOS 电容排列成一行或多行,来监测更大区域的光强变化,这就是 CCD 采集图像的基本工作原理。

CCD 图像传感器的光敏区域可以按一维线阵或二维面阵方式排列,即线阵传感器和面阵传感器,与之对应的相机就是线阵(线扫描)相机或面阵(面扫描)相机。

面阵 CCD 的优点是可以获取二维图像信息,测量图像直观;缺点是像元总数多,而每行的像元数一般较线阵少且帧幅数受到限制。而线阵 CCD 的优点是一维像元数可以做得很多,而且像元尺寸比较灵活,帧幅数高,特别适合用于一维动态目标的测量。在要求视场大、图像分辨率高的情况下甚至不能用面阵 CCD 替代。但是,要用线阵 CCD 获取二维图像,必须配以扫描运动。如果要确定图像每一像素点在被测件上的对应位置,还必须配以光栅等器件以记录线阵 CCD 每一扫描行的坐标。这就使得线阵 CCD 图像获取时间长,测量效率低,系统较复杂,而且图像精度可能受扫描运动精度的影响而降低,最终影响测量精度。

CMOS(complementary metal oxide semiconductor)图像传感器的光电转换原理与 CCD 图像传感器相同,二者的主要差异在于电荷的转移方式上。之所以采用两种不同的电荷传递方式,是因为 CCD 是在半导体单晶硅材料上集成的,而 CMOS 则是在金属氧化物半导体材料上集成的,工艺上的不同使得 CCD 能保证电荷在转移时不会失真,而 CMOS 则会使电荷在传送距离较长时产生噪声,因此使用 CMOS 时,必须先对信号放大再整合输出。

概括起来,两者有以下一些优缺点:

① CCD 传感器芯片将电荷转换为模拟信号,再经放大、A/D 转换后才以数字信号形式输出。

② CMOS 传感器芯片直接将每个电荷放大后转换为数字信号输出,往往成像一致性差。

③ CCD 在电荷转移过程中不会失真，且信号统一放大后才输出，因此成像质量和一致性高。

④ CCD 传感器有更大的填充因子和更高的信噪比，对光更加敏感，更适应低对比度的场合。

⑤ CMOS 传感器可以获得比 CCD 传感器高很多的图像传输速度，更适用于高速场合。

⑥ CMOS 传感器的信号经过放大后才进行传输，所以它的功耗要比 CCD 低，更适合用于便携设备。

⑦ CCD 制造工艺相对复杂，目前只有 Teledyne DALSA、Sony、Panasonic 等少数几个厂商掌握核心技术，所以它的价格一般较高。

（3）图像传感器的选型。

无论是 CMOS 或 CCD 图像传感器，其光电参数都可依据业界成熟的 EMVA 1288 标准进行评价，该标准是专为相机图像传感器的测试而设计的，其定义了一系列的参数以及规范化的测量方法，例如量子效率、动态范围、灵敏度等。

图像传感器的选型是决定成像系统性能的关键。在选型时，首先需要确定该成像系统的应用及拍摄环境参数，如所拍摄场景的大小及在该场景下需要解析的最小物体、拍摄距离、帧频、曝光时间、所拍摄场景内光强范围等。由上述参数可确定图像传感器的分辨率、像元尺寸、快门类型、帧频和动态范围等关键光电参数。

2. 图像采集系统

从硬件上看，图像采集系统一般包括照明系统、同步系统、扫描系统、光电转换系统和A/D转换系统五个部分。照明系统提供光源照射被采集对象，为光电转换系统提供足够亮度的光强度信号。同步系统提供整个图像采集系统的时钟同步，以使系统中的所有部件同步动作。扫描系统通过对整幅图像的扫描实现被采样图像空间坐标的离散化，并获得每一个采样点的光强度值。光电转换系统负责把扫描系统输出的与采样点属性对应的光信号转换为电信号，并提供必要的放大处理以与 A/D 转换系统相匹配。A/D 转换系统接收光电转换系统输出的电信号，经过采样保持、A/D 转换后，以数字信号形式输出，供存储、显示、传输和其他处理。

下面以在线尺寸测量为例介绍基于 CCD 的图像采集方法。在线尺寸测量系统原理结构如图 6-66 所示。整套图像测量系统由光学系统、彩色 CCD 摄像机、图像采集卡和计算机图像处理单元几部分组成。将检测到的被测对象图像以光信号的形式传送到 CCD 摄像机靶面，CCD 将被测对象图像转化为标准模拟视频信号并通过视频电缆传给图像采集卡，图像采集卡将模拟视频信号经过 A/D 转换，变成数字图像。数字图像由计算机中的图像处理软件单元进行计算分析，获取当前被测图像的具体尺寸信息。

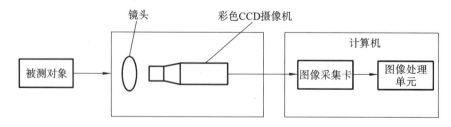

图 6-66　在线尺寸测量系统原理结构图

彩色 CCD 摄像机模仿人的视觉效果，其光谱响应与人的视觉的光谱响应一致。CCD 摄像机输出的是模拟图像信号，不能直接送入计算机内进行处理，需要通过图像采集卡实现信号调理及 A/D 转换等信号处理等功能。图像采集卡首先对视频信号进行预处理和同步分离。预处理主要是进行放大、信号限幅(保护 A/D 转换器)。同步分离电路主要是分离出信号中的行同步和场同步信号,供采集卡的时序电路使用。然后由高速的 A/D 转换器把处理后的视频信号转化为数字信号,在时序电路的控制下写入存储器,供计算机的图像处理单元进行图像分析和处理。

6.7.3　图像数字化

采集到的图像需要在软件里进行处理和分析。图像处理是指将模拟图像转换为数字图像,采用一定的算法进行运算和处理,以达到图像加工和分析的预期效果的过程。主要包括图像的数字化、图像的增强、图像的分割和特征提取等。

图像的数字化就是把一幅连续的光学图像表示成一组离散的数据,使其既不失真又便于计算机的分析处理的过程。通常,单色、二维的静止图像可以用其灰度来表示,灰度反映了人眼看到的图像效果,它由物体上的入射光照射光强(由光源决定)和物体表面的反射系数(由物体的材料及表面特性决定)两个分量组成,即

$$f(x,y) = i(x,y)r(x,y) \tag{6-54}$$

式中:$i(x,y)$ 为入射光照射光强,$0 < i(x,y) < \infty$;$r(x,y)$ 为物体表面的反射系数,$0 \leqslant r(x,y) \leqslant 1$,下限 0 表示全吸收,上限 1 表示全反射。

式(6-54)中 $f(x,y)$ 的取值空间中的每一个具体数值代表了由黑到白连续变化的灰度等级,相应的图像称为灰度图像。彩色图像的数学模型较复杂,实际测控系统中所涉及的图像大多为灰度图像,或者利用下面的亮度公式将基于 RGB 三基色描述的彩色图像转化为灰度图像,大大减少数据量,缩短图像处理时间,减少分析的计算工作量。

$$Y = 0.222R + 0.707G + 0.071B \tag{6-55}$$

将连续图像灰度函数 $f(x,y)$ 的空间坐标和幅值都进行离散化,就得到数字图像。这里,图像的数字化包含两个方面的内容,一是图像空间连续坐标的离散化,一是灰度函数的离散化。

如果将连续图像的空间坐标按等间隔采样,即 x、y 方向分别选取 M、N 个点,再将其幅值量化为 m 位,则得到 $M \times N$ 的离散化矩阵。矩阵中每个数据对应数字化图像的一个元素,称为像素。

$$(x,y) = \begin{bmatrix} (0,0) & (0,1) & \cdots & (0,M-1) \\ (1,0) & (1,1) & \cdots & (1,M-1) \\ \vdots & \vdots & & \vdots \\ (N-1,0) & (N-1,1) & \cdots & (N-1,M-1) \end{bmatrix} \tag{6-56}$$

再将每个像素的采样值量化为 G 个灰度等级(指一幅数字图像中不同像素的灰度可能取值,如 8 位灰度等级的取值范围为 0～255 的整数),即得到灰度的离散化结果,量化的实质就是确定采样后图像的每个采样点的灰度取值,它确定了可以用多少种颜色来描述图像采样后的每一个点。图像的采样点数越多(采样间隔越小、图像像素数越多、空间分辨率越高)、灰度等级越大(图像层次越丰富、灰度分辨率越高),图像则越清晰,需要的图像存储空间也越大。

6.7.4　图像增强

图像增强是图像处理的一个重要分支。它针对给定图像的应用场合,通过各种算法增强图像中的有用信息,有目的地强调图像的整体或局部特性,抑制不感兴趣的区域,扩大图像中

不同特征之间的差别，改善图像质量，加强图像判读和识别效果，使图像更能满足分析或机器决策的需要。

图像的平滑和滤波是图像增强的内容之一，其目的是消除图像上的噪声，并为图像分割做准备。图像平滑和滤波处理方法视噪声图像本身的特性而定，有空间域法和频率域法两大类。

1. 邻区平均

邻区平均是图像平滑和滤波的一种直接的空间域法。给定一个包含噪声的数字图像 $N \times N$ 的 $F(n_1, n_2)$ 阵列，可产生一个平滑了的图像 $Q(m_1, m_2)$ 阵列，其中各个阵元的灰度由邻区各个阵元灰度值的平均值来表示

$$Q(m_1, m_2) = \frac{1}{M} \sum F(n_1, n_2) \tag{6-57}$$

式中：$m_1, m_2 = 0, 1, \cdots, M-1$；$(n_1, n_2) \in s, s$ 是 $F(n_1, n_2)$ 阵列中 (m_1, m_2) 点附近的阵元集合。

例如，若点的坐标为 (m_1, m_2) 则其邻区阵元集的坐标可以是

$$s = \{(m_1, m_2+1), (m_1, m_2-1), (m_1+1, m_2), (m_1-1, m_2)\} \tag{6-58}$$

图 6-67 给出了两种邻区阵元集的组成，图 6-67(a)是由 4 个邻区阵元组成的集合，邻区半径为一个阵元间隔；图 6-67(b)是由 8 个邻区阵元组成的集合，邻区半径为 $\sqrt{2}$ 个阵元间隔。

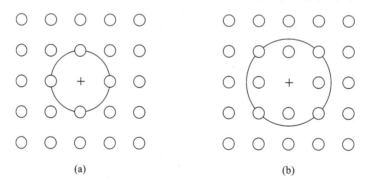

图 6-67　邻区集

(a) 4 个邻区阵元；(b) 8 个邻区阵元

邻区平均法原理简单，抑制噪声的效果也较明显，但存在着边缘模糊效应。随着邻域的增大，抑制噪声效果和边缘模糊效应也同时增加。

2. 空间域低通（卷积）滤波

由于图像中噪声空间相关性弱的性质，它们的频谱一般位于空间频率较高的区域，而图像本身的频率分量则处于较低的空间频率区域之内。因此，可以用低通滤波的方法来实现平滑。采用离散卷积可以实现滤波作用

$$Q(m_1, m_2) = \sum_{n_1} \sum_{n_2} F(n_1, n_2) H(m_1 - n_1 + 1, m_2 - n_2 + 1) \tag{6-59}$$

式中，Q 为 $M \times M$ 阵列；F 为 $N \times N$ 阵列；H 为 $L \times L$ 的脉冲响应阵列。

算子的类型决定了卷积运算如何对图像中的像素进行变换，算子中的元素值（权重）定义了它所覆盖的像素对中心像素的影响。在计算时，将算子由图像的左上角到右下角逐点平滑移动，每次滑动至一个新像素，都将算子中的每一因子作为权重值（绝对值越大，对中心点的影响越大），与它所覆盖的图像范围内的像素做加权求和，得到的结果作为它所覆盖的图像部分中心点的像素值。由此可见，图像卷积计算属于一种邻域处理方法。

下面列出几种用于平滑噪声的低通形式的算子阵列 H：

$$H_1 = \frac{1}{9}\begin{bmatrix} 1 & 1 & 1 \\ 1 & 1 & 1 \\ 1 & 1 & 1 \end{bmatrix}, H_2 = \frac{1}{10}\begin{bmatrix} 1 & 1 & 1 \\ 1 & 2 & 1 \\ 1 & 1 & 1 \end{bmatrix}, H_3 = \frac{1}{16}\begin{bmatrix} 1 & 2 & 1 \\ 2 & 4 & 2 \\ 1 & 2 & 1 \end{bmatrix}$$

这些阵列往往被称为抑制噪声的脉冲响应模板，它们都被归一化到单位加权，以免在处理后的图像中引起亮度出现偏置的现象。

3. 中值滤波

中值滤波是一种非线性的信号处理技术，它被用来抑制图像中的噪声。中值滤波的基本思想是利用像素点邻域灰度值来代替该像素点的灰度值。由于灰度值的选取不依赖于邻域内那些与典型值差别很大的值，因此，在去除脉冲噪声的同时能保留图像的边缘细节。

在一维的情况下，中值滤波器是一个滑动的窗孔，它含有奇数个像素。对应窗孔中心的像素的灰度值用窗孔中各灰度值的中间数值（即中值）来代替。一维中值滤波的模板如图 6-68 所示。

$m-2$	$m-1$	m	$m+1$	$m+2$

图 6-68　一维中值滤波的模板

如滑窗对准的 5 个像素，它们的灰度值为 $\{80,90,200,110,120\}$，则中值滤波选用其中值，即 110 来代替，因此，滤波结果为 $\{80,90,110,110,120\}$，因为这里灰度值按大小排列为 $(200, 120,110,90,80)$。

这种滤波方法可以在 200 为噪声时起到抑制作用。但当 200 是宽带传感器感受到的信号时，这种方法将起到抑制信号的作用。

相似地，二维中值滤波的模板如图 6-69 所示。即对于图像边缘像素进行处理时要补充四周的两行两列的像素。

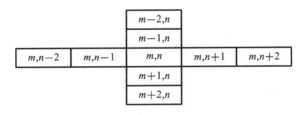

图 6-69　二维中值滤波的模板

中值滤波的窗孔越大，所起的滤波作用也越大。因此，可以先从小窗孔试起，由小到大，直到出现不能容许的、缺点超过优点的情况时为止。中值滤波容易去除孤立点及线的噪声，并且能够保持图像的边缘；它能很好地去除二值噪声，但不能去除高斯噪声。值得注意的是，当窗口内存在较多点、线以及尖角细节的噪声时，中值滤波的效果不佳。

4. 频率域图像增强

对于上述的离散卷积公式，可以根据卷积定理用频谱和传递函数加以表达，即

$$Q(u,v) = F(u,v)H(u,v) \tag{6-60}$$

式中：F 为 f 的傅里叶变换，即原图的频谱；H 为 h 的傅里叶变换，是低通滤波器的传递函数；Q 为 q 的频谱。

这里用低通滤波器 H 来平滑图像的频谱 F，即保留它的低频成分而抑制或清除它的高频

成分。下面列出几种低通滤波器的传递函数或频率特性的形式。

1) 理想低通滤波器

$$H(u,v) = \begin{cases} 1, D(u,v) \leqslant D_0 \\ 0, D(u,v) > D_0 \end{cases} \qquad (6-61)$$

式中：$D(u,v) = \sqrt{u^2 + v^2}$；$D_0$ 为截止频率，即 $H(u,0)$ 降到最大值的 0.707 倍时对应的频率。

由式(6-61)可以看出，理想低通滤波器让高于频率门限值 D_0 的信号值全部为 0，其他频率的信号保持不变。随着截止频率增大，越来越多的高频分量会被过滤掉，处理的图像也会越来越模糊，当然对噪声的平滑效果也越来越好。

理想低通滤波器处理的图像常会出现振铃现象(ringing artifacts)，截止频率越小，这种现象越严重。这是由频域的矩形滤波器传递函数的特性导致的，如图 6-70(a)所示，由于在通带频率与阻带频率之间无任何过渡，频率信号经傅里叶反变换至空域后为如图 6-70(b)所示的 sinc 函数，而 sinc 函数带有多次谐波会造成图像灰度的波动，从而产生振铃现象，如图 6-70(c)所示。"

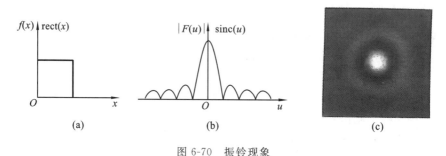

图 6-70　振铃现象

(a) 矩形信号；(b) 矩形信号的频谱；(c) 振铃现象

2) Butterworth（巴特沃思）低通滤波器

$$H(u,v) = \frac{1}{1 + \left[\dfrac{D(u,v)}{D_0}\right]^{2n}} \qquad (6-62)$$

式中：n 取正整数（代表 Butterworth 滤波器的阶数）。

与理想滤波器相比，经巴特沃思滤波器处理的图像模糊程度减小。巴特沃思滤波器的通带频率与阻带频率之间没有明显的不连续性，这使得经一阶巴特沃思滤波器处理的图像不会有振铃现象，但随着阶数的增大，振铃现象会逐渐显现。一般来说，二阶巴特沃思滤波器能有效地进行滤波且保留较小的振铃现象。也正是由于传递函数不具有陡峭的截止特性，其尾部含有较多的高频分量，因此它对噪声的平滑效果不如理想滤波器。

另外还有指数型和梯形低通滤波器，它们都能在图像内含有噪声干扰成分时起到改善的作用，但与此同时，也将使图像中的高频成分（即陡峭的变化）被当作噪声滤除，带来图像边缘模糊的副作用。

6.7.5　图像分割

图像分割是简化机器视觉算法的有效手段之一。它将图像分成一些有意义的区域，以便后续处理过程可基于这些区域提取目标的特征。图像分割的基础是像素的相似性和跳变性。相似性是指在某个区域内像素具有某种相似的特性,如灰度一样,纹理相同;跳变性是指特性的不连续性,如灰度值突变。经图像分割过程得到的区域一般互不交叠,每个区域内部的某种特性相同或接近,而不同区域间的特性则有明显差别。

图像分割的方法较多,依据处理对象的不同可分为点、线和区域分割法。根据分割算法,则有阈值分割法、边缘分割法、区域分割法和形态学分割法等。

1. 阈值分割

图像阈值分割(thresholding)法可将图像按照不同灰度分成两个或多个等间隔或不等间隔灰度区间。它主要利用检测目标与背景在灰度上的差异,选取一个或多个灰度阈值,并根据像素灰度与阈值的比较结果对像素进行分类,用不同的数值分别标记不同类别的像素,从而生成二值图像。由于物体与背景以及不同物体之间的灰度通常存在明显差异,在图像灰度直方图中会呈现明显的峰值,因此,选择图像灰度直方图中灰度分布的谷底作为阈值,即可对图像进行分割。

图像阈值分割是一种最常用的图像分割方法,它对目标与背景有较强对比度的图像分割特别有用。由于它能用封闭且连通的边界定义不交叠的区域,且计算特别简单,因此常被用于各种基于二值图像进行分析决策的机器视觉算法预处理过程,如颗粒分析(particle analysis)、黄金模板比对(golden template comparison)以及二值颗粒分类(binary particle classification)等。

阈值分割法通过设定不同特征的单个或多个阈值,把图像的像素分为两个或若干类。常用的特征包括图像的灰度、色彩以及由灰度或色彩值变换得到的特征。图像灰度阈值分割常以图像的灰度直方图为参考,选取某一阈值将图像中的目标和背景分割开来。若原始图像为 $f(x,y)$,选择的灰度阈值为 T,则最简单的图像阈值分割方法可表示为

$$g(x,y) = \begin{cases} 1, f(x,y) \geqslant T \\ 0, f(x,y) < T \end{cases} \tag{6-63}$$

式中:$g(x,y)$ 为分割后的图像。实际工作中,常会采用仅把小于阈值 T 的背景部分置0,而保留目标像素灰度值的半灰度阈值法,或者采用更为一般的多阈值分割法,表示如下:

$$g(x,y) = \begin{cases} C_1, 0 \leqslant f(x,y) \leqslant T_1 \\ C_2, T_1 < f(x,y) \leqslant T_2 \\ C_3, T_2 < f(x,y) \leqslant T_3 \\ \vdots \\ C_{n-1}, T_{n-2} < f(x,y) \leqslant T_{n-1} \\ C_n, T_{n-1} < f(x,y) \leqslant \text{Max} \end{cases} \tag{6-64}$$

式中:T_i($i = 1, 2, \cdots, n-1$)为阈值;Max 为图像中像素的最大灰度;C_i($i = 1, 2, \cdots, n$)为常数,用于标记不同类别的像素。

由式(6-64)可见,多阈值分割法用一对灰度值($T_{\text{Lower}}, T_{\text{Higher}}$)划定的灰度区间(intensity range)划定像素类,用灰度值常量标记各类。

阈值分割法可分为全局阈值分割(global thresholding)法和局部阈值分割(local thresholding)法。全局阈值分割法会基于整幅图像的像素统计信息,选取固定的灰度阈值。它适用于每一幅待处理图像中光照都均匀分布,或多幅图像有一致照明的场合。局部阈值分割法则基于邻域内像素的统计信息,为每个像素计算阈值。它对光线呈倾斜梯度分布或待测目标有阴

影的情况特别有效，而在这类情况下全局阈值分割法通常会失效。

1）全局分割

全局分割法的关键是阈值的选取。若阈值过高，会有过多的像素点被误分为背景；若阈值过低，会出现相反的情况。常见的阈值选取方法有 P 分法（P_tile）和直方图谷底法。P 分法是由 Doyle 于 1962 年提出的，该方法根据先验概率来设定阈值，使目标或背景的像素比例等于先验概率。直方图谷底法选取图像直方图各峰之间的谷底作为图像分割阈值。图 6-71 显示了基于图像灰度直方图选择单个阈值或多个阈值的例子。

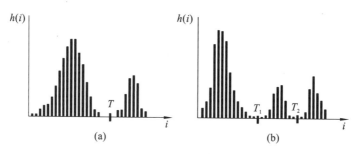

图 6-71　单阈值和多阈值分割法
(a) 单阈值分割；(b) 多阈值分割

手动阈值分割方法需要人为确定阈值。由于所选定的阈值不仅作用于整幅图像，还作用于所有使用该方法处理的图像，因此它适用于可采集单幅光照分布比较均匀的图像，且能获取多幅图像之间光照相对一致的机器视觉系统。为了消除人工设定阈值的主观性，使机器视觉系统能适应不同图像间照明不一致的情况，需要研究各种自动阈值分割方法。

自动阈值分割方法基于图像的灰度直方图来确定灰度阈值。由于这类算法会基于每幅图像的直方图来计算适合该图像的分割阈值，因此即使机器视觉系统采集的各个图像之间有不同的光照，它们也能正常工作。自动阈值分割方法主要有 5 种，包括聚类法（clustering）、最大类间方差（inter-class variance）法、最大熵法（entropy）、均匀性度量法（metric）和矩保持法（moments preserving）。其中聚类法是唯一支持将图像分割为两类以上像素点的分割方法，其余 4 种方法都是针对较为严格的二值分割情况而设计的。此处只介绍聚类法和最大类间方差法。

（1）聚类法。

聚类法是一种按照图像像素灰度特征的接近程度将图像分割成多个类的迭代分割方法。常见的聚类算法有 K 均值（K-mean）和模糊 C 均值（fuzzy C mean）算法。K 均值算法是 Mac-Queen 于 1967 年提出的一种解决聚类问题的经典算法。它先任选 K 个初始值，将它们作为类中心，并根据这些值将其余像素分别归入离它最近的类中。此后再计算新类的均值，重新作为新类的中心，并迭代执行前面的分类步骤，直到新旧类均值之差小于某一阈值或完全相同为止。其基本算法如下：

①从样本集中任意选择 K 个对象作为初始聚类中心。

②对于剩余样本，根据它们与这些聚类中心的距离（绝对偏差或欧氏距离），将它们分配到与其最近的类（由聚类中心代表）。

③计算每个新类中像素的均值，作为新的聚类中心。

④重复第②和③步，直至相应的新旧类聚类中心之差小于某一阈值或完全相同为止。

K 均值算法假定每个样本只能属于某一类，而且若用于图像分割，在图像中的某一类或几类像素较少时,它很难保留像素较多的类别中的图像细节。

聚类法适合直方图有明显波谷的图像。

(2) 最大类间方差法。

最大类间方差法又称为大津法(OTSU's Method)。大津法认为:若图像中的像素按其灰度特性可分为背景和目标两类,那么两类间的方差越大,说明构成图像的两部分差别就越大。部分目标被错分为背景或部分背景被错分为目标,都会导致两部分差别变小,因此类间方差最大时,错分概率最小。若能找到一个灰度值,可以使类间方差最大(maximizing the inter-class variance),那么该灰度值就是理想的阈值。

最大类间方差法算法相对简单,且在目标与背景的面积相差不大时,可以有效地对图像进行分割。但是,由于忽略了图像的空间信息,因此当图像中的目标与背景的面积相差很大(直方图没有明显双峰,或者两个峰的大小相差很大),或者目标与背景的灰度有较大的重叠时,该方法不能准确地将目标与背景分开。此外,由于最大类间方差法将图像的灰度分布作为分割图像的依据,因而对噪声也相当敏感。因此,在实际应用中总是将它与其他方法结合使用。表6-8 为全局自动阈值分割的几种方法比较。

表 6-8　全局自动阈值分割的几种方法的比较

阈值分割方法	特　　点
聚类法	(1) 聚类法是唯一支持多于两类的分割方法; (2) 图像中某一类或几类像素较少时,难保留像素较多类别中的图像细节; (3) 适合直方图有明显波谷的图像
最大类间方差法	(1) 算法相对简单,适合目标与背景面积相差不大的情况; (2) 目标与背景的面积相差很大或二者灰度有较大重叠时,不能准确分割图像; (3) 对噪声较敏感
最大熵法	(1) 适合目标占整个图像比例较小的情况; (2) 常用于检测较小的颗粒或有瑕疵的机器视觉系统
均匀性度量法	可使用方差或绝对距离
矩保持法	(1) 适合对比度较小的图像; (2) 用来识别外形相差较大的目标

2) 局部分割

局部阈值分割(local thresholding)又称为局部自适应阈值分割(locally adaptive thresholding)或可变阈值处理。这种方法在像素的某一邻域内以一个或多个指定像素的特性(如灰度范围、方差、均值或标准差)为图像中的每一点计算阈值。由于要遍历所有图像中的像素,因此邻域的大小对该算法的执行速度会有较大影响。一般来说,邻域的尺寸略大于分割的最小目标即可。

表6-9 对上述各种灰度阈值方法进行了汇总和比较。在使用这些图像分割方法时,常遇到背景和目标之间分界不清的问题。这种情况下,可以先对图像进行预处理,再进行分割。常用的预处理方法包括灰度变换(LUT)、直方图均衡、空域或频域滤波等。使用线灰度工具观察一条跨边缘的线段上的灰度分布,也有助于选择合适的阈值。此外,形态学处理可以对分割

后的二值图像进行纠正，以滤除阈值分割过程的错误选择。

表 6-9　几种阈值分割方法比较

阈值分割方法	统计范围	阈值	单幅图像光照	多幅图像光照	计算量
全局手动阈值分割	整个图像	手动选定固定阈值	均匀	一致	小
全局自动阈值分割	整个图像	自动计算固定阈值	均匀	不一致	一般
局部阈值分割	像素邻域	每像素阈值均不同	不均匀	不一致	最大

2. 边缘分割

图像中目标的边缘是一组相连的像素，这些像素位于灰度不连续（间断或跳变）的两个区域的边界上。它是图像中目标的基本特征之一。边缘分割法基于目标的边缘特征，先使用边缘检测算法检测图像中目标的边缘（如点、线、目标轮廓等），然后再利用像素点的空间关系，根据设定的条件将边缘连接为检测目标的封闭轮廓（contour）。得到的目标轮廓可作为各区域的边界，用于图像分割。从算法实现的角度来看，可以基于提取到的目标轮廓点构建感兴趣区域（region of interest，ROI）的数据结构，再将其转化为遮罩图像。此后，对遮罩图像进行填充，再与图像进行遮罩运算，即可轻而易举地将图像划分为不同区域，如图 6-72 所示。

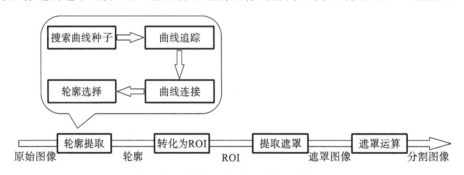

图 6-72　基于目标轮廓的图像分割过程

目标的轮廓提取可分为搜索曲线种子（search curve seed）、曲线追踪（tracing curve）、曲线连接（curve connection）和轮廓选择（contour selection）几个步骤。其中搜索曲线种子和曲线追踪的过程又统称为曲线提取（curve extraction）过程。曲线的种子点（seed point）是曲线追踪过程的起始点，合格的曲线种子点应满足两个条件，一是其边缘强度应大于设定的阈值，二是它不能属于已知曲线上的像素点。

目标的轮廓除了可用于图像分割外，还能用于实现各种测量或检测机器视觉应用。例如，可以将观测目标的轮廓与模板的轮廓或拟合的曲线进行对比，以判断目标物是否存在或检测其质量。也可以基于目标的轮廓测量被测目标的周长、半径、角度等关键尺寸信息，并根据这些信息是否超限来判定目标物是否合格。

边缘检测算法主要是对图像灰度变化进行度量，提取图像中不连续的灰度特征，以此定位边缘点。经典的边缘检测算子主要有差分边缘检测、Roberts 算子、Prewitt 算子、Sobel 算子和 Laplace 算子。

差分边缘检测方法是最原始、基本的方法。根据灰度迅速变化处一阶导数最大（阶跃边缘情况）原理，利用导数算子检测边缘。这种算子具有方向性，要求差分方向与边缘方向垂直，运算烦琐，目前很少采用。

由 Roberts 提出的算子是一种利用局部差分算子寻找边缘的算子,采用对角线方向相邻像素之差近似边缘检测,定位精度高,在水平和垂直方向效果好,但对噪声敏感。

Prewitt 算子基于 Prewitt 提出的计算偏微分估计值的方法,由于取值一般为检测获得的较大的幅度值,因此对边缘的走向有些敏感。同时,取卷积算子平方和的开方可以获得更一致的全方位的响应。这与真实的梯度值更接近一些。

Roberts 算子的一个主要问题是计算方向差时对噪声敏感。Sobel 提出一种将方向差运算与局部平均相结合的方法,即 Sobel 算子。该算子是在 Prewitt 算子基础上,在以 $f(x,y)$ 为中心的 3×3 邻域上计算 x 和 y 方向的偏导数,即在 3×3 邻域内做加权平均和差分运算。

Sobel 算子的表达式为

$$f_x(x,y) = \{f(x-1,y+1)+2f(x,y+1)+f(x+1,y+1)\} - $$
$$\{f(x-1,y-1)+2f(x,y-1)+f(x+1,y-1)\} \tag{6-65}$$
$$f_y(x,y) = \{f(x+1,y-1)+2f(x+1,y)+f(x+1,y+1)\} - $$
$$\{f(x-1,y-1)+2f(x-1,y)+f(x-1,y+1)\} \tag{6-66}$$

实际上,式(6-65)、式(6-66)应用了 $f(x,y)$ 邻域图像强度的加权平均差值。其梯度大小为

$$g(x,y) = \sqrt{f_x^2(x,y)+f_y^2(x,y)} \tag{6-67}$$

Sobel 算子的卷积模板为

$$f_x(x,y) = \begin{bmatrix} -1 & 0 & 1 \\ -2 & 0 & 2 \\ -1 & 0 & 1 \end{bmatrix} \tag{6-68}$$

$$f_y(x,y) = \begin{bmatrix} -1 & -2 & -1 \\ 0 & 0 & 0 \\ 1 & 2 & 1 \end{bmatrix} \tag{6-69}$$

Sobel 算子引入了加权局部平均,不仅能检测图像边缘,而且能进一步抑制噪声影响,但它得到的边缘较粗。Sobel 算子很容易在空间上实现,在对精度要求不是很高时,是边缘检测算子中最常用的算子之一。

Laplace 算子也是比较常用的算法之一。一阶微分是一个向量,既有大小又有方向,和标量相比,它的存储量大。另外,在具有等斜率的宽区域上,有可能将全部区域都当作边缘检测出来。因此,有必要求出斜率的变化率,即对图像函数进行二阶微分运算:

$$\nabla^2 f(x,y) = \frac{\partial^2 f(x,y)}{\partial x^2} + \frac{\partial^2 f(x,y)}{\partial y^2} \tag{6-70}$$

这就是应用 Laplace 算子提取边缘的形式,即二阶偏导数的和,它是一个标量,属于各向同性的运算,对灰度突变敏感。在数字图像中,可用差分近似微分运算,其离散计算形式为

$$L(x,y) = f(x+1,y)+f(x-1,y)+f(x,y+1)+f(x,y-1)-4f(x,y) \tag{6-71}$$

Laplace 算子对不同的边缘类型有两种估算模板,如图 6-73 所示。

Laplace 算子的特点:各向同性、线性和位移不变性,对细线和孤立点的检测效果好。该算子的缺点:边缘的方向信息丢失,常产生双像素的边缘,对噪声有双倍加强作用。由于 Laplace 算子采用二阶运算,与只包含一阶导数的算子相比,它对噪声更加敏感,增强了噪声对图像的影响,因此在实际应用中通常需要先对图像进行滤波平滑处理。

对以上算法的分析以及具体实际边缘检测效果表明,Laplace 算子是比较成功的,但它的

$$\begin{bmatrix} 1 & 0 & 1 \\ 0 & -4 & 0 \\ 1 & 0 & 1 \end{bmatrix} \begin{bmatrix} 1 & 1 & 1 \\ 1 & 1 & 1 \\ 1 & 1 & 1 \end{bmatrix} \qquad \begin{bmatrix} -1 & 0 & -1 \\ 0 & 4 & 0 \\ -1 & 0 & -1 \end{bmatrix} \begin{bmatrix} -1 & -1 & -1 \\ -1 & 8 & -1 \\ -1 & -1 & -1 \end{bmatrix}$$

(a)   (b)

图 6-73　Laplace 算子边缘模板

(a) 阶跃边缘；(b) 屋顶边缘

检测图中还有一些不连续的检测边缘，说明它的边缘检测也不够精确。已有的算法都是以被检测像素点为中心，做出在其等 45°角 8 个方向上进行检测的模板。我们可以对此进行改进，在等 22.5°角的 16 个方向上做出检测的模板，并根据 Laplace 算子的可靠性设定适当的权向量。改进的 Laplace 算子可以提高边缘检测的精度，同时由于合理地设置了参数，能避免一些伪边缘的提取。

3. 形态学分割

机器视觉系统基于分割后的图像信息来提取检测目标的特征，因而图像分割的质量直接决定机器视觉系统能否快速准确地基于目标特征进行决策。阈值分割和边缘分割可以满足大多数机器视觉应用的要求，但是当所采集的图像质量较差，目标和背景的灰度差别不大或视场中被测目标有交叠时，其分割效果并不理想。在这种情况下就需要使用图像的形态学（morphology）分割法和区域分割法。

数学形态学（mathematical morphology）是研究空间结构的形状和框架的学科。它主要通过选取某种结构元素，然后与物体进行某些相互作用的运算，获取物体更本质的形态。数学形态学以积分几何、集合代数及拓扑理论为基础，并涉及随机集论、抽象代数和图论等一系列数学分支。图像的数学形态学处理通常使用具有一定形态的结构元素（structure element）与图像进行形态学运算，并进而研究图像各部分的关系，以解决噪声抑制、特征提取、边缘检测、图像分割、形状识别、纹理分析、图像恢复与重建、图像压缩等图像处理问题。

图像的数学形态学处理既可用于经阈值化处理得到的二值图像，也可用于处理灰度图像。灰度图像的形态学处理主要通过将像素灰度值变更为其邻域内像素的灰度最大或最小值来实现灰度图像的增强，包括降噪、背景矫正和平滑渐变的灰度特征等。它也可以通过扩展或收缩目标的亮度区域来改变目标的形状，增强目标边界的对比度。二值图像的形态学处理则主要用来去除经阈值化处理得到的二值图像中不需要的信息，如噪声、相互重叠的目标边界等。当然，它也可以扩展或收缩目标边界来改变其形状。

图像的数学形态学处理包含多种计算形式，其中腐蚀（erosion）、膨胀（dilation）和击中-击不中（hit-miss）是 3 种最基本的形态学运算形式。通过对它们进行组合，可以进一步获得更多其他组合形式的运算，如开运算（opening）和闭运算（closing）、内形态梯度（inner gradient）和外形态梯度（outer gradient）运算等。

6.7.6　图像特征及应用

图像的特征是指图像的原始特性或属性。其中部分属于自然特征，如像素灰度或边缘和轮廓、纹理及色彩等；有些则是需要通过计算或变换才能得到的特征，如直方图、频谱和不变矩等。为了能减少计算量并提高系统的实时性，几乎所有机器视觉系统对目标的识别、分类及检测都是基于从图像中提取的各种特征来进行的。

1. 边缘检测

边缘是指位于图像中灰度不连续(间断或跳变)的两个区域边界上的单个或一组相连的像素,常以点、直线或曲线的形式出现。基于目标的边缘,不仅可以确定机器视觉系统的坐标系,还能实现距离或角度测量、存在性检查或目标对准等类型的机器视觉系统。图 6-74 对边缘特征在机器视觉系统中的常见应用进行了汇总。

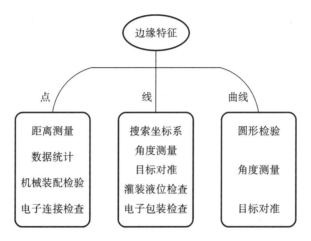

图 6-74　边缘特征在机器视觉系统中的应用

基于边缘的距离测量机器视觉系统,一般都会先搜索指定区域内目标上的边缘点或边缘线,然后再基于这些点或线计算距离。通过对比计算得到的被测件位置、尺寸以及各部位之间的距离与合格值的范围,就能对产品的质量进行检查。

被测目标上稳定的边缘线特征常被用来为机器视觉系统设置参考坐标系和测量坐标系。直角坐标系可由双点法或三点法来确定。

① 双点法。双点法适合有畸变且可以直接从图像中确定新坐标原点位置的机器视觉系统。它通过指定新坐标原点和一个位于坐标系横轴正方向上的点以及坐标系的类型(直接或间接)来设定新坐标系。坐标原点和横坐标上的点所构成的直线与图像水平方向的夹角指明了新坐标系的旋转角。例如,图 6-75(a)中 A、B 两点确定了坐标系的横轴,且 A 点为坐标原点。由于坐标系为间接类型,因此,Y' 轴与 X' 轴夹角为 $270°$。由于在畸变的系统中,当被测目标沿着水平或垂直方向移动时,仍能相对准确地确定其上的边缘,因而基于两个边缘点就可以确定稳定的坐标系。

② 三点法。有时候机器视觉系统不仅有畸变,而且被测目标还会在图像中平移、旋转。这种情况下可以使用多点法来设置新坐标系。多点法先使用两个点确定一条坐标轴及其方向,但并不将这两点中的一点作为坐标原点,而是用第三点与前两点所成直线的垂直交点来确定坐标原点。获得坐标原点后,再基于坐标系的类型,就可确定另一坐标轴,如图 6-75(b)所示。

基于检测到的边缘点,利用解析几何函数也可以进行角度测量和计算。解析几何中,常见的根据已知坐标的点计算角度的情况有四点法和顶点法两种。四点法根据可构成相交直线的 4 个点计算两直线之间的夹角。计算时,前两点所构成的直线为参照线,逆时针方向为正,顺时针方向为负。例如图 6-76(a)中,P_3、P_4 所构成的直线在 P_1、P_2 所构成的直线的逆时针方向一侧,因此角度为正。顶点法计算多个点与已知的某个共同顶点所构成的各直线之间的夹

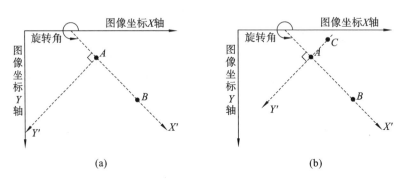

图 6-75　图像坐标轴的确定

(a) 双点法；(b) 三点法

角。计算角度时，输入的前一个点与顶点所构成的直线为参照线，逆时针方向为正，顺时针方向为负。例如图 6-76(b) 中，O 为顶点，O 和 P_4 构成的直线先作为计算 θ_1 的参照线，由于 P_3 与 O 构成的直线在 O 和 P_4 构成的直线的逆时针方向一侧，因此 θ_1 为正值。在计算 θ_2 时，P_3 和 O 所构成的直线又作为参照线，依此类推。

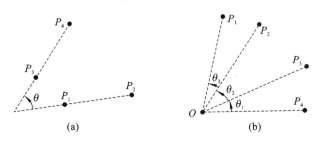

图 6-76　四点法和顶点法计算角度

(a) 四点法；(b) 顶点法

2. 目标检测

目标检测(dimensional measurements)是机器视觉的重要应用之一，它以被测目标的关键尺寸信息为特征，对这些尺寸进行测量，或根据测量结果来判定产品质量是否合格。尺寸信息包括间距、角度、面积以及根据边缘点拟合得到的线段、多边形、圆或椭圆等解析几何形状的参数等。

机器视觉系统的目标检测通常包括目标搜索、特征定位、尺寸测量和结果判定 4 个过程。目标搜索过程用于从图像中寻找被测目标或参考目标。特征定位过程则通过边缘检测或图像匹配来确定被测量在图像中的位置。随后，就可基于它实现几何测量过程，并进而根据测量结果以及设定的阈值来判定被测目标的质量。实际测量过程中，由于目标的旋转或移动，被测目标或被测量并不总是位于图像中的某一固定位置。这就要求机器视觉系统具有可根据被测目标位置在图像中自动调整测量区域的能力。

使用参考坐标系和测量坐标系，可以较好地实现该功能（参考边缘检测章节），具体步骤如下：

① 在标准图像中搜索被测目标，确定参考坐标系。

② 在标准图像中设置用于定位测量特征的 ROI。

③ 在新采集的图像中重新搜索被测目标，并更新测量坐标系。

④ 参照测量坐标系和参考坐标系之间的平移和旋转关系，对用于测量的 ROI 做同样的

变换,以保证其仍能准确圈定特征区域。

⑤ 基于 ROI 定位特征进行目标尺寸测量。

1）目标搜索

机器视觉目标测量系统的目标搜索过程一般用于从图像中寻找两类目标:被测目标或参考目标。被测目标是指被测量所在的目标,参考目标则是指用于确定参考坐标系和测量坐标系的目标。换句话说,在图像中搜索到的目标,既可直接用于测量,又能用于确定测量过程的参考坐标系或测量坐标系。

2）特征定位

搜索到被测目标并确定了测量坐标系之后,就可以定位被测特征的位置。由于实际工业生产环境中被测目标并不总是固定在视场中,因此待测的特征位置也会随着目标在图像中平移、旋转。这意味着对于每一幅采集到的图像,开发人员必须先设法重新定位被测特征的位置,才能进行准确测量。

如前所述,可以基于参考坐标系和测量坐标系来解决这一问题,其过程可分为以下两步:

① 在系统初始化阶段,从标准图像中搜索被测目标,确定参考坐标系并放置定位待测特征的 ROI。

② 在系统采集和检测阶段,从每幅被测图像中重新搜索目标位置更新测量坐标系,并根据新坐标系和参考坐标系的关系,变换搜索待测特征的 ROI 位置。

与目标搜索过程使用的方法类似,也可基于边缘检测和图像模式匹配从图像中定位待测特征。基于边缘检测可以从图像中提取边缘点、线、圆和椭圆以及其他边缘轮廓曲线作为测量特征。使用图像模式则可以从图像中定位图像区域的灰度、位置、角度等信息。

3）几何测量

准确锁定目标和待测量的特征后,就可以基于特征进行各种测量任务。不同视觉系统对于目标的尺寸测量提供了不同的测量模块。以基于 LabVIEW 的 NI Vision 视觉模块为例,其提供的目标检测方法可分为卡钳测量法、卡尺测量法和解析几何法三大类。使用这些工具可以实现距离、角度、面积等物理量的测量。

（1）卡钳测量法。使用卡钳不仅可以测量同一方搜索向上两目标边缘之间的最大或最小距离,还可以测量目标轮廓上位于同一直线上的两点间的最大距离。图 6-77 显示了使用卡钳测量某一工件沿矩形 ROI 平行搜索方向上的最大距离的实例。

（2）卡尺测量法。与卡钳在图像中测量两个平行线所夹的目标长度不同,卡尺则主要用来沿图像中某一指定的 ROI 路径检测该路径上的边缘、灰度峰值,根据该路径上像素特征检测目标的旋转角度,或者测量 ROI 路径上的其他图像特征。卡尺除了可以进行边缘检测,还能实现波峰-波谷检测、边缘对检测、灰度插值、边缘间距测量和旋转检测等。图6-78所示为卡尺测量原理图。

（3）解析几何法。卡钳和卡尺可直接对图像中的目标进行尺寸测量,解析几何法则基于各种图像分析或图像处理结果,使用解析几何原理,间接计算各种待测量的值,如距离、面积或角度等。解析几何函数法的函数可以分为与点、线、角度、面积以及曲线拟合相关的几大类,分别可以实现计算像素与像素之间的距离、两直线的交点、返回直线覆盖的像素点、提取边缘并返回各边缘上的像素及各边缘的信息、确定点到直线的垂直线并计算其距离、两直线的平分线、点与直线的平分线等功能。

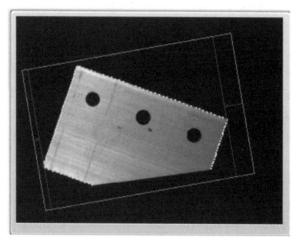

结果：462.18

图 6-77　卡钳测距实例

图 6-78　卡尺测量原理

3. 结果判定

使用机器视觉进行目标测量的目的可大致分为两类：一是对目标的尺寸进行度量，二是根据测量得到的尺寸信息判断被测件的质量。无论出于何种目的，多数机器视觉目标测量系统最终都需要求得被测件的实际尺寸信息，或根据被测件的实际尺寸信息做出检测结果的判定。无论其用途如何，若要基于世界坐标对结果进行判定，都要求系统不仅完成校准，还要求系统像素分辨率能最大限度地满足测量的要求。为了确保系统分辨率，可以采用位移法确定相机的固定位置或系统的工作距离。图 6-79 所示为使用位移法测量相机的工作距离。

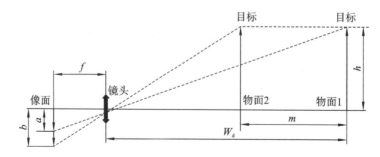

图 6-79　位移法系统模型

a—第一次采集图像长度；b—第二次采集图像长度；W_d—工作距离；m—移动距离；h—目标长度

6.7.7 机器决策

图像检测结论的推断是进行图像检测的最后一步,需要根据此前完成的图像数据处理结果进行推理和判断,并最终得出图像检测结论。要得到一个与实际高度吻合的检测结果,该过程往往需要引入若干智力因素,是一个典型的智能推断过程。如图 6-80 所示,以用专家系统获得检测结论为例,其基本的思想是:

①根据专家经验,按一定规则建立知识库。

②对采集的图像进行平滑、分割和特征提取,进行标准化,得到标准化的样本数据。

③用计算得到的标准化特征数据与知识库中的图像样本标准化特征数据进行匹配。如果匹配成功,则后者对应的结论即为在线采集的图像对应的推断结论,否则计算两者间距离(欧氏距离)。

④如果与知识库中图像样本标准化特征数据全部不匹配,则取其中距离小的 9 个样本,以9 个样本中出现次数最多的结论作为在线采集的图像对应的结论。

⑤连续采集若干幅图像,每幅图像给出一次判断,以这若干次判断中出现次数最多的结论作为综合判断结果。

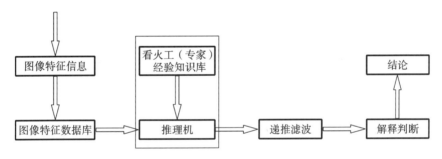

图 6-80　基于专家经验的图像检测推理过程

本章重点、难点和知识拓展

本章重点:振动测试,应变和力的测试,温度测试,图像检测。

本章难点:振动测试,图像检测。

知识拓展:在熟悉工程测试典型应用的基础上,进一步学习计算机辅助测试(CAT)系统,并结合生产实习等实践环节,在工业现场中学习已经得到广泛应用的产品品质试验、机械系统的动态性能试验、控制元件和控制系统试验的相关知识。

思考题与习题

6-1　结合交变激振力和基础振动引起振动的幅频、相频特性说明如何对这两类振动进行测试。

6-2 激振的目的是什么？常见的激振器有哪些？其工作原理是怎样的？

6-3 常见的接触式、非接触式测振传感器有哪些？其结构与工作原理各有何特点？

6-4 试采用涡流式传感器设计一个完整的振动测试系统，要求输出包括位移、速度、加速度，并画出系统框图。

6-5 试说明单自由度系统的固有频率和阻尼比的测试方法。

6-6 常见的线位移传感器有哪些？其结构与工作原理有何特点？

6-7 常见的角位移传感器有哪些？其结构与工作原理有何特点？

6-8 在应变测试中如何消除误差？可以采取哪些措施提高测试精确度？

6-9 为了提高电阻应变片式力传感器的灵敏度，针对测压缩力、拉压力的应用，应如何选择弹性元件？又分别如何进行补偿？

6-10 试对比金属丝电阻与热敏电阻的测温特性。

6-11 试结合热电效应说明热电偶的冷端补偿原理及方法。

6-12 试结合辐射定律说明辐射温度计的工作原理及主要特性。

6-13 试结合流体压力测试的动态特性对比各种常用压力敏感元件。

6-14 试结合涡轮流量计的工作原理设计流量测量电路。

6-15 声压、声强与声功率有何不同？

6-16 试采用电容式传声器设计一个完整的噪声测试系统，并画出系统框图。

6-17 简述二值图像、灰度图像与彩色图像之间的区别。

6-18 图像锐化与图像平滑有何区别与联系？

第7章　虚拟测试系统

20世纪80年代，美国国家仪器公司推出了虚拟仪器及LabVIEW语言，它倡导以硬件为基础、以软件为核心，实现仪器的"软件化"。虚拟仪器的出现颠覆了传统的仪器概念，标志着仪器设计进入了一个新的时代。目前运用虚拟仪器的领域十分广泛，本章将介绍虚拟仪器和LabVIEW及其组成的测试系统。

7.1　概　　述

测量测试仪器发展至今，大体可以分为四代：模拟仪器、数字化仪器、智能仪器和虚拟仪器。

第一代：模拟仪器。这类仪器是以电磁感应基本定律为基础的指针式仪器仪表，如指针式万用表、指针式电压表、指针式电流表等，现在这类指针式仪器仪表在某些实验室、工业现场仍然能看到。

第二代：数字化仪器。20世纪70年代，出现了以集成电路芯片为基础的数字化仪器。这类仪器目前非常普及，如数字频谱仪、数字电压表等。其基本特征是将模拟信号的测量转化为数字信号的测量，并以数字方式输出最终结果。该类仪器适用于快速响应和较高准确度的测量。

第三代：智能仪器。随着微电子技术的迅速发展和微处理器的应用，以微处理器为核心的智能式仪器仪表迅速普及。这类仪器仪表具备一定的智能处理能力，既能自动测试，又具有一定的数据处理能力。

第四代：虚拟仪器。随着现代科学技术的飞速发展，尤其是微电子技术和计算机技术的发展，出现了一种全新的仪器概念——虚拟仪器。虚拟仪器是现代计算机技术、通信技术和测量技术相结合的产物，倡导以硬件为基础、以软件为核心，实现仪器的"软件化"。虚拟仪器的出现颠覆了传统的仪器概念，标志着仪器设计已进入一个新的时代。

7.1.1　虚拟仪器的概念

虚拟仪器（virtual instrument，VI）是虚拟技术在仪器仪表领域中的一个重要应用，它是日益发展的计算机硬件、软件和总线技术在向其他技术领域密集渗透的过程中，与测试技术、仪器技术密切结合，共同孕育出的一项新成果。1986年美国的国家仪器公司（National Instruments Corporation，NI）首先提出了虚拟仪器的概念，认为虚拟仪器是由计算机硬件资源、模块化仪器硬件和用于数据分析、过程通信及图形用户界面的软件组成的测控系统，是一种由计算机操作的模块化仪器系统。如果需要做进一步说明，则虚拟仪器是以计算机作为仪器统一的硬件平台，充分利用计算机独有的运算、存储、回放、调用、显示及文件管理等智能化功能，同时把传统仪器的专业化功能和面板控件软件化，使之与计算机结合起来，这样便构成了一台从外观到功能都完全与传统硬件仪器相同，同时又能充分享用计算机智能资源、全新的仪器系统。由于仪器的专业化功能和面板控件都是由软件形成的，因此国际上把这类新型的仪器称为虚拟仪器。

以计算机为仪器统一的硬件平台,将测试仪器的功能、形象逼真的仪器面板和控件形成相应的软件,以文件形式存放于机内的软件库中;同时,在计算机的总线槽内插入相应的、可实现数据交换的模块化硬件接口卡,库内仪器测试功能、仪器控件的软件和由接口卡输送至机内的数据,在计算机系统管理器的统一指挥和协调下运行,便构成了一类全新概念的仪器——虚拟仪器。

各种功能强大、越来越复杂的虚拟仪器不断涌现。虚拟仪器的共同特点主要表现为如下几点:

① 硬件接口标准化;
② 硬件软件化;
③ 软件模块化;
④ 模块控件化;
⑤ 系统集成化;
⑥ 程序设计图形化;
⑦ 计算可视化;
⑧ 硬件接口软件驱动化。

7.1.2　虚拟仪器的产生和现状

自 20 世纪 80 年代以来,美国国家仪器(NI)公司研制并推出了多种总线系统的虚拟仪器。它推出的 LabVIEW 图形化编程系统已被广泛使用。在 NI 公司之后,美国惠普(HP)公司紧紧跟上,推出了 HPVEE 编程系统,用户可用它组建或挑选自己所需的仪器。除此之外,世界上陆续有数百家公司,如 Tektronix 公司、Racal 公司等也相继推出了多种总线系统和虚拟仪器。在国内,对虚拟仪器的研究、开发虽然还在起步阶段,但正在努力地接近国际水平。从 20 世纪 90 年代中期以来,国内的一批高校和科技公司在研究和开发虚拟仪器产品、虚拟仪器设计平台以及引进消化国外产品等方面做了一系列有益工作。例如重庆大学在自行研制的"框架协议"开发系统中成功开发了 15 类 30 余种直接的虚拟仪器。国内不久将会推出种类更多、性能更优、功能更强并具有自主知识产权的虚拟仪器产品。

虚拟仪器依靠自身的优势在仪器市场的竞争力不断增强,世界上许多大的仪器公司均力争在虚拟仪器市场上占有一席之地。1988 年,国际上开始有虚拟仪器产品面世,当时只有 5 家制造商推出的 30 种产品。此后,虚拟仪器产品每年成倍增加,到 1994 年底,虚拟仪器制造厂已达 95 家,共生产了 1 000 多种虚拟仪器产品,销售额达 2.93 亿美元,约占整个世界仪器销售总额 73 亿美元的 4%。目前,我国经济正处于蓬勃发展的时期,对仪器设备需求将更加强劲。虚拟仪器赖以生存的计算机近几年正以迅猛的势头席卷全国,这为虚拟仪器的发展奠定了基础,因而虚拟仪器作为传统仪器的替代品,市场容量将会越来越巨大。从事电测电控仪器、分析仪器科学技术研究与开发的科学家和工程师都看清了虚拟仪器对传统仪器的巨大挑战,认识到在 21 世纪虚拟仪器不仅毋庸置疑地将成为仪器的发展方向,而且必将在许多品种和领域内逐步取代硬件化传统仪器,使成千上万种传统仪器演变成计算机软件,并成为一系列文件融入计算机中。

7.1.3　虚拟仪器的结构、特点及发展

1. 虚拟仪器的结构

从功能上划分,任何一台仪器,按其基本形式均可分解为以下三个主要模块。

① 输入模块　进行信号调整,并将输入的模拟信号转换成数字形式以便处理。

② 输出模块　将量化的数据转换成模拟信号并进行必要的信号调理。

③ 数据处理模块　通常一个微处理器或一台数字信号处理器(DSP)可使仪器按要求完成一定功能。

将具有一种或多种功能的通用模块组建起来,就能构成一种仪器。虚拟仪器就是利用通用的仪器硬件平台,调出不同的测试软件,来构成不同功能的仪器的,如图 7-1 所示。例如,一台频谱分析仪包括输入部分和一个数据处理部分,一台任意波形发生器包括输出部分和一个数据处理部分。

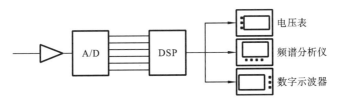

图 7-1　虚拟仪器实例

1) 虚拟仪器的硬件系统

虚拟仪器的硬件系统一般分为计算机硬件平台和测控功能硬件。

计算机硬件平台可以是各种类型的计算机,如 PC、便携式计算机、工作站、嵌入式计算机等。计算机管理虚拟仪器的硬软件资源,是虚拟仪器的硬件支撑。计算机技术在显示、存储能力、处理性能、网络、总线标准等方面的发展,推动着虚拟仪器系统的发展。

按照测控功能硬件的不同,虚拟仪器可分为 GPIB、VXI、PXI 和 DAQ 四种标准体系结构。

(1) GPIB(general purpose interface bus)。通用接口总线,是计算机和仪器间的标准通信协议。GPIB 的硬件规格和软件协议已纳入国际工业标准——IEEE 488.1 和 IEEE 488.2。它是最早的仪器总线,目前多数仪器都配置了遵循 IEEE 488 的 GPIB 接口。典型的 GPIB 测试系统包括一台计算机、一块 GPIB 接口卡和若干台 GPIB 仪器。每台 GPIB 仪器有单独的地址,由计算机控制操作。系统中的仪器可以增加、减少或更换,更改时只需对计算机的控制软件做相应改动,这种概念已被应用于仪器的内部设计。在价格上 GPIB 仪器覆盖了从比较便宜的到异常昂贵的仪器。但是 GPIB 的数据传输速度较低,一般低于 500 kB/s,不适合对系统速度要求较高的场合,因此在应用上受到了一定程度的限制。

(2) VXI(VMEbus extension for instrumentation)。VME 总线在仪器领域的扩展是在1987 年,在 VME 总线、Eurocard 标准(机械结构标准)和 IEEE 488 等的基础上,由主要仪器制造商共同制定的开放性仪器总线标准。VXI 系统最多可包含 256 个装置,主要由主机箱、零槽控制器、具有多种功能的模块仪器和驱动软件、系统应用软件等组成。系统中各功能模块可随意更换、即插即用而组成新系统。

目前,国际上有两个 VXI 总线组织:VXI 联盟和 VXI 总线即插即用系统联盟(VXI plug & play,VPP)。

① VXI 联盟负责制定 VXI 的硬件（仪器级）标准，包括机箱背板总线、电源分布、冷却系统、零槽模块、仪器模块的电气特性、机械特性、电磁兼容性，以及系统资源管理和通信规程等。

② VXI 总线即插即用系统联盟的宗旨是通过制定一系列 VXI 的软件（系统级）标准来提供一个开放性的系统结构，真正实现 VXI 总线产品的"即插即用"。

这两套标准组成了 VXI 标准体系，实现了 VXI 的模块化、系列化、通用化，以及 VXI 仪器的互换性和互操作性。但是 VXI 价格相对过高，适合于尖端的测试领域。

（3）PXI（PCI extension for instrumention）。PCI 在仪器领域的扩展，是 NI 公司于 1997 年发布的一种新的开放性、模块化仪器总线规范。其核心是 Compact PCI 结构和Microsoft Windows 软件。PXI 是在 PCI 内核技术上增加成熟的技术规范和要求而形成的。PXI 增加了用于多板同步的触发总线和参考时钟、用于精确定时的星形触发总线及用于相邻模块间高速通信的局部总线等，以满足试验和测量的要求。PXI 兼容了Compact PCI 机械规范，并增加了主动冷却、环境测试（包含温度、湿度、振动和冲击试验等）要求，可保证多厂商产品的互操作性和系统的易集成性。

（4）DAQ（data acquisition）。数据采集指的是基于计算机标准总线（如 ISA、PCI、USB 等）的内置功能插卡。它有利于更加充分地利用计算机的资源，大大增强了测试系统的灵活性和扩展性。利用 DAQ 可方便快速地组建基于计算机的仪器（computer-based instruments），实现"一机多型"和"一机多用"。在性能上，随着 A/D 转换技术、仪器放大技术、抗混叠滤波技术与信号调理技术的迅速发展，DAQ 的采样速率已达到 1 GB/s，精度高达 24 位，通道数高达 64 个，并能任意结合数字 I/O、模拟 I/O、计数器/定时器等通道。仪器厂家生产了大量的 DAQ 功能模块可供用户选择，如示波器、数字万用表、串行数据分析仪、动态信号分析仪、任意波形发生器等。在计算机上挂接若干 DAQ 功能模块、配合相应的软件，就可以构成一台具有若干功能的计算机仪器。这种基于计算机的仪器，既具有高档仪器的测量品质，又能满足测量需求的多样性。对大多数用户来说，这种方案很实用，具有很高的性能价格比，是一种特别适合于我国国情的虚拟仪器方案。

2）虚拟仪器的软件系统

虚拟仪器技术最核心的思想，就是利用计算机的硬件、软件资源，使原本需要硬件实现的技术软件化（虚拟化），以便最大限度地降低系统成本，增强系统的功能与灵活性。基于软件在 VI 系统中的重要作用，NI 公司提出了"软件就是仪器"的口号。VPP 系统联盟推出了系统框架、驱动程序、VISA、软面板、部件知识库等一系列 VPP 软件标准，推动了软件标准化的进程。虚拟仪器的软件框架从底层到顶层，包括三部分：VISA 库、仪器驱动程序、应用软件。

（1）VISA 库。VISA（virtual instrumentation software architecture）虚拟仪器软件体系结构，实质就是标准的 I/O 函数库及其相关规范的总称。一般称这个 I/O 函数库为 VISA 库。它驻留于计算机系统之中，执行仪器总线的特殊功能，是计算机与仪器之间的软件层连接，以实现对仪器的程控。它对仪器驱动程序开发者来说是一个可调用的操作函数库。

（2）仪器驱动程序。每个仪器模块都有自己的仪器驱动程序，仪器厂商以源码的形式提供给用户。

（3）应用软件。应用软件建立在仪器驱动程序之上，直接面对操作用户，通过提供直观友好的测控操作界面、丰富的数据分析与处理功能，来完成自动测试任务。

2. 虚拟仪器的特点

虚拟仪器与传统仪器相比较有较多特点，如表 7-1 所示。

表 7-1　虚拟仪器与传统仪器比较

传 统 仪 器	虚 拟 仪 器
功能由仪器厂商定义	功能由用户自己定义
与其他仪器设备的连接十分有限	面向应用的系统结构,可方便地与网络、外设及其他设备连接
图形界面小、人工读数、信息量小	展开全汉化图形界面,计算机读数及分析处理
数据无法编辑	数据可编辑、存储、打印
硬件是关键部分	软件是关键部分
价格昂贵	价格低廉(是传统仪器的 $1/10 \sim 1/5$)
系统封闭、功能固定、扩展性低	基于计算机技术开放的功能块,可构成多种仪器
技术更新慢(周期为 $5 \sim 10$ 年)	技术更新快(周期为 $1 \sim 2$ 年)
开发和维护费用高	基于软件体系的结构,大大节省开发维护费用

3. 虚拟仪器的性能优点

1) 测量精度高、重复性好

嵌入式数据处理器的出现允许建立一些功能的数学模型,如 FFT 和数字滤波器,因此就不再需要可能会随时间漂移、需定期校准的分立式模拟硬件。

2) 测量速度高

测量输入信号的几个特性(如电平、频率和上升时间等)时,只需一个量化的数据块,要测量的信号特性就能被数据处理器计算出来,这种将多种测试结合在一起的办法缩短了测量的时间。而在传统仪器系统中,必须把信号连接到某一台仪器上去测量各个参数,这就受电缆长度、阻抗、仪器校准和修正因子差异的影响。

3) 开关、电缆减少

由于所有信号具有一个公用的量化通道,故允许各种测量使用同一校准和修正因子。这样,复杂的开关矩阵和信号电缆就能减少,信号不必切换到多个仪器上。

4) 系统组建时间缩短

所有通用模块支持相同的公用硬件平台。当测试系统要增加一个新的功能时,只需增加软件来执行新的功能或增加一个通用模块来扩展系统的测量范围。

5) 测量功能易于扩展

由于仪器功能可由用户产生,它不再是深藏于硬件中而不可改变的。为提高测试系统的性能,可方便地加入一个通用模块或更换一个模块,而不用购买一个全新的系统。

4. 虚拟仪器的发展

虚拟仪器发展随着微机的发展和采用总线方式的不同可分为五种:

① PC 总线-插卡式虚拟仪器;

② 并行口式虚拟仪器;

③ GPIB 总线方式的虚拟仪器;

④ VXI 总线方式的虚拟仪器;

⑤ PXI 总线方式的虚拟仪器。

目前，虚拟仪器在国内外都已取得很大发展。在国内，重庆大学虚拟仪器研究开发中心，经过多年的工作，研发出 30 余种（系列）虚拟仪器产品，并提出了以下有关虚拟仪器发展的观点。

1) 21 世纪的仪器产品应具有鲜明的个性

要求不同类型的产品具有不同的个性是 21 世纪产品发展的方向。即使是同类型不同类别的产品，也应有不同的个性。例如目前全世界生产的 FFT 动态信号分析仪，无一例外地都具有时域、幅值域、频域（频谱）、传递相干、互谱、相关等分析功能。将这些大功能模块细分后可以多达上百个功能。但是用户真正需要用的功能往往不要这么多，而且不同的用户还要根据自己不同的用途，在这上百种功能中选择不同种类的功能。显然传统仪器固有的封闭性（即一经制造完毕即不能按用户的要求改动）无法满足用户的这一要求。虚拟仪器是开发系统，可以满足用户提出的对功能设置、功能增减的任何要求。因此虚拟仪器符合具有个性的这一特点。

2) 21 世纪的仪器产品应具有参与性

这里所说的参与性主要是指用户可以参与仪器产品的设计、制造、维护等全过程。对于传统硬件化仪器产品，其设计、制造是专家和制造厂的事，用户虽然可以提出某些意见和要求，但不可能立即实现，而且用户也不可能参与产品的设计与制造。用户能做的事就是使用好已买回去的（绝不可能随意改动的）仪器产品。由图 7-1 所示的虚拟仪器系统结构可知，对于虚拟仪器，用户不仅可以提出意见、提出要求，而且可以自行定义、自行在计算机上进行设计和制造。虚拟仪器是最具参与性的产品。

3) 21 世纪的产品应具有快的响应速度

响应速度是相对于技术进步和市场需求而言的。毫无疑问，虚拟仪器作为一种以软件为主体的产品，在跟踪技术进步和市场需要方面、在更新换代和预测维修方面，其响应速度（包括产品生产周期和产品更新换代周期）是软件与硬件的较量，显然软件产品的响应速度是传统硬件产品完全不能比拟的。因此，虚拟仪器具有响应速度快的特点。

4) 21 世纪的产品应最大限度实现绿色化

保护环境和节省能源是 21 世纪人类共同的战略任务，制造业必须承担起消除污染、保护环境、节约能源和资源的责任。当仪器设备的制造从硬加工转变为软加工后，其在硬加工中消耗的大量能源和大量原材料（资源），以及在制造、包装、运输、使用过程中产生的一切污染（如废物、废气、废水和噪声等）都将被消除，从而使虚拟仪器成为一类典型的绿色化产品。

5) 虚拟仪器的标准化、模块化、网络化

虚拟仪器从问世至今，一直走的是一条标准化、开放性、多厂商的路线，经过 10 多年发展，正沿着总线与驱动程序的标准化、软件模块化、硬件模块的即插即用化、编程平台图形化等方向发展。随着计算机网络、多媒体、分布式等技术的飞速发展，融合于计算机技术的虚拟仪器技术，其内容也更加丰富。例如：美国 NI、HP 公司及泰克等公司均已开发出或正在致力于开发通过 Internet 进行远程测试的开发工具；在我国，重庆大学测试中心研究的"仪器流技术"已实验成功，标志着虚拟仪器的网上传输的实现，很有可能将进一步推出现有虚拟仪器产品的网络版。

另一方面，虚拟仪器技术随着现代电子测量仪器发展而发展，它将继续沿着标准化、模块化、网络化方向发展，并必将在更多、更广的领域得到普及和应用。

7.1.4 虚拟仪器的开发

构造和使用虚拟仪器的关键就是应用软件,应用软件主要有以下几个功能:与仪器硬件的高级接口、虚拟仪器的用户界面、集成的开发环境、仪器数据库。

应用软件开发环境是设计虚拟仪器所必需的软件工具。目前,较流行的虚拟仪器软件开发环境大致有两类:一类是图形化的编程语言,具有代表性的有 HPVEE、LabVIEW 等;另一类是文本式的编程语言,如 C、Visual C++、LabWindows/CVI 等。

LabVIEW 是美国 NI 公司研制的图形编程虚拟仪器系统,主要包括数据采集、数据控制、数据分析、数据表示等功能。它提供了一种新颖的编程方法,即以图形方式组装软件模块,生成专用仪器。LabVIEW 由前面板、程序框图、图标/连接器组成,其中前面板是用户界面,程序框图是虚拟仪器的源代码,图标/连接器是调用接口(calling interface)。程序框图包括 I/O 部件、计算部件和子 VI 部件,它们用图标和数据的连线表示。I/O 部件直接与数据采集卡、GPIB 卡或其他外部物理仪器通信;计算部件完成数学或其他运算与操作;子 VI 部件调用其他虚拟仪器。

LabWindows/CVI 的功能与 LabVIEW 相似,且由同一家公司研制,不同之处是它可用 C 语言对虚拟仪器进行编程。它有着交互的程序开发环境和可用于创建数据采集和仪器控制应用程序的函数库。LabWindows/CVI 还包含了数据采集、分析、实现的一系列软件工具。通过交互式的开发环境可以编辑、编译、连接、调试 ANSI C 程序。在这种环境中,通过 LabWindows/CVI 函数库中的函数来写程序。另外,每个库中的函数有一个称为函数面板的交互式界面,可用来交互地运行函数,也可直接生成调用函数的代码。函数面板的在线帮助有函数本身及其各控件的帮助信息。LabWindows/CVI 的威力在于它强大的库函数,这些库函数包含了绝大多数的数据采集各阶段的函数和仪器控制系统的函数。

Visual C++ 是微软公司开发的可视化软件开发平台,由于和操作系统同出一家,因此有着天然的优势。使用 Visual C++ 作为虚拟仪器的开发平台,一般有四个步骤:第一,开发 A/D 插件的驱动程序,完成数据采集功能;第二,开发虚拟仪器的面板,以供用户交互式操作;第三,开发虚拟仪器的功能模块,完成虚拟仪器的各种功能;第四,有机地集成前三步功能,构建出一个界面逼真、功能强大的虚拟仪器。

7.1.5 基于计算机平台的虚拟仪器的基本构成

虚拟仪器的系统组成如图 7-2 所示。它包括计算机、虚拟仪器软件、硬件接口或测试仪器。硬件接口包括数据采集卡、IEEE 488 接口(GPIB)卡、串/并口、插卡仪器、VXI 控制器以及其他接口卡。

图 7-2 虚拟仪器系统组成

1）计算机及附件

在使用虚拟仪器的计算机中,微处理器和总线成为最重要的因素。其中微处理器的发展是最迅速的,它使虚拟仪器的能力得以极大地提高。现在可以利用快速傅里叶变换进行高速的实时计算,并把它用于过程控制或其他控制系统中。总线技术的发展也为提高虚拟仪器的处理能力提供了必要的支持。使用 ISA 总线,可以使在计算机中的数据采集速度达到 2 MB/s;使用 PCI 总线使得高速微处理器能够更快地访问数据,最高采集速度可达到 132 MB/s。由于总线速度的大大提高,现在可以同时使用数块数据采集板,甚至图像数据采集也可以和数据采集结合在一起。可以说计算机技术已经是虚拟仪器的核心。

2）虚拟仪器软件

它是具有测试分析仪器功能的各种软件,包括采集卡驱动软件,软面板功能软件,信号显示、分析软件等。这部分是虚拟仪器的核心,是虚拟仪器的最大特点。

3）数据采集卡

在虚拟仪器中,I/O 设备集成在数据采集卡上,并直接插到个人计算机总线上。数据采集卡进行数据采集,并且及时地把数据存放到 RAM 中,微处理器就可以立即访问这些数据。数据采集卡技术极大地推动了虚拟仪器的发展,因为它把微处理器和总线技术的进步直接演变为输入/输出设备的改进和系统能力的提高。

4）外围支持硬件

外围支持硬件是测试系统的基础,没有高质量的传感器和各种高质量的调理放大器,测试系统就没有了基础。

7.1.6　虚拟仪器的形成

传统的硬件仪器,主要由机箱、底板、调用仪器功能和参数的面板控件三大部分组成。虚拟仪器将计算机作为一套带有智能化功能的通用的机箱和底板,它把电子卡组成的硬功能（包括性能和精度指标）库和面板控件组成的硬控件库,按图 7-3 所示形式进行软件化,从而形成"软功能库"和"软控件库",再在计算机内的一个称为"框架协议"的专家系统内进行软装配、软连接、软组合、软修改、软增删等一系列软件操作,最后便形成一台从外观到功能、性能,从精度到操作方法都与同类硬件仪器完全一样的虚拟仪器,图7-4所示为虚拟仪器外观图。此时若在计算机的总线槽内插入一块相应的模块卡,并在测试对象与模块卡之间接入传感器,虚拟仪器便可和外界的被测对象进行数据交换,从而实现其测试与分析任务。图 7-5 所示为一台软硬件完整、可供使用的虚拟仪器系统。

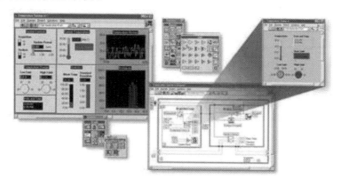

图 7-3　将一种(台)传统硬件仪器转换成以个人计算机为硬件平台的虚拟仪器

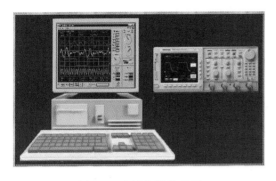

图 7-4 虚拟仪器外观图

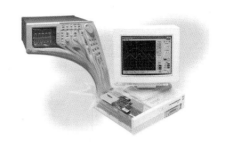

图 7-5 虚拟仪器系统的构成

7.2 虚拟仪器的总线系统

7.2.1 概述

现场总线技术将专用微处理器置入传统测量仪表,使它们各自都具有了数字计算和数据通信能力,采用可进行简单连接的双绞线等作为总线,把多个测量控制仪表连接成网络系统,并按公开、规范的通信协议,在位于现场的多个微机化测量控制设备之间及现场仪表与远程监控计算机之间,实现数据传输与信息交换,形成了各种适应实际需要的自动控制系统。

现场总线是应用在生产现场,在微机化测量控制设备之间实现双向串行多节点数字通信的系统,是开放式、数字化、多点通信的底层控制网络。它作为过程自动化、制造自动化、楼宇、交通等领域现场智能设备之间的互联通信网络,沟通了生产过程现场控制设备之间及其与更高控制管理层网络之间的联系,为彻底打破自动系统的信息孤岛创造了条件。它是一项以智能传感器、自动控制、计算机、数据通信、网络为主要内容的技术综合,它突破了目前被广泛采用的集散控制系统(DCS)中通信依赖专用网络的封闭系统所造成的缺陷,把基于封闭、专用的解决方案变成了基于公开化、标准化的解决方案,即可以把来自不同厂商而遵守统一协议规范的自动化设备,通过现场总线网络连接成系统,实现综合自动化的各种功能;同时把 DCS 集中与分散相结合的集散系统结构,变成了新型全分布式结构,把测控功能彻底下放到现场,依靠现场智能设备本身便可实现基本测量与控制功能。

将图 7-6 所示的现场总线控制室与传统控制仪表的结构对比,可直观地反映二者在结构上的差异。

现场总线系统由于采用了智能现场设备,能够把原先 DCS 系统中处于控制室的控制模块、各输入/输出模块植入现场设备,加上现场设备具有的通信能力,现场的测量变送仪表可与阀门等执行机构直接传送信号,因而控制系统功能能够不依赖控制室的计算机或控制仪表,直接在现场完成,实现了彻底的分散控制。由于采用数字信号替代模拟信号,因而可实现一对电线上传输多个信号(包括多个运行参数值、设备状态、故障信息),同时又为多个设备提供电源,现场设备以外不再需要模拟/数字、数字/模拟转换部件,由此可简化系统结构、节约硬件设备、连接电缆及各种安装、维护、改造费用。

现场总线系统在技术特点上体现了系统的开放性、可操作性与互用性、现场设备的智能化与功能自治性、系统结构的高度分散性和对现场环境的良好适应性,因此现场总线系统在许多

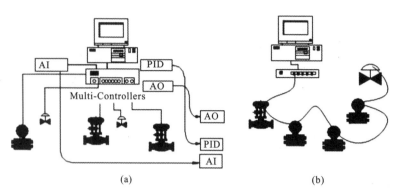

图 7-6　现场总线控制系统与传统控制系统比较

（a）传统控制系统；（b）现场总线控制系统

方面体现了其突出的优越性：简化系统结构，节省硬件数量与投资，节省安装费用，节省维护费用，可提高系统的准确性与可靠性。同时，用户具有高度的系统集成主动权，使系统集成过程的主动权掌握在用户手中。

7.2.2　总线系统的优点

计算机、测控系统等采用总线结构设计后，在系统设计、生产、使用、维护上便产生了如下的一些优越性。

1. 简化系统设计

在计算机和测控系统中，采用总线结构设计，能使系统结构变得简单。根据总体性能，把系统分为若干功能子系统、功能模块，再利用总线将这些子系统或功能模块联系起来，按一定的规约进行协调工作，这就是现在广泛流行的模块化结构设计方法。按这种方法设计的系统结构简单、合理。比如在微型机中，将 CPU、内存板及接口板等插在总线底板的插槽中，就组成了一个微机系统。如不采用总线结构，在过去有两种设计方法：一种是把系统要实现的功能全部设计在一块大板子上；另一种是把系统要实现的功能分成若干部分，分别设计各个功能，一些复杂的大系统，设计起来非常困难。后一种方法，虽然也是一种模块化结构，但模块之间的连线很复杂、烦琐。本来可以公用的电路不能公用，增加了所需的器件和电路。

2. 获得多家厂商支持

已成为国际、国家标准的总线，或规范公开的总线，无版权纠纷问题。因此，只要有市场需求，就可设计、生产符合某种总线要求的功能模块和配套的软件。这有利于促进符合这种总线规范的产品的发展，丰富它的内容，提高它的性能。

3. 便于组织生产

具有总线式模块化结构的产品，与系统的联系就是总线规约，因此模块之间有一定的独立性。这就使得组织各专业化生产更容易，使产品的性能和质量得到进一步的提高和保证。同时，由于模块的功能比较单一，调试时仪器设备相对简单，对调试工人的技术水平要求不高，便于组织大规模生产。

4. 便于产品的更新换代

现代的电子技术发展迅速，为满足各种需求，产品需要不断升级换代。模块化结构的产品可及时更新器件，提高产品性能，而不必对系统做大的更改，往往只需要更换某一个或某几个功能模块甚至个别器件即可满足需要。

5. 维修方便

总线或模块化设计的产品,一般都有很好的故障诊断软件,很容易诊断出模板级的故障。一旦发现某块模板有问题,立即将其更换,系统就能很快重新投入使用。

6. 经济性好

由于简化了系统设计,便于组织大规模生产,因此能降低产品成本。另外,由于有许多家厂商生产符合某种总线规约的产品,彼此竞争,使用户有更多的机会选择性能价格比高的产品。

虚拟仪器作为一种以计算机为支撑的测试仪器,为了达到优化结构、提高性能的目的,势必也要采用总线结构设计的方法。为充分利用这一设计方法的优越性,根据实际情况,从与之关系密切的计算机总线和测控总线中,选择合理的总线,是关键的一步。因为总线选择的正确与否,将直接关系到虚拟仪器产品的使用性和以后的升级换代等一系列问题。

7.2.3　GPIB 总线系统

1. IEEE 488 接口总线

国际公认并广泛使用的 IEEE 488 接口总线被称为通用接口总线(general purpose interface bus,GPIB)。它的作用是实现仪器仪表、计算机、各种专用的仪器控制器与自动测控系统之间的快速双向通信。它的应用不但简化了自动测量过程,而且为设计和制造自动测试装置(automatic test equipment,ATE)提供了有力的工具。

IEEE 488 接口是一种数字系统,在它支持下的每个主单元或控制器可控制多达 10 台以上的仪器或装置,使其相互之间能通过总线以并行方式进行通信联系,这种组合测试结构通常由计算机或专用总线控制器来监控,而监控软件可用 C 语言或 C++ 语言来编程。利用计算机平台界面及软件包等脱离硬件框架的模式很容易按给定应用要求构筑一个检测体系。

1) IEEE 488.1 通信接口

IEEE 488.1 是一种数字式 8 位并行通信接口,其数据传输速率可达 1 Mb/s。该总线支持一台系统控制器(通常是计算机)和多达 10 台以上的附加仪器。它的高速传输和 8 位并行接口使得它被广泛地应用到其他领域,如计算机之间的通信和周边控制器等。

各有关器件之间是通过一根含 24(或 25)芯的集装通信缆来联系的。这根通信缆两端都有一个阳性和阴性连接器。这种设计使器件可按总线型或星型结构连接,如图 7-7 所示。GPIB 使用负逻辑(标准的 TTL 电平),任一根线上都以零逻辑代表"真"条件(即"低有效"条件),这样做的重要原因之一是负逻辑方式能提高对噪声的抗御能力。通信缆通过专用标准连接器与设备连接,连接器及其引脚定义如图 7-8 所示。

2) GPIB 操作

GPIB 采用字节串行/位并行协议。GPIB 通过连接总线传输信息而实现通信。输送的信息分两种:基于器件的信息和连接信息。基于器件的信息通常称为数据或数据信息,它包括各种器件专项信息,如编程指令、测量结果、机器状态或数据文档等,它们通过 GPIB 或下面将提到的 ATN 线进行"无申报"传送;连接信息的任务是对总线本身进行管理,通常称为命令或命令信息。它们执行着对总线和寻址/非寻址器件进行初始化和对器件的模式进行设置(局部或远程)等任务,这些信息通过 ATN 总线进行"有申报"传送,数据信息通过 8 位导向数据线在总线上从一个器件传往另一个器件,一般使用 7 位 ASCII 码进行信息交换,8 根数据线(DIO1~DIO8)传送数据和命令信息,所有的命令和大多数数据都使用上述 7 位 ASCII 码,第

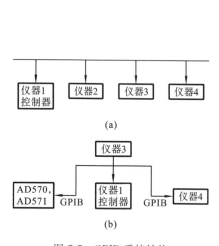

图 7-7　GPIB 系统结构

(a) 总线型结构；(b) 星型结构

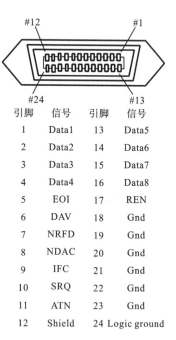

引脚	信号	引脚	信号
1	Data1	13	Data5
2	Data2	14	Data6
3	Data3	15	Data7
4	Data4	16	Data8
5	EOI	17	REN
6	DAV	18	Gnd
7	NRFD	19	Gnd
8	NDAC	20	Gnd
9	IFC	21	Gnd
10	SRQ	22	Gnd
11	ATN	23	Gnd
12	Shield	24	Logic ground

图 7-8　标准 IEEE 488.1 连接器引脚说明

8 位则不用或仅用于奇偶校验。ATN 线用于辨别所传送的是数据还是命令。

3）GPIB 器件和接口功能

基于 GPIB 测试结构的全部有关器件可分为控者、讲者和听者三大类。

控者指明谁是讲者，谁是听者。大多数 GPIB 系统以计算机为核心，此时计算机即为系统的控者，通常在作为控者的计算机中安装专用接口卡来完善其功能。当采用多个计算机进行组合时，其中任何一个都可能是控者，但只能有一个积极的控者，称为执行控者。每个 GPIB 系统都必须定义一个系统执行控者，这一工作可通过设置接口板卡上的跳线或软件构筑来完成。

讲者是指发送数据到其他器件的器件，听者是指接收讲者发送的数据的器件。大多数 GPIB 器件都可充当讲者和听者，有些器件只能做讲者或只能做听者，一台用作控者的计算机可以同时扮演上述三者。表 7-2 列出了讲者和听者的地位及其相互关系。

表 7-2　讲者和听者的地位及其相互关系

讲　者	听　者
被控者指定去讲	被控者指定去听
将数据放到 GPIB 上	读出由讲者送到 GPIB 上的数据
一次只能有一个器件被寻址为讲者	每次可有多台器件被寻址为听者

IEEE 488 标准提供了 11 种接口功能，它们可在任何 GPIB 器件中实现。各种器件的制造厂可任意使用它们来完成各种功能，每种接口功能可通过由 1 个、2 个或 3 个字母构成的助记符来识别，这些字母组合描述了特定的功能。表 7-3 简要给出了这些接口功能，而所有的功能子集都由 IEEE 488 标准做了详细描述。每个子集通过在上述字组之后添加一个数字来识别。

表 7-3　GPIB 接口功能

GPIB 接口功能	助记符	说　　明
讲者或扩展讲者	T,TE	作为讲者的器件必备的能力
听者或扩展听者	L,LE	作为听者的器件必备的能力
控者	C	允许一个器件向 GPIB 上的其他器件发送地址、统一命令和已定地址的命令。也包括执行一次投选来确定申请服务的器件的能力
握手源	SH	提供一个有能力正确地输送综合报文的器件
握手受者	AH	提供一个有能力正确接收远距离综合报文的器件
远距离/局域	AL	允许器件在 2 个输入信息之间进行选择。"局域"对应面板控制,"远距离"对应来自总线的输入信息
服务申请	SR	允许一个器件异步地申请来自控制器的服务
并行查询	PP	控者收到总线上的服务请求后,并行查询请求服务的器件
设备清理	DC	它与"服务申请"的区别在于它要求控者委托它预先进行一次申请并投选
设备触发器	DT	允许一个器件具有它自身的(由讲者在总线上启动的)基本操作
驱动器	E	此码描述用在一个器件上的电驱动的类型

4) 信号及连线

GPIB 有 16 条信号线和 8 条回送线。GPIB 上的所有器件分享 24 条总线。16 条信号线分为三组:数据线 8 条、接口管理线 5 条、握手线 3 条。

(1) 数据线。数据线以并行方式输送数据,每根线传送一位,其中前 7 位构成 ASCII 码,最后一位作其他用,如奇偶校验等。

(2) 接口管理线。接口管理线管理着 GPIB 中的信号传输。

① 接口清除线(interface clear,IFC)　只能由系统控者来控制,用于控制总线的异步操作,是 GPIB 的主控复位线。

② 注意线(attention,ATN)　供执行控者使用,用于向器件通告当前数据类型,分为申报型或不申报型。申报型:总线上的信息被翻译成一个命令信息。非申报型:总线上的信息被翻译成一个数据报文。

③ 远距离使能(remote enable,REN)　由控者用来将器件置入到远距离状态。这是由系统控者申报的。

④ 终止或识别(end or identify,EOI)　由某些器件用来停止它们的数据输出。讲者在数据的最后一位之后发出 EOI 申报,听者在接到 EOI 后立即停止读数,这条线还用于并行查询。

⑤ 服务请求(service request,SRQ)　当一个器件需要向执行控者提出获得服务的要求时发出此信号,执行控者必须随时监视 SRQ 线。

(3) 握手线。握手线异步控制各器件之间的信息字节的传输,其三线连锁握手模式保证了数据线上的信息字节被正确无误地发送和接收,三条握手线分别代表三种含义。

① NRFD(not ready for data)指出一个器件是否已准备好接收一个数据字节,此线由所有正在接收命令(数据信息)的听者器件来驱动。

② NDAC(not data accepted)指出一个器件是否已收到一个数据字节,此线由所有正在接收命令(数据信息)的听者器件来驱动。在此握手模式下,该传输率将根据最慢的执行听(正在

听)者为准,因为讲者要等所有听者都完成工作。在发送数据和等待听者接收之前,NRFD 应被置于"非"。

③ DAV(data valid)指出数据线上的信号是否稳定、有效和可以被器件验收。当控者发送命令和讲者发送数据信息时都要申报一个 DAV。图 7-9 描述了三线握手的时序。

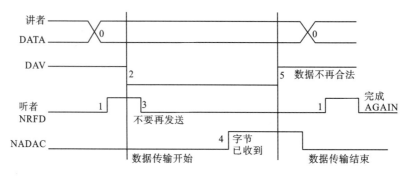

图 7-9　三线握手的时序

5)总线命令

所有器件必须监视 ATN 线并在 200 ns 内做出响应。当 ATN 为"真"时,所有器件都接收数据线上的数据并将其作为命令或地址来处理。被所有器件接收的命令称为统一命令,这些统一命令可以是单线式的,如 ATN,或其他类型的,如 IFC、REN 或 EOI;统一命令也可以是多线式的,在这里,命令是一条数据线上的编码的字。命令中有些已有了地址,即它们只对有地址的器件有意义。一个控制器可使用这些命令来制定讲者和听者(发送讲地址和听地址),取消讲者和听者(发送不讲命令和不听命令),将一个器件设置到一个预先针对它而指定的状态,使能一个器件的查询从而确定哪一个器件要求注意(并行查询结构,串行查询使能命令)。这五种通用命令列于表 7-4 中,被寻址的命令列于表 7-5 中。

表 7-4　通用命令表	
多线命令	代　号
器件清理	DCL
局域清理	LLO
序列查询使能	SPE
序列查询能力取消	SPP
并行查询设置解除	PPU

表 7-5　被寻址的命令	
被寻址命令	代　号
分组执行启动	GET
被选器件清除	SDC
转向局域	GTL
并行查询配置	PPC
执行控制	TCT

6)查询

在 IEEE 488 中,每个数据传输过程都由控者来启动。在已确定唯一讲者的系统中,讲者可独立工作而不需要控制。控者的地位与公用电话系统的电话交换机相似:一旦确定了讲者和听者,就将二者间的路线接通。若某个器件要求成为讲者(如要送出数据或报告一个错误),则必须向控者提出申报。申报方法是:通过一条 SRQ 线向控者发出中断触发信号。控者接到申报后,便启动一个查询过程来依次寻址(按照地址去查询目标)每一个器件,以发现申报 SRQ 的器件(可以是一个或多个)。查询方法分为串行和并行两种。

(1)串行查询　被寻址到的器件组为讲者向控者发送一个状态字节来表明自己是否要注意。

（2）并行查询　此时所选定的器件有可能发送一个状态位到预先制定的数据线上。并行查询的启动方法是同时用 ATN 和 EOI 线做申报。

7）物理和电气特性

GPIB 使用一个传输线系统来进行工作。其通信电缆阻抗和终端性能制约着最大数据传输速率。IEEE 488 规定使用的所有通信电缆的每个器件长度必须小于 2 m，总长度最大限制为 20 m。如果需要超越这些限制，就应使用延伸器和扩展器。虽然数据传输速率上限为每秒 10^6 字节（1 Mb/s），但当传输电缆长度到最大值 20 m 时，最大传输速率将会下降到约每秒 250×10^3 字节（250 kb/s）。目前出现了更高速的数据协议 IEEE 488.2，其数据传输速率高达 8 Mb/s，并与普通协议兼容。由于接收门灌电流最大为 48 mA，而每个发送门高电平输出电流为 3.3 mA，所以 IEEE 488 规定器件容量少于或等于 15 台（包括控者器件在内）。

2. IEEE 488.2

IEEE 488.1 标准没有定义信息的数据形式、状态报告、信息改变协议、通用设置命令或器件特定命令，而 IEEE 488.2 总线标准解决了这些问题，并对 IEEE 488.2 控制器和 IEEE 488.2 仪表做了明确定义，使之比前者更为可靠和有效，同时还与前者兼容。

在控制器方面，IEEE 488.2 标准降低了一些要求。为使编程简易，IEEE 488.2 标准还定义了高层控制协议，它发挥了若干个控制序列的作用。

在仪器方面，IEEE 488.2 定义了一套必要的通用命令，所有器件都必须遵照执行。SCPI 规范就是以这些统一命令为基础建立的。新标准也定义了状态报告，在 IEEE 488.1 仪表所使用的状态字节上做了扩展。统一命令允许控者使用状态报告寄存器（4 个字节）。状态字节寄存器由串行查询返回。服务请求使能寄存器（SRE）将确定产生服务请求的条件，该寄存器能够由控者设置。通过设置标准事件状态使能寄存器（ESE），就可确定应该允许这些事件中的哪一件产生一个服务申请。

7.2.4　VXI 总线

1987 年，一些著名的测试和测量公司联合推出了 VXI（VMEbus extensions for instrumentation）总线结构标准。它将测量仪器、主机架、固定装置、计算机及软件集成为一体，是一种电子插入式工作平台。它是继 GPIB 第二代自动测试系统之后，为适应测试系统从分立台式和装架叠式结构向高密度、高效率、多功能、高性能和模块化结构发展的需要，吸收智能仪器和计算机仪器之设计思想，推出的一种开放的新一代自动测试系统工业总线标准。经过修改和完善，20 世纪 90 年代初，被接纳为 IEEE 1155 标准。VXI 总线规范的主要目的如下：

① 使仪器以明确的方式通信；

② 缩小标准叠架式仪器系统的物理尺寸；

③ 提供可用于军事模块化仪器系统的测试设备；

④ 为测试系统提供高的数据吞吐量；

⑤ 使用虚拟仪器原理，可方便地扩展测试系统的新功能；

⑥ 在测试系统上采用公用接口，使软件成本有所下降；

⑦ 在该标准规范内，规定了实现多模块仪器的方法。

VXI 总线来源于 VME 总线结构。VME 总线是一种非常好的计算机总线结构，和必要的通信协议相配合，数据传输速率可达 40 Mb/s。用这样的总线结构来构成高吞吐量的仪器系统，是非常理想的。VXI 总线的消息基设备（message based device）具有 IEEE 488 仪器容易

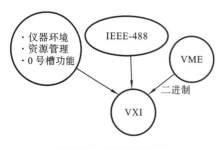

图 7-10　VXI 的构成

使用的特点，如 ASCII 编程等。同时，VXI 总线和 VME 设备一样，有很高的吞吐量，可以直接用二进制的数据进行编程和通信，和这些 VME 设备相对应的是 VXI 寄存器基的设备（register based device）。VXI 的构成如图 7-10 所示。

在每个 VXI 总线系统中，必须有两个专门的功能。第一个是 0 号槽功能，它负责管理底板结构。第二个是资源管理程序。每当系统加电或复位时，这个程序就对各个模块进行配置，以保证系统能正常工作。

VXI 总线设备共有四种类型：寄存器基的设备、消息基的设备、存储器设备和扩展存储器设备。这里主要介绍最常用的两种：寄存器基的设备和消息基的设备。

在 VXI 总线标准中，提供了三种寻址方式，即 IEEE 488 主寻址、IEEE 488 副寻址和嵌入式寻址。这三种寻址方式都是与 VXI 总线中消息基的仪器相容的，IEEE 488 总线到 VXI 总线接口的设备可采用任何一种。VXI 总线的特点如下。

1）VXI 总线是一种真正开放的标准

到目前为止，已有 200 多家制造商收到 VXI 总线联合体颁发的识别码，有千百部不同的仪器模块投放市场。大量商家同时参与竞争，有利于 VXI 器件品种的增加、性能完善。用户可以方便地利用这种标准化体系结构自由选择所需要的优良的器件，在最短的时间内，设计出廉价的、专用功能的仪器测试系统。

2）较高的测试系统数据吞吐量

与 VME 总线相容的 VXI 总线数据传送率理论值可达 40 Mb/s，增扩的本地总线可高达 100 MB/s。不同等级器件优先权中断的使用，更能高效地利用数据总线，从而降低用户的测试费用，增强竞争优势。

3）更容易获得高性能的仪器系统

VXI 总线为仪器提供了良好的电源、电磁兼容、冷却等高可靠性环境，还有各种工作速度的精确同步时钟。这种比 GPIB 和 PCI 系统更有得天独厚的条件，有助于获得比以往更高性能的仪器。

4）虚拟仪器概念成为现实

用户可借助 VXI 总线随意地组建不同的测试系统，甚至可通过软件将 VXI 总线硬件系统分层次组成不同功能的测试系统。尽管 VXI 总线仪器没有面板和显示器，但操作者利用计算机具有图形能力的交互测试生成软件，可在显示器屏幕上根据各种信息产生各种曲线、图表、数据和仪器面板、操作菜单，甚至产生测试软件，来控制仪器系统的运行。这样，用户可以随时使 VXI 总线系统演变成一个具有传统仪器形象的测试系统，从而使虚拟仪器由概念变成现实。

5）缩小体积，降低成本

采用共用电源、消除面板、共用冷却方式、紧凑的结构设计都有利于减小尺寸。选用需要的测试组件、较少的 CPU 管理等措施降低系统的冗余度，就会减小系统尺寸，降低成本。这些对经常需要建造庞大、多功能测试系统的军事用户来说是相当重要的。随着应用电子技术的普及，模块化仪器系统的重要性在商业民用部门也会增强。

6) 与 GPIB 仪器相容,可混合使用,相得益彰

VXI 总线仪器中定义了 488-VXI 接口器件和 VXI-488 仪器,使得 VXI 总线系统完全可以与 GPIB 测试系统共存,两种系统的资源可同时调用。

7) 真正的升级通道和软件保护使用户的测试系统永远不会废弃

组建 VXI 系统初期投入的软、硬件资源可以直接用于发展后的高级 VXI 总线系统。VXI 总线规范虽直接涉及软件,但 488-VXI 接口器件的引入,允许 488.2 和 SCPI 相容软件运行 VXI 总线系统,实际上可使用户软件投资得到保护。总之,VXI 总线的开放性为保护用户投资提供了最佳方案。

7.2.5 PXI 总线

PXI(PCI extension for instrumentation)是由美国 NI 公司于 1997 年推出的测控仪器总线标准。PXI 总线是以 PCI 计算机局部总线(IEEE 1014—1987 标准)为基础的模块仪器结构,目标是在 PCI 总线基础上提供一种技术优良的模块化仪器标准。

PCI 总线是一种先进的高性能的局部总线。它以 33 MHz 的时钟频率工作,带宽为 32 位,最高数据传输率可达 132 MB/s,比 ISA 总线快 7~8 倍,并且总线时钟频率最高可达 50 MHz。PCI 总线有严格的规范来保证高度的可靠性和兼容性,完全兼容 ISA、EISA、MAC 总线;支持多台设备,可以带相对较多负载(多达 10 台)且运行更为可靠;不受制于处理器,为 CPU 和高速外设提供了一条高吞吐量的数据通道,非常适用于网络适配器、磁盘驱动器、视频卡、图形加速卡及各类高速外设;支持即插即用的结构。PXI 总线采用多路复用技术等,一系列优点更受到众多厂家的支持,成为市场的主流。PXI 从一开始就作为一种长期的总线标准被加以制定,有广阔的发展前景。目前,计算机市场绝大多数的奔腾机都以 PCI 为系统总线。当然,PCI 毕竟是局部总线,在系统中,仍需辅以 ISA/EISA 标准总线的支持。

1. PCI 总线接口的实现

由于 PCI 总线规范十分复杂,其接口的实现比 ISA、EISA 的技术难度大,其主要原因如下。

(1) 各种 TTL 和 CMOS 逻辑、PLD 等器件通常只有输出特性的直流指示,而实现 PCI 接口时,则必须选用输入输出的交流开关特性与 PCI 规范相符的器件。

(2) PCI 是一种同步总线,绝大多数包含在高性能数据和控制路径中的逻辑都需要一个 PCI 系统时钟的拷贝,这一点与 PCI 苛刻的负载要求相矛盾。另外,在完成某些功能,如 32 位突发传送时,往往需要很多的时钟负载,而时钟上升沿到输出有效的时间必须小于 11 ms,这进一步加重了时钟负载。

(3) 实现 PCI 规定功能需要大量的逻辑。完成逻辑校验、地址译码,实现配置所需的各类寄存器等,PCI 的基本要求大致需要 10 000 门逻辑。此外,往往还要加上诸如 FIFO、用户寄存器、后端设备接口等。

实现 PCI 接口的有效方案有两种:专用接口芯片和 PLD。将专用芯片放置于特定功能的插卡与 PCI 总线之间,从而提供传统数据和控制信号的接口电路。这是一种能解决设计难点的有效方法。但前提是这种芯片必须具有较低的成本和通用性,而不只限于插卡一侧的特定处理器总线,能够优化数据传输,提供配置空间,具备片内 FIFO 功能(用于突发性传输)等。目前,只有少数厂家提供这类芯片,如 AMCC 开发的主/从控制接口芯片 S5930-33。

实现 PCI 接口控制的另一个行之有效的方案是采用 PLD。其特点是不受所需实现的插

卡功能限制，设计灵活，开发周期短，易于维护。目前，ALTERA 提供有 CPLDD 器件 FLEX800 系列，Xilinx 提供有 FPGA 器件 XC3100A 系列，两者的电气特性均与 PCI 规范完全一致，可以应用于各类 PCI 接口设计。

2. PCI 总线的特点

PCI 总线作为一种优良的总线标准，与 ISA、EISA、VL-BUS 等总线相比有着如下显著的特点。

（1）独立于 CPU 的设计结构，具有一种独特的中间缓冲器，将 CPU 子系统与外设分开。据此，用户可随意增加设备而不必担心会降低整机性能及可靠性。同时，这种设计也可确保 CPU 的不断更新换代，不会使其他个别系统的设计变得过时。PCI 局部总线与 Intel 处理器全线兼容，包括 Pentium、Overdrive 及 686 处理器。

（2）线性突发处理。PCI 支持线性突发传输数据模式，确保总线不断满载数据。线性突发传输能更有效地运用总线带宽传输数据，减少无谓的地址作业，该功能对高性能处理器尤为重要。

（3）总线主控及同步操作。总线主控是一般总线都具有的功能，可让任一具有处理效能的外围设备暂时接管总线，以加速执行高吞吐量、高优先级的任务。PCI 独特的同步操作可确保微处理器能与这些总线主控同时工作，而不必等待总线主控操作的完成。

（4）兼容性。PCI 可与 ISA、EISA、VL-BUS 总线兼容。PCI 插卡的元件放置与一般 ISA 卡正好相反，这就可以使一个 PCI 插卡和一个 ISA 插卡共用一个位置。PCI 与 CPU 及时钟无关，从理论上讲，PCI 插卡是通用的，可插到任何一个有 PCI 总线的系统上去。不过，实际上因卡上 BIOS 本身与 CPU 及 OS 有关，不一定做得那么通用，但至少对同一类型 CPU 的系统一般能够通用。在这一方面，PCI 总线比 VL-BUS 总线有了很大的进步。

（5）自动配置。ISA 插卡往往需要设置开关和跳线，使用不便。PCI 总线规范保证了 PCI 的插卡可以自动进行配置。PCI 定义了三种地址空间，即存储器空间、输入/输出空间和配置空间，PCI 定义配置空间的目的在于提供一种配置关联，从而使所有与 PCI 兼容的设备实现真正的"plug and play"。在每个 PCI 设备中都有 256 字节的配置空间用来存放自动配置信息，一旦 PCI 插卡插入系统，系统 BIOS 将能根据读到的有关卡的信息，结合系统的实际情况为插卡分配存储地址、端口地址、中断和某些定时信息，从根本上免除了人工操作。

（6）共享中断。PCI 总线采用低电平有效方式，多个中断可以共享一条中断线，而 ISA 总线采用的是边沿触发方式，且不能实现共享。

（7）扩展性好。如果需要把许多设备接到 PCI 总线上，而总线驱动能力不足，可以采用多级 PCI 总线。这些总线都可以并发工作，每个总线上都可以接挂若干个设备。因此，PCI 总线结构的扩展性是非常好的。

（8）严格规范。PCI 总线对协议、时序、负载、电性能和力学性能指标等都有严格的规定，这正是其他总线不及的地方，从而也保证了它的可靠性和兼容性。当然，由于 PCI 总线规定十分复杂，其接口的实现较 ISA、EISA 有着更高的技术难度。

3. PCI 总线有利于减小尺寸，降低成本

采用电气/驱动总负载与频率符合 ASIC 标准工艺和其他电气工艺流程，采用多路转换，使引脚数很少，PCI 部件尺寸小，使更多的功能能被装入指定尺寸的部件中。上述措施大大降低了成本。

PCI 总线是一种用于计算机的典型总线系统，由于计算机具有极广大的用户群，因此尽管

PCI 总线有若干缺点,但仍然是应用最广泛的总线系统。

PXI 总线是 PCI 总线的增强与扩展,并与现有工业标准 Compact PCI 兼容,它在相同插件底板中提供不同厂商产品的互联与操作。作为一种开放的仪器结构,PXI 提供了在 VXI 以外的另一种选择,满足了希望以比较低的价格获得高性能模块化仪器的用户需求。

PXI 最初只能使用内嵌式控制器,最近 NI 公司发布了 MXI-3 接口,扩展了 PXI 的系统控制,包括直接 PC 控制、多机箱扩展和更长的距离控制,扩大了 PXI 的应用范围。

可在一个 PXI 机架上插入 8 块插卡(1 个系统模块和 7 个仪器模块),而且可以通过 NI 公司的多系统扩展接口 MXI-3,以星型或菊花链连接多个 PXI 机箱。当然,此时星型触发总线就无法起作用了。

为了满足测控模块的需要,PXI 总线通过 J1 连接器提供了 33 MHz 的系统时钟,通过 J2 连接器提供了 10 MHz 的 TTL 参考时钟信号、TTL 触发总线和 12 引脚的局部总线。这样同步、触发和时钟等功能的信号线均可直接从 PXI 总线上获得,而不需要繁多的连线和电缆。PXI 也定义了一个星型触发系统,与 VXI 不同的是,它通过 1 槽传送精确的触发信号,用于模块间精确定时。

与其他总线体系结构类似,PXI 定义了由不同厂商提供的硬件产品所遵守的标准。但 PXI 在硬件需求的基础上还定义了软件需求以简化系统集成。PXI 需要采用标准操作系统架构如 Windows 2000/98,同时还需要各种外部设备的设置信息和软件驱动程序。PXI 与 VXI 的扩展性能比较见表 7-6。

表 7-6　PXI 与 VXI 性能比较

总线名称	参考时钟	触发线	星型总线	局部总线	连接器标准
PXI	10 MHz TTL	8TTL	1	13 线	IEC-1076
VXI	10 MHz ECL	8TTL&6ECL	2(仅 D 尺寸)	12 线	DIN41612

(1) PXI 系统产品的价格大约相当于 VXI 系统的 $1/2 \sim 2/3$。

(2) 市场上大部分的 VXI 模块是 C 尺寸,C 尺寸 VXI 卡的面积是 PXI 插卡的两倍,因而可提供更多的功能。

(3) VXI 通过 P3 连接器定义了一个由两条星形线组成的星形触发系统,这意味着星型触发必须配置 D 尺寸机箱和 D 尺寸模块才能工作;PXI 也定义了一个星型触发系统,与 VXI 不同的是,它通过 1 槽传送精确的触发信号,用于模块间精确定时。

(4) 一个 PXI 机箱最多只有 7 个插槽可插通用模块;与此相比,13 槽 C 尺寸 VXI 机箱能提供给设计者 12 槽位置,一般不用通过机箱级联,就能满足实际需要了,而且,C 尺寸的 VXI 模块比 3U 和 6U 尺寸的 PXI 模块能够集成更多的功能。

(5) 如果从性能上考虑,PXI 是当然领先的,它不但传输速率较高,价格也相对较低,可以满足大多数的测试应用项目要求,但是在高端领域,VXI 仍然是最好的选择,它可以完成更复杂更尖端的测试任务。

其实 VXI 和 PXI 之间的差别比较微妙,选择哪一种总线技术取决于具体应用、应用项目的复杂程度、要求的速度及用户的预算。

7.3　虚拟仪器的开发系统及编程实例

7.3.1　基于 LabVIEW 的虚拟仪器简介

虚拟仪器是基于计算机的仪器。计算机和仪器的密切结合是目前仪器发展的一个重要方向。粗略地说，这种结合有两种方式。一种是将计算机装入仪器，其典型的例子就是智能化的仪器。随着计算机功能的日益强大及其体积的日趋缩小，这类仪器功能也越来越强大，目前已经出现含嵌入式系统的仪器。另一种方式是将仪器装入计算机。以通用的计算机硬件及操作系统为依托，实现各种仪器功能。虚拟仪器主要是指这种方式。图 7-11 反映了常见的虚拟仪器方案。

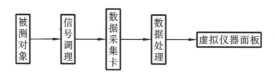

图 7-11　虚拟仪器方案

虚拟仪器实际上是一个按照仪器需求组织的数据采集系统。虚拟仪器的研究中涉及的基础理论主要有计算机数据采集和数字信号处理。目前在这一领域内，使用较为广泛的计算机语言是美国 NI 公司的 LabVIEW。

LabVIEW(laboratory virtual instrument engineering workbench)是一种图形化的编程语言。它广泛地被工业界、学术界和研究实验室所接受，被视为一个标准的数据采集和仪器控制软件。LabVIEW 集成了与满足 GPIB、VXI、RS-232 和 RS-485 协议的硬件及数据采集卡通信的全部功能。它还内置了便于应用 TCP/IP、ActiveX 等软件标准的库函数。这是一个功能强大且灵活的软件。利用它可以方便地建立自己的虚拟仪器，其图形化的界面使得编程及其使用过程都生动有趣。

图形化的程序语言，又称"G"语言。使用这种语言编程时，基本上不用写程序代码，取而代之的是程序框图。它尽可能利用了技术人员、科学家、工程师所熟悉的术语、图标和概念，因此，LabVIEW 是一个面向最终用户的工具。它可以增强用户构建科学和工程系统的能力，提供了实现仪器编程和数据采集系统的便捷途径。使用它进行原理研究、设计、测试并实现仪器系统时，可以大大提高工作效率。

利用 LabVIEW 可生成独立运行的可执行文件，它是一个真正的 32 位编译器。像许多重要的软件一样，LabVIEW 提供了 Windows、UNIX、Linux、Macintosh 等多种版本。

1. LabVIEW 基本编程

为了便于学习，本书中编程所用的软件是 LabVIEW 8.6 中文版本。

LabVIEW 应用程序，即虚拟仪器(VI)，包括前面板、程序框图两大部分。

1）前面板

前面板是图形用户界面，也就是 VI 的虚拟仪器面板，这一界面上有用于输入和显示输出的两类对象，具体表现为开关、旋钮、图形及其他控制和显示对象。图 7-12 所示为一个随机信号发生和显示的简单 VI 的前面板，上面有一个显示对象，可以曲线的方式显示所产生的一系列随机数。还有一个控制对象——开关，可以启动和停止工作。显然，并非简单地使用两个控件就可以运行,在前面板后还有一个与之配套的程序框图。

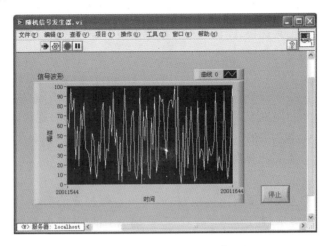

图 7-12 随机信号发生器的前面板

2) 程序框图

程序框图又称后面板,它提供了 VI 的图形化源程序。在程序框图中对 VI 编程,以控制和操纵定义在前面板上的输入和输出功能。程序框图中有一些前面板上没有但编程必须有的东西,例如函数、结构等。图 7-13 是与图 7-12 对应的程序框图。我们可以看到程序框图中包括了前面板上的开关和显示器的连线端子,还有一个随机数发生器函数及程序的循环结构。随机数发生器通过连线将产生的随机数送到显示控件。为了使该 VI 能够持续运行,设置了一个 while 循环,并由开关控制这一循环的结束。

图 7-13 随机信号发生器的程序框图

如果将 VI 与标准仪器相比较,那么前面板上的部件就是仪器面板上的部件,而程序框图上的代码相当于仪器箱内的器件。在许多情况下,使用 VI 可以仿真标准仪器,在屏幕上出现的标准仪器面板不仅惟妙惟肖,而且其功能也与标准仪器相差无几。

图 7-14　工具选板

2. LabVIEW 的操作选板

在 LabVIEW 的用户界面上，应特别注意它提供的操作选板，包括工具选板、控件选板和函数选板。这些选板集中反映了该软件的功能与特征。

1）工具选板

图 7-14 所示为工具选板，该选板提供了各种用于操作、定位、连线和调试 VI 的工具。如果该选板没有出现，则可通过选择"查看"下拉菜单中的"工具选板"来显示。当从选板内选择了任一种工具后，鼠标箭头就会变成该工具相应的形状。

2）控件选板

控件选板由表示子选板的顶层图标组成，该选板包含创建前面板时可使用的全部对象。控件选板只能在前面板显示，通过选择"查看"下拉菜单中的"控件选板"选项或在前面板空白处单击鼠标右键，可显示控件选板，如图 7-15 所示。

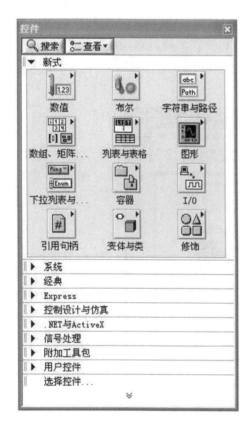

图 7-15　控件选板

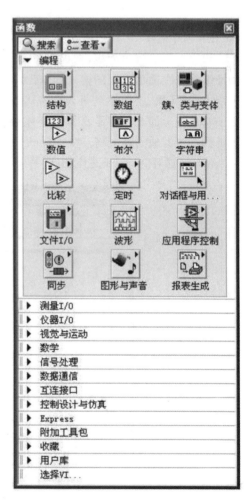

图 7-16　函数选板

3）函数选板

函数选板如图 7-16 所示，其工作方式与控件选板大体相同。函数选板也由表示子选板的顶层图标组成,包含创建程序框图时可用的全部对象。函数选板只能在程序框图中使用,通过选择"查看"下拉菜单中的"函数选板"选项或在程序框图空白处单击鼠标右键,可显示函数选板。

7.3.2　基于 LabVIEW 的虚拟仪器设计步骤

LabVIEW 功能非常强大,可用于构造各种虚拟仪器。虚拟仪器系统开发的一般步骤如下。

1）需求分析

此步骤主要明确设计中要解决的关键问题及设计的可行性等。

2）软硬件选择

此步骤主要分析软件适用性、软件功能、硬件的种类等问题。

3）设计用户界面

此步骤的主要设计原则:满足相关标准要求,界面友好、简捷、易懂。

4）程序设计

此步骤的主要设计原则:自上而下的设计方法,模块化结构。

5）程序调试

此步骤的主要原则:自上而下,充分利用断点、单步执行、高亮执行等调试方法。

6）系统实际应用

此步骤主要考虑:实际系统参数尽可能精确测定并与虚拟仪器的相关参数匹配,偶然事件的估计与措施,系统调试中的监视。

7.3.3　编程实例

例 7-1　建立一个测量温度和容积的 VI,用于仿真温度和容积的测量,图 7-17 所示为该测量系统的前面板,图 7-18 所示为该测量系统的程序框图。

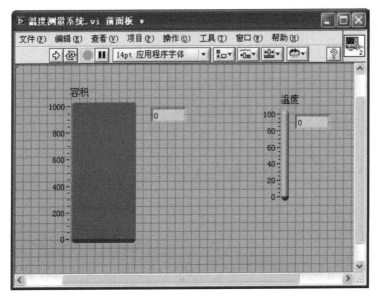

图 7-17　温度测量系统前面板

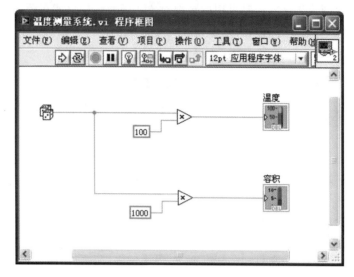

图 7-18　温度测量系统程序框图

步骤如下。

（1）启动 LabVIEW 软件，选择新建菜单中的"VI"，打开一个新的前面板窗口。

（2）在控件选板中选择"新式"→"数值"→"垂直填充滑动杆"并将其放到前面板中，鼠标右键单击该控件，在快捷菜单中选择"转换为显示控件"，根据要求调整其大小到合适的尺寸。

（3）双击标签文本，将"垂直填充滑动杆"改为"容积"两字，然后在前面板中的其他任何位置单击一下。

（4）把容器显示对象的显示范围设置为 0～1 000。

（5）鼠标右键单击该控件，在快捷菜单中选择"显示项"→"数字显示"，将会出现一个数字显示器。

（6）在控件选板中选择"新式"→"数值"→"温度计"并将其放到前面板中。将标签改为"温度"，显示范围设置为 0～100。用鼠标右键单击该控件，在快捷菜单中选择"显示项"→"数字显示"，给其配一个数字显示器。

（7）切换到后面板。按照图 7-18 所示，在函数选板中选择"编程"→"数值"子选板中的相应函数，将它们放到程序框图中，并用连线工具把各个对象连接起来。

（8）点击前面板工具栏中的运行按钮"⇨"，运行并观察 VI。选择"文件"→"保存"，把该 VI 保存为". vi"格式。

（9）选择"文件"→"关闭"，关闭该 VI。

例 7-2　设计如图 7-12 所示的随机信号发生器，并增加控制循环速度的功能。

步骤如下。

（1）新建一 VI。

（2）在控件选板中选择"新式"→"图形"→"波形图表"并将其放到前面板中。调整其大小到适当尺寸，并将其标签改为"信号波形"。

（3）在控件选板中选择"新式"→"布尔"→"停止按钮"，并将其放到前面板中，用鼠标右键单击该按钮，在快捷菜单的"显示项"中关闭显示标签。

（4）在控件选板中选择"新式"→"数值"→"旋钮"，并将其放到前面板中，将标签改为"循环旋钮",将刻度范围改为 0~0.1。

（5）调整控件布局如图 7-19 所示。图 7-20 所示为该 VI 的程序框图。

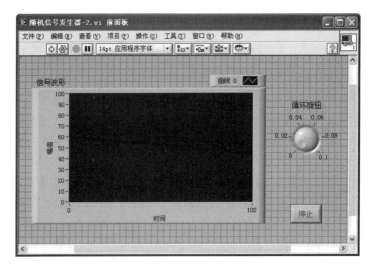

图 7-19　连续温度测量系统前面板

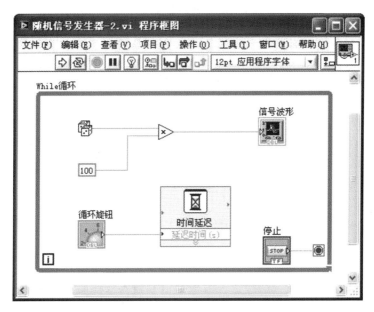

图 7-20　连续温度测量系统程序框图

（6）切换到后面板。在函数选板中选择"编程"→"结构"→"While 循环"，根据图7-20，在程序框图中左上角的适当位置点击，并将程序框图拖至适当大小，将相关对象圈在循环内后再次点击。

（7）在函数选板中选择"编程"→"数值"→分别选择"随机数"函数、"乘"函数和"数值常量"，将它们放入 While 循环中适当的位置。

（8）在函数选板中选择"编程"→"定时"→"时间延迟"函数，并将其放入 While 循环中。如图 7-20 所示，用连线工具把各个对象连接起来。

（9）点击前面板工具栏中的运行按钮"⬦"，单击"循环旋钮"观察 VI 的运行，单击"停止"

按钮，停止 VI 运行。选择"文件"→"保存"，把该 VI 保存为". vi"格式。

（10）选择"文件"→"关闭"，关闭该 VI。

7.3.4　数据采集（DAQ）

1. DAQ 简介

虚拟仪器的硬件平台由计算机及其 I/O 接口设备两部分组成。I/O 接口设备主要执行信号的输入采集、放大、模数转换与数模转换的任务。只有将真实物理信号采集输入才可能对输入数据进行进一步的信号处理与分析。

对单台的虚拟仪器而言，所涉及的 I/O 接口设备是数据采集（data acquisition，DAQ）板卡，它通常采用插卡式结构。在使用前需进行硬件安装和软件设置。硬件安装就是将 DAQ 卡插入计算机的相应标准总线扩展插槽中，因此采用计算机本身的 PCI 总线或 ISA 总线，故称由它组成的虚拟仪器为 PC-DAQ/PCI 插卡式虚拟仪器。采用数据采集卡是虚拟仪器中常用的最基本获取数据的方法。数据采集卡是 I/O 接口设备，对 I/O 接口设备的驱动是通过相应的驱动程序实现的。

NI 公司生产的数据采集卡通常都附带有包含驱动程序的数据采集编程接口软件 DAQmx。在安装了 DAQmx 之后，就可以在 LabVIEW 函数选板的"测量 I/O"子选板中看到 DAQmx 选板，其中包含了数据采集所需要的所有函数。设计者只需通过 NI 公司的 MAX （Measurement ＆ Automation Explorer)软件正确设置采集参数就可以实现数据采集任务，不需要编写代码。

对于第三方的 DAQ 卡，需要生产商提供相应的驱动程序或由用户自己编写驱动程序。

2. DAQ 卡的主要性能指标

1）模拟信号输入部分

（1）模拟输入通道数。该参数表明数据采集卡所能够采集的最多的信号路数。

（2）信号的输入方式。一般 DAQ 卡设置的可供选择的采集信号输入方式如下。

单端输入：即信号的一个端子接地。

差动输入：即信号两端均浮地。

单极性：信号幅值范围为[0，A]，A 为信号最大幅值。

双极性：信号幅值范围为[－A，A]。

设计者可根据实际情况进行选择。

（3）模拟信号的输入范围（量程）。一般根据信号输入极性而定。如单极性输入，典型值为 0～10 V；双极性输入，典型值为－5～＋5 V。

（4）放大器增益。

（5）模拟放大阻抗。DAQ 卡固有参数，一般不由用户设置。

2）模数（A/D）转换部分

（1）采样速率。它是指在单位时间内 DAQ 卡对模拟信号的采集次数，是 DAQ 卡的重要指标。为了使采样后输出的离散时间序列信号能无失真地复现原输入信号，采样率必须满足采样定理，否则会出现频率混叠误差。实际系统中，为了保证数据采样精度，一般有下列关系：

$$f_s = (7-10) f_{max} \times N$$

式中：f_s 为采样频率；f_{max} 为信号中最高有效频率；N 为多通道数据采集系统的通道数。

（2）位数 b。它是指 A/D 转换器输出二进制数的位数。A/D 转换器输出数字值上的最

低有效位 1(LSB)反映了 A/D 转换器最小可探测到的输入电压 $V_{\min}$,其大小可由下式计算

$$1\ \mathrm{LSB}=q=V_H/(2^b-1)$$

式中:q 为量化单位;V_H 为满量程输入电压。

(3) 分辨率与分辨力。分辨率与分辨力是指 DAQ 卡可分辨的输入信号最小变化量。分辨率一般以 A/D 转换器输出的二进制位数或 BCD 码位数表示。分辨力为 1LSB(最低有效位数)。

3) 数模(D/A)转换部分

(1) 分辨率。分辨率是指当输入数字发生单位数码变化,即 1LSB 时,所对应输出模拟量的变化量,通常用 D/A 转换器的转换位数 b 表示。

(2) 标称满量程。标称满量程是指相当于数字量标称值 2^b 的模拟输出量。

(3) 响应时间。响应时间是指数字量变化后,输出模拟量稳定到相应数值范围内(1/2 LSB)所经历的时间。

以上为 DAQ 卡的主要性能指标。一些功能丰富的 DAQ 卡还有定时/计数等其他功能,相应地还有其他相关指标。

3. DAQ 卡的安装

DAQ 卡通常都是插卡式结构,即将 DAQ 卡插入计算机相应的标准总线扩展插槽内,与 PCI 总线或 ISA 总线相连,就可在计算机的控制下完成数据采集、模拟信号输出等功能。

4. DAQ 卡的参数设置

对于 NI 公司生产的 I/O 接口设备,如 DAQ 卡、GPIB、VISA、VXI、IMAQ 等,在进行数据采集前可在 NI 公司提供的 MAX(Measurement & Automation Explorer)软件环境中进行相应的参数设置,从而能轻松地完成数据采集任务。

本章重点、难点和知识拓展

本章重点:虚拟仪器的基本概念、构成及开发应用。

本章难点:虚拟仪器的总线系统及数据采集的基本概念。

知识拓展:虚拟仪器是构成虚拟测试系统核心,它是现代计算机技术、通信技术和测量技术相结合的产物。因此要进行虚拟测试系统的开发必须掌握现场总线技术、软件工程、图形化编程等相关知识和技巧。同时,应了解虚拟仪器在科学研究、产品测试等相关测控领域中的应用,并通过不断实践来达到对虚拟测试系统相关知识的消化吸收。随着虚拟仪器功能的不断扩展,其代替传统仪器和运用于测控系统的功能和作用将更加明显。

思考题与习题

7-1　测量测试仪器分为哪几代?各有什么特点?

7-2　虚拟仪器的硬件系统有哪些?

7-3　用 LabVIEW 产生 100 个随机数，求其中的最大值、最小值和这 100 个数的平均值。

7-4　用 LabVIEW 创建一个 VI，实现对按钮状态的指示和按钮"按下"持续时间的简单计数功能。当按钮按下时，对应的指示灯亮，数字量显示控件中开始计时。松开按钮时，指示灯灭，计时停止。

7-5　用 LabVIEW 分别用公式节点和图形代码实现表达式 $z = x^2 + 3xy - y^2 + 2x$ 的运算。

7-6　用 LabVIEW 创建一个枚举控件，其内容为张三、李四、王五共三位先生，要求当枚举控件显示"张三"时，输出"张三在这里"；同理，当枚举控件显示"李四"、"王五"时，输出"李四在这里"和"王五在这里"。

7-7　用 LabVIEW 编写一个温度报警程序并实现以下功能：当温度大于 30 ℃时报警，小于 -25 ℃时则退出运行状态。

参 考 文 献

[1] 黄长艺,严普强.机械工程测试技术基础[M].2版.北京:机械工业出版社,2003.

[2] 范云霄,刘桦.测试技术与信号处理[M].北京:中国计量出版社,2002.

[3] 赵庆海.测试技术与工程应用[M].北京:化学工业出版社,2005.

[4] 王跃科,等.现代动态测试技术[M].北京:国防工业出版社,2003.

[5] 曹玲芝,等.现代测试技术及虚拟仪器[M].北京:北京航空航天大学出版社,2004.

[6] 秦树人,等.机械测试系统原理与应用[M].北京:科学出版社,2005.

[7] 于永芳,郑仲民.检测技术[M].北京:机械工业出版社,1996.

[8] 梁德沛,李宝丽.机械工程参量的动态测试技术[M].北京:机械工业出版社,1996.

[9] 贾民平,张洪亭,周剑英.测试技术[M].北京:高等教育出版社,2001.

[10] 陈花玲.机械工程测试技术[M].北京:机械工业出版社,2002.

[11] 刘培基,王安敏.机械工程测试技术[M].北京:机械工业出版社,2003.

[12] 王建民,曲云霞.机电工程测试与信号分析[M].北京:中国计量出版社,2004.

[13] 邓善熙.测试信号分析与处理[M].北京:中国计量出版社,2003.

[14] 黄惟公,曾盛绰.机械工程测试技术与信号分析[M].重庆:重庆大学出版社,2002.

[15] 蒋敦斌,李文英.非电量测量与传感器应用[M].北京:国防工业出版社,2005.

[16] 孔德仁,朱蕴璞,狄长安.工程测试与信息处理[M].北京:国防工业出版社,2003.

[17] 王伯雄.测试技术基础[M].北京:清华大学出版社,2003.

[18] 卢文祥,杜润生.工程测试与信息处理[M].武汉:华中科技大学出版社,1994.

[19] 孙传友,张晓斌,张一.感测技术与系统设计[M].北京:科学出版社,2004.

[20] 黄长艺.机械工程测量与试验技术[M].北京:机械工业出版社,2001.

[21] 梁德沛.机械参量动态测试技术[M].重庆:重庆大学出版社,1987.

[22] 曾光奇,胡均安.工程测试技术基础[M].武汉:华中科技大学出版社,2002.

[23] 杨建伟.工程测试技术[M].北京:机械工业出版社,2016.

[24] 刘红丽.传感与检测技术[M].北京:国防工业出版社,2012.

[25] 李醒飞.测控电路[M].5版.北京:机械工业出版社,2016.

[26] 万频,林德杰.电气测试技术[M].4版.北京:机械工业出版社,2015.

[27] 沈中城.检测技术与仪器[M].北京:高等教育出版社,2003.

[28] 蔡丽.传感器与检测技术应用[M].北京:冶金工业出版社,2013.

[29] 陈科山,王燕.现代测试技术[M].北京:北京大学出版社,2011.

[30] 王伯雄.测试技术基础[M].2版.北京:清华大学出版社,2012.

[31] 韩建海,马伟.机械工程测试技术[M].北京:清华大学出版社,2010.

[32] 吴松林,赵冲,王宁.机械工程测试技术[M].北京:北京理工大学出版社,2019.

[33] 李力.机械测试技术及其应用[M].武汉:华中科技大学出版社,2011.

二维码资源使用说明

　　本书部分课程资源以二维码的形式在书中呈现,读者第一次利用智能手机在微信下扫码成功后提示微信登录,授权后进入注册页面,填写注册信息。按照提示输入手机号后点击获取手机验证码,稍等片刻收到 4 位数的验证码短信,在提示位置输入验证码成功后,重复输入两遍设置密码,点击"立即注册",注册成功。(若手机已经注册,则在"注册"页面底部选择"已有账号?绑定账号",进入"账号绑定"页面,直接输入手机号和密码,提示登录成功。)接着提示输入学习码,需刮开教材封底防伪涂层,输入 13 位学习码(正版图书拥有的一次性使用学习码),输入正确后提示绑定成功,可查看二维码数字资源。即可查看二维码数字资源。手机第一次登录查看资源成功后,以后在微信端扫码可直接微信登录进入查看。

教材课件　　　　　　教学大纲